都市感覚を鍛える観察学入門

まちを読み解き、
まちをつくる

平本一雄　末繁雄一

晶文社

装丁・本文デザイン　北田雄一郎

はじめに

　まちとは、人々が集まる場であり、多種多様なモノや多彩なコトで溢れ、これらが媒介して人々に交流と楽しみを与えている。まちを散策すると、何かに目を取られがちになる。それは歩く人のファッションであったり、ショップの表情やそこに並べられた商品や催し物であったりする。建物のデザインも目を惹き付けるが、それに変化があればストリートは今までとは異なった印象のものになる。まちを行き交う人々はこれらを目に留めながらも、通常はその断片しか記憶することなく、忘れがちなものである。しかし、目に留めるのをもう一歩進めて「観察」という行為に高め、記録していくと、それは一つの価値を持ち出す。まちには、人々の生活や社会の様相が凝縮されているからだ。まちはその時代の生活や社会を映し出す鏡であり、そこからビジネスやまちづくりにつながるヒントをつかみ取ることができる。その点から、本書は、何かの目的をもってまちの観察に取り組む人々のための入門書となってほしい。また、まち歩きを楽しんでおられる人々には、まちと触れ合い、何かを発見する喜びのあるものに高めていただくため、散策から探訪へのヒントを紹介する書物となってほしい。

　まちの様子を観察し記録する方法は、すでに戦前に生み出されている。関東大震災の復興過程をスケッチで描き記録した今《こん》和《わ》次郎《じろう》たちの考現学である。今たちは、直接目で観察できるモノとコトから、その時代の生活や社会の様子を捉え記録しようとした。そのアプローチは、「古」を考察する考古学に対して、モノとコトから「現」在を考える学問として「考現学」と名付けられた。この時期は、明治になって開始されたわが国の近代化が次第に進んでいき、まちの風景も江戸の時代から一変してきた頃だった。

時を経て、21世紀の現在、工業化、情報化の流れを経た消費経済社会の中でまちにはモノや情報が溢れかえり、まちの姿も秩序と混乱が入り混じり、一言で表現できるものではなくなっている。考現学の方法は、まちのディテールを観ることでその時代の特徴を捉える帰納的な方法論であり、この混沌とした現代のまちを把握するのにとても適した方法である。この方法をもう一度学び直し、再び現在を見る考「現」学として街を観察し記録したいと考えた。そこで、大学に文系でまちづくりを学ぶ学部を新設する機会に、「まちの観察」という講義を開き、考現学の方法を学生に伝え、一緒にまちに出ていった。まちには、時の経過を感じさせるまち、新しいが人々の工夫や気配のあるまちなど様々あり、それらの違いの面白みを訪ね、観察、記録する活動を開始した。

この活動は、考現学の活動から約100年経った2010年に開始したことから、新世紀の考現学と言えよう。考現学の始祖から見れば出来の悪い孫、曾孫かもしれないが、その到らなさにもめげず、東京のまちを中心にヨーロッパ、アジアのまちも加え、歩き、眺め、カメラを武器に、考現学が重視した統計的な観察を加え記録を行った。多くの若者たちの目を通して見たまちの姿、そこには、まだまちのことをよく知らないがゆえの素朴な視点、他の人が見出していないユニークな視点、知識を得た上での学術的な視点などいろいろな目線があり、それらが多彩なまちの性格を浮き彫りにした。こうして観察した記録データは500点以上にのぼる。本書は、そのデータを選択し、整理し直し、著者の平本と末繁が執筆して取りまとめたものである。活用した記録データの名称と作成にかかわった学生の氏名は巻末にページ番号と対照させて一覧掲載した。

本書の構成に当たっては、まちの観察とは何か、その方法にはどんなものがあるかを述べる総論を第1章から2章に配置した。次いで実際に観察した結果を、まちの人、まちの表情、ショップの動き、ストリートの性格、まちの構造の5つの側面にまとめ、第3章から7章までに各論として構成し、目まぐるしく変化し続けるまちの活動の断面を記録に残した。

ここでの記録は2020年初頭に始まるコロナ社会以前のものがほとんどである。その後、観察の対象としたまちでは、新型コロナウイルスの蔓延により人々の外出は抑制され、街はしばし静まり返った。この外出規制が解かれ、都市活動がコロナ以前の社会に戻ろうとしている現在、人々が集まり、モノやコトが溢れていくまちに目を向けていただきたいと思う。コロナ以前にハレの場であったまちが、そのまま元の風景へと戻っていくのか、それとも、パンデミックを経て再生され新たな様相を呈していくのか、この記録と比較しながら読者に観察をお願いしたい。

2023年7月　平本一雄

目次

④ まちの表情を見る

5 ショップの動きをつかむ

6 ストリートの性格を察する

7 まちのベクトルを考える 233

1 まちの観察とは

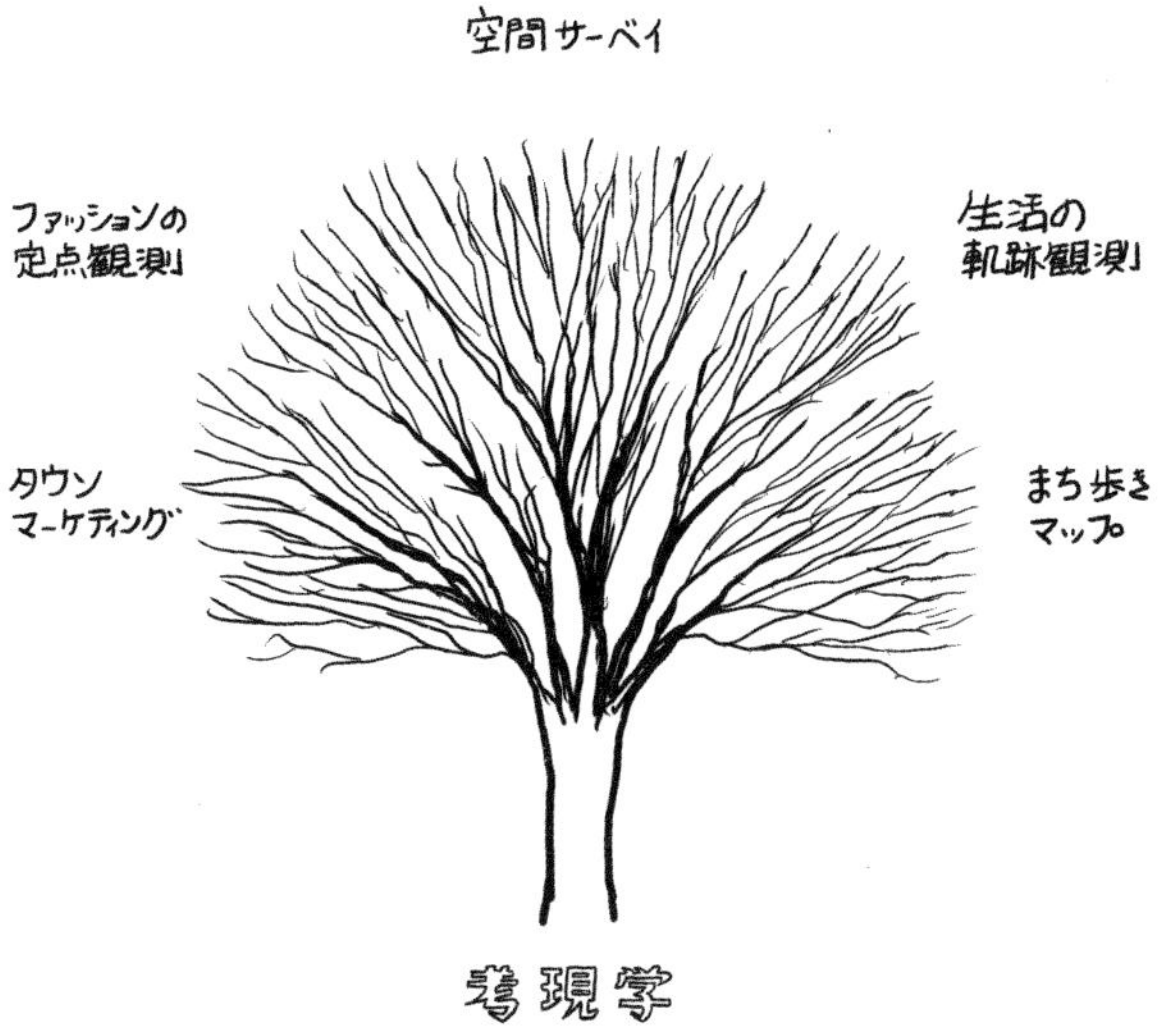
空間サーベイ
ファッションの定点観測
生活の軌跡観測
タウンマーケティング
まち歩きマップ
考現学

まちの観察、その始まり

まちを観察し、それを記録するようになったのはいつ頃からだろうか？　江戸時代になると、それまで貴族や武士の特権だった花見のような娯楽や行事が町民の間にも広まり、富裕になった人々の間で独自の文化が生み出され町人文化として発展していった。町人文化は、まちを楽しみの場とする都市文化であり、この様子を絵師たちは名所図会や景色図として、またその風俗を漫画に描いていくことになる。まちの主役が支配者から町民へと代わり、記録される対象もまちの人々とその生活へと移っていったのだ。

明暦の大火（１６５７年）前の江戸を描いた「江戸名所図屏風」（作者不明）では、日本橋・京橋界隈の道筋や運河に溢れかえる町民たちが見事に活写されている［図１］。江戸時代後期には町人文化は円熟期を迎え、様々な表現様式が完成していった。都市風俗を描いた葛飾北斎の『北斎漫画』（１８１４年に初編刊行）が流行し、近代の漫画の元祖となっていった。歌川広重は『東都名所』（１８３０〜31年頃）、『名所江戸百景』（１８５６〜58年）を版画で刊行し、江戸のまちの景観を浮世絵として海外にも広く知らしめた。明治期に入ると、擬洋風建築や人力車、馬車、

図1　江戸名所図屏風（部分）：出光美術館所蔵

ガス燈など西洋文化の導入による都市の変貌が描かれるようになり、「開化絵」として一分野を確立した。都市風景を描くのが目的ではあったものの、そこに集う人々の様子が観察され巧みに描かれている。

まちは、いろいろな人々が集まり来る場所で、人々が集まるから雨をしのぐ建物が必要だし、それらの関係性としての風俗や風景が生まれる。それを記録しておきたいと思う人が出てきて、絵をはじめとした様々な記録の方法が模索されていった。そうしたまちの観察の系譜をここでは紹介したい。

元祖は「考現学」の風俗観察

江戸の建設や明治維新がまちの人々やその生活を変化させ、まちの変化を記録する名所絵や開花絵が誕生したように、近代都市東京を焦土と化した関東大震災も、まちの変化を記録する手法としての「考現学」を生み出した。

1923年9月、関東大震災で焼け野原となった東京の市街地を今和次郎は吉田謙吉とともにスケッチブックを持って歩き回った。一面焦土と化した東京もわずか3カ月足らずの間に仮設の建物が建ち並び、息を吹き返しつつあったからだ。二人は復興へと歩み始めたこの東京の生活や社会の姿を捉え、都市生活を通じて人類の現在を観察し記録しようとしたのだ。

このまちの観察を今和次郎たちは、「古」を考察する考古学に対して、主としてモノから「現」在を考える学問として「考現学」と名付けた。通常の民族学や民俗学などの研究が、言葉によって語ら

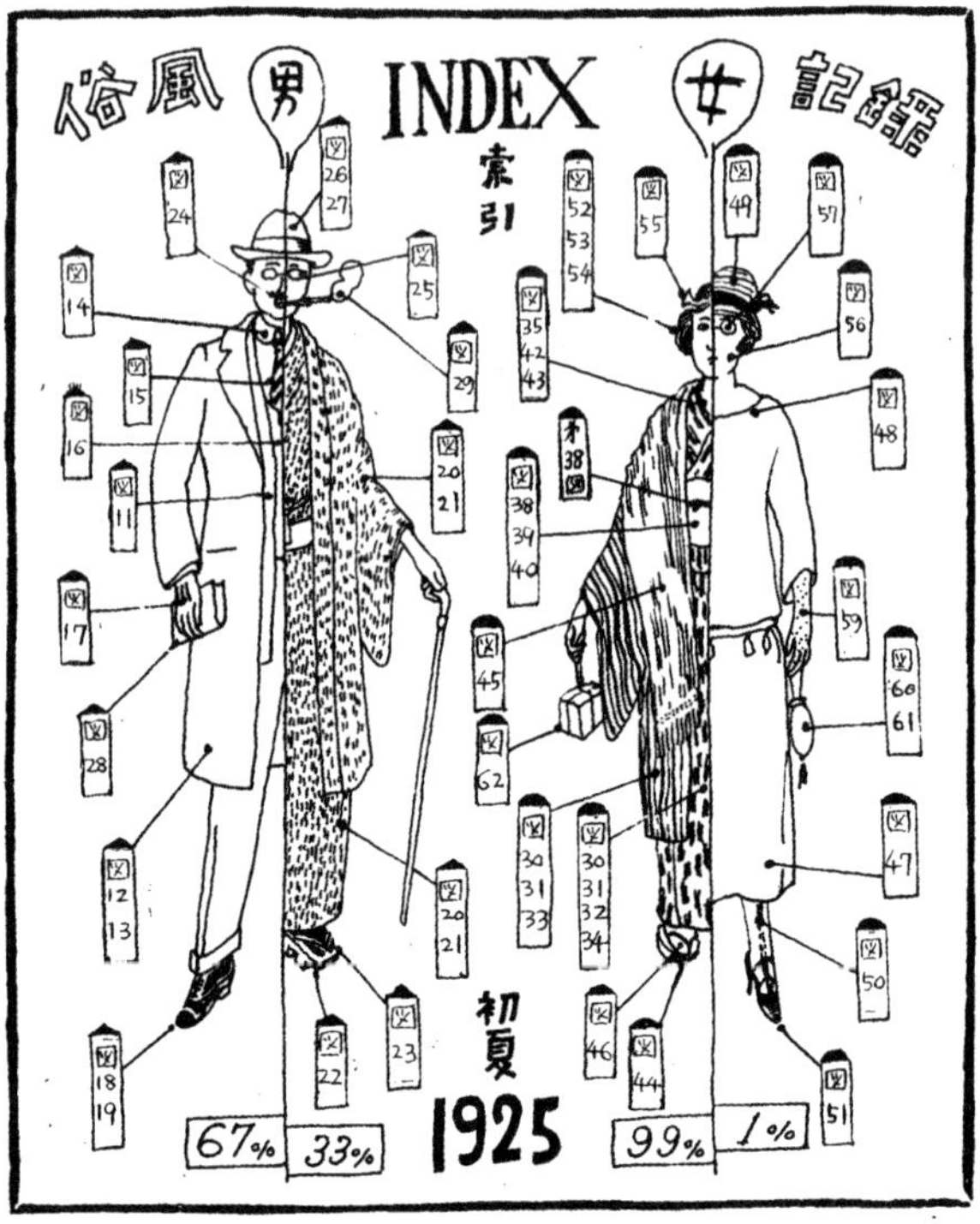

図2　統計図表索引（「東京銀座街風俗記録」より）：工学院大学図書館所蔵

れる口碑、伝説、その他きとりによる情報を重視するのに対して、考現学は直接目で観察でき、スケッチによって採集できるコトとモノから得られる情報を主体とした。ここまでは江戸時代に現れたまちの観察と変わりはないが、考現学と呼称する所以は、ヴィジュアルな情報だけでなく数値情報も重視したことにある。大正時代の風俗として当時の流行の衣装を着たモダンガールが繁華街で闊歩するのをマスコミは報じていたが、今和次郎たちは、印象で語ることの信頼性を疑問視し、実測によりモダンガールは歩行者のうち1%に過ぎないという実態を明らかにし、目立ったものに惑わされない統計的な観察を重要視した［図2］。また違う場所、異なる時間との比較も重視し、多面的な観察を行った。

1925年に流行の先端を行く銀座街の観察から始まり、社会から落ちこぼれた人々の集まる本所深川の貧民街、住宅地として形成されつつあった高円寺や阿佐ヶ谷郊外住宅地の調査と、各地域の都市生活の観察を立て続けに実施していく。これらの成果は、1927年に開店したばかりの新宿紀伊国屋書店で開催された「しらべもの展覧会」で展示され、こうしたまちの観察を「考現学」（エスペラント語で「Modernologio（モデルノロヂオ）」）と名付けることを公表したのである。

それでは、今和次郎の行った観察記録の実例をいくつか紹介しながら、考現学の5つのアプローチを見てみよう。

①人の行動

銀座街を観察した「東京銀座街風俗記録」は、1925年5月7日、9日、11日、16日のわずか4日間で精力的に行われた。今和次郎はこの観察を「現代の風俗の記録として、十年、百年後の人びとに」と記している。

「東京銀座街風俗記録」では、時刻による人出の変化を平日3日間の実績から推計している。それによると、10時から12時に向けて増加し、14時に至り若干減少し、それ以降は18時まで増加傾向が続いていく。また、時間帯により歩く人たちの歩行速度が変化し、仕事が終わる17時頃、帰宅する人たちが急ぎ足となることを観察している。この歩行者の構成は、平均すると男43%：女24%と男性が2倍の比率で、その他に学生、店員、労働者、子供などが別立て

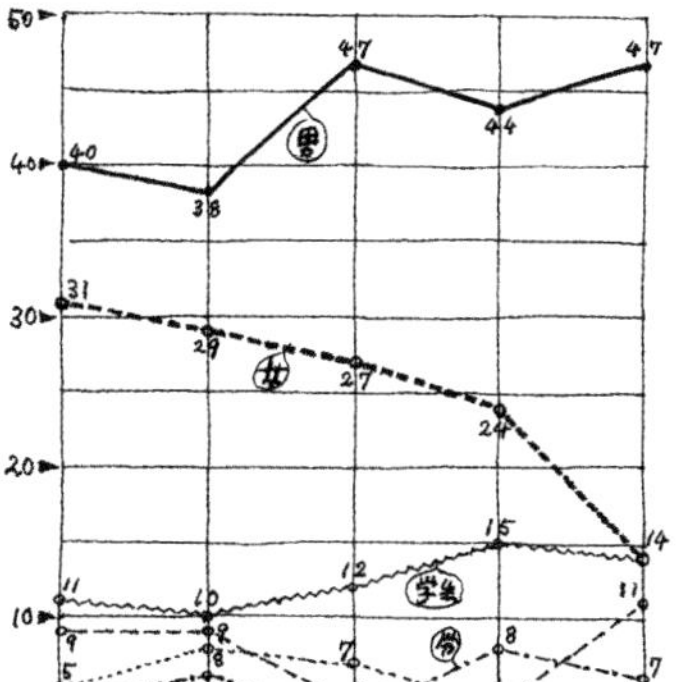

図3　時間による人出構成の変化（「東京銀座街風俗記録」より）：工学院大学図書館所蔵

で分類されていた。この歩行者の構成比率も時間とともに変化している［前ページ・図3］。男性は午後になると多くなり、女性は減少し、学生は夕方に増加していた。

歩行者の中でショーウィンドウを覗く人の比率は1割くらいで、労働者と学生にそういう人が多いという結果が出ていた。ここから、買物しそうでない人、買物をする能力のない人たちがショーウィンドウを覗く率が高い、と推測している。ウィンドウショッピングしている人の半数と通り過ぎていく人の5％が歩道で立ち話をしたり、ポカンとしたりしていることも記録している。

人の行動については、雑誌『実業之日本』（1927年7月）に「露店大道商人の人寄せ人だかり」を掲載している。これは、道端で出来る人だかりを観察したものだ。演説の場合は、話をする人を中心に聴衆がぐるりと輪をなしてかたまる。一方、何かを見せる場合には、見物客は見る物の載っている台や敷物の近くまで接近し、へし合う形となる。このように、聴衆や見物客には行動の法則があることを指摘している。また、露店の観察から集客力を3種類に分け、①品物を並べるだけのものは0〜1人、②実験的説明か競り売りをやるものは3〜10人、③不思議な演説をやるものが15〜30人と分析している［図4］。

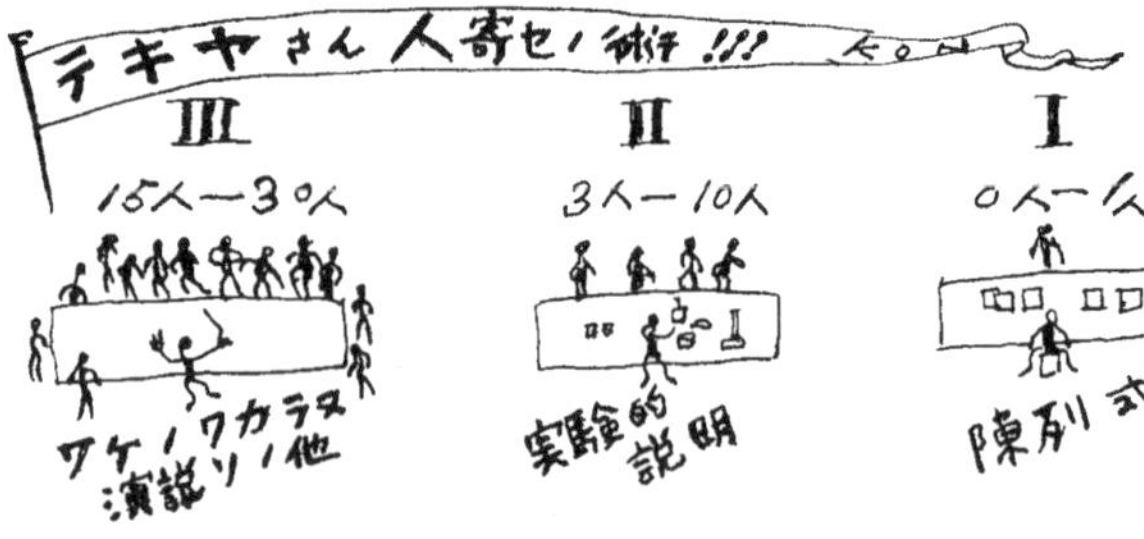

図4　人寄せの方法（「露店大道商人の人寄せ人だかり」より）：工学院大学図書館所蔵

②衣服

「東京銀座街風俗記録」では、流行の先端を行く銀座街を対象としたことから、衣服（ファッション）についての観察が多い。１９２０～30年代（大正末期～昭和初期）の日本は大正デモクラシーの流れの中で、女性も自由を獲得し始めた時期であった。女性のファッションも欧米風と和風がミックスされた独自のモダニズムを生み出し、モダンガールなる「モガ」のファッションを生み出した。洋装でミディアムからロング丈のスカート、フランスで大流行したクロッシェと呼ばれる釣り鐘型の帽子、髪型はショートカットにフィンガーウェーブ、清涼服に濃いめのメイクがモガの特徴だった。いつの時代も流行をばっちり決める人とちょっと取り入れる人がいるもので、今和次郎たちは、そのファッションの浸透ぶりをつぶさに観察し、数値で統計的に分析した。まずは、マスコミが喧伝するこの流行も、銀座の人波で採集された52人の女性のうち、洋装はわずか５人であることを指摘し、スカート丈もショート８人、ミディアム12人、ロング６人で［図5］、帽子については、つばの小さいクロッシェが7割であったと報告している。髪型は、和風対洋風の割合では、31%：42%と洋風化が進み、セミやオールバックといわれるものが中心で

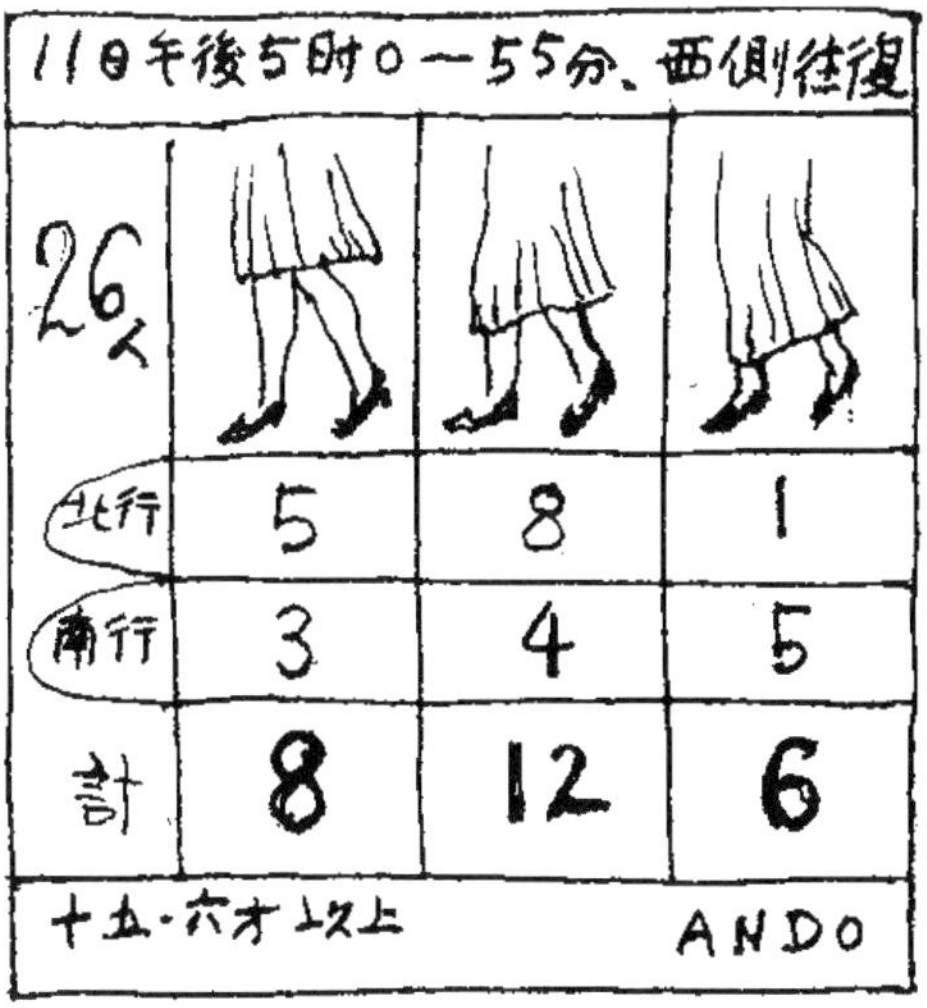

図5　女のスカートの長さ（「東京銀座街風俗記録」より）：工学院大学図書館所蔵

図6　「銀座のカフェーWaitress 服装採集」（部分）：工学院大学図書館所蔵

あった（「束髪」は和洋中立の髪型として27%を占めている）。

一方、モダニズムの流れは1911年「カフェ・プランタン」の開業を促し、画家・文士の集まる場を作った。その後、カフェは美人女給を売り物とし、次第に接客の場に変化していった。しかし、より先端を行く銀座ボーイは酒のあるカフェやバーへは行かずに喫茶店に行くという風潮が生まれ、喫茶の「オリンピック」や「佐々木」、フルーツ・パーラーの「千疋屋」の人気を生み出した。カフェの女給の服装は、洋装ないし和服に白いエプロンの組み合わせが定番となった。ホステスを「夜の蝶」と呼ぶ由縁は、このエプロンの紐を後ろで蝶結びにしたことからだと言われている。今和次郎たちは、このファッションを「銀座のカフェーWaitress 服装採集」（1926年）で風俗絵として記録している［図6］。

③住居

今和次郎は、東京のまちの観察を行う約10年前の1916年に農村住宅を調査する組織「白茅《はくぼう》会」に参加し、埼玉県下の民家調査を実施している。この結果は、6冊のスケッチブック『見聞野帖』にまとめられた。調査対象となった民家は、平面図・立面図・断面図をはじめ、周囲の自然環境や建物内部の生活用具からの農作業衣などまでがスケッチされている[図7]。この調査は、失われていくものを記録するという以上に、これらの住宅がいかにあるべきかという観点で、人間の生活とそれを取り巻くものとの関係を明らかにしようとした。間取りの分析を行い、そこに住まう人の行動を把握するなど、住居の機能的な分析の先駆けとなるものだった。

こうした経験は、後年の「住居内の交通図」(1931年)という調査に生かされている[次ページ・図8]。住宅内の間取りを決定するには、通常は動線の検討を行う。現在では、建築計画分野の研究蓄積によって室間配置の原則が生み出されているようだが、この時代にはまだそうした研究はなく、

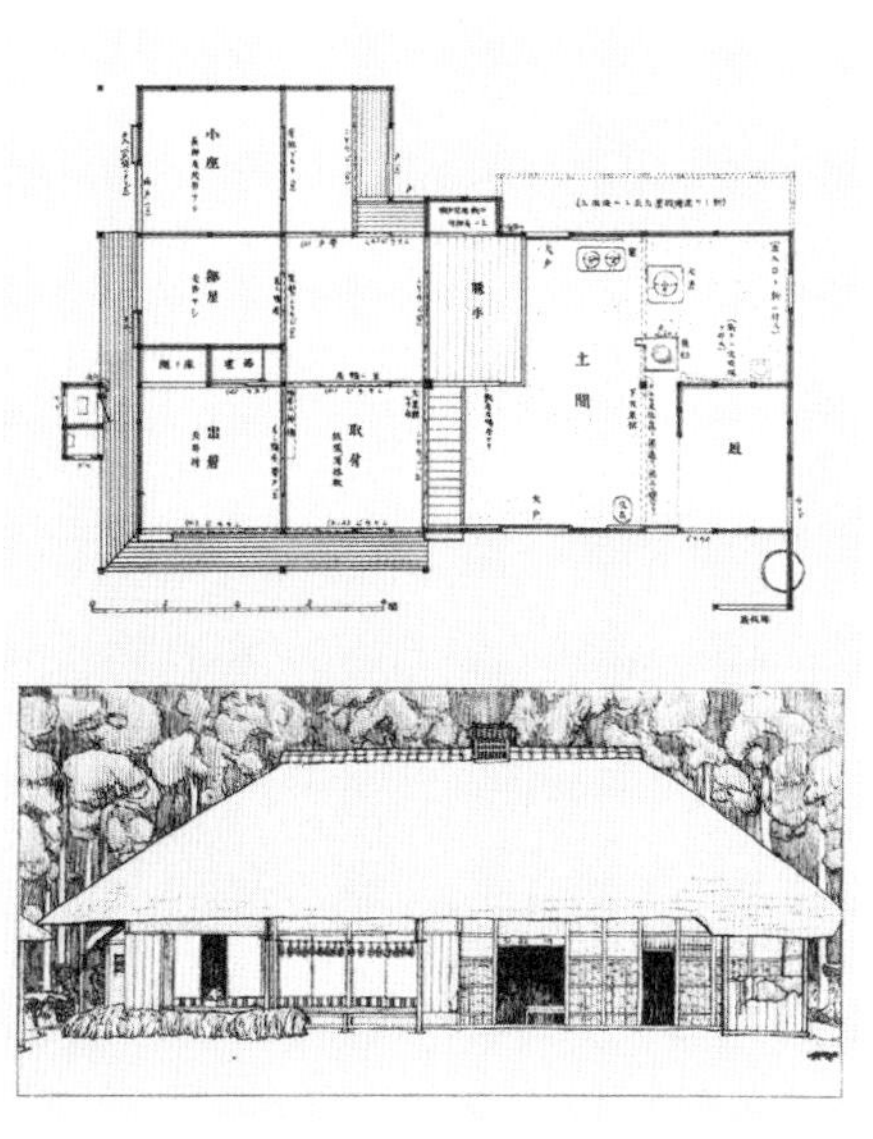

図7　白茅会『民家図集第一集・埼玉県』より「河原塚菊三郎宅1　平面及外観」：工学院大学図書館所蔵

考現学では、部屋の敷居を住人が1日に何回跨いだかを家人に依頼して調査した。最もいろんな部屋の敷居を数多く跨いでいたのは女中さんで、第二が奥さんだ。台所に入る敷居を女中さんは朝起きてから夜寝るまでに、出入り合計181回跨いでいるという事実が明らかにされた。どこに誰が何回出入りしたかを記録したこの図は、住宅計画の立案に大変役に立つものである。

「新家庭の品物調査」（1926年）では、東京の山の手の郊外に建てられた貸家に住んでいる新婚1年の若夫婦の住まいを観察している。玄関台所を含め4部屋で、畳の部屋は二畳、六畳、四畳半の3室、面積は約32㎡の当時でもミニマムな家である。大学出のご主人が書斎にできる部屋の余裕はなく、二畳の玄関を「まにあわせの書斎」として使っている［図9］。六畳間は客間、居間、ホール、寝室を兼用し、四畳半は食堂として使われている。これらにどれだけの家具や生活用品がどう配置されているか、詳細な図が観察結果として作成された。この図は当時の新婚家庭の居住状況を示す都市生活の記録となった。

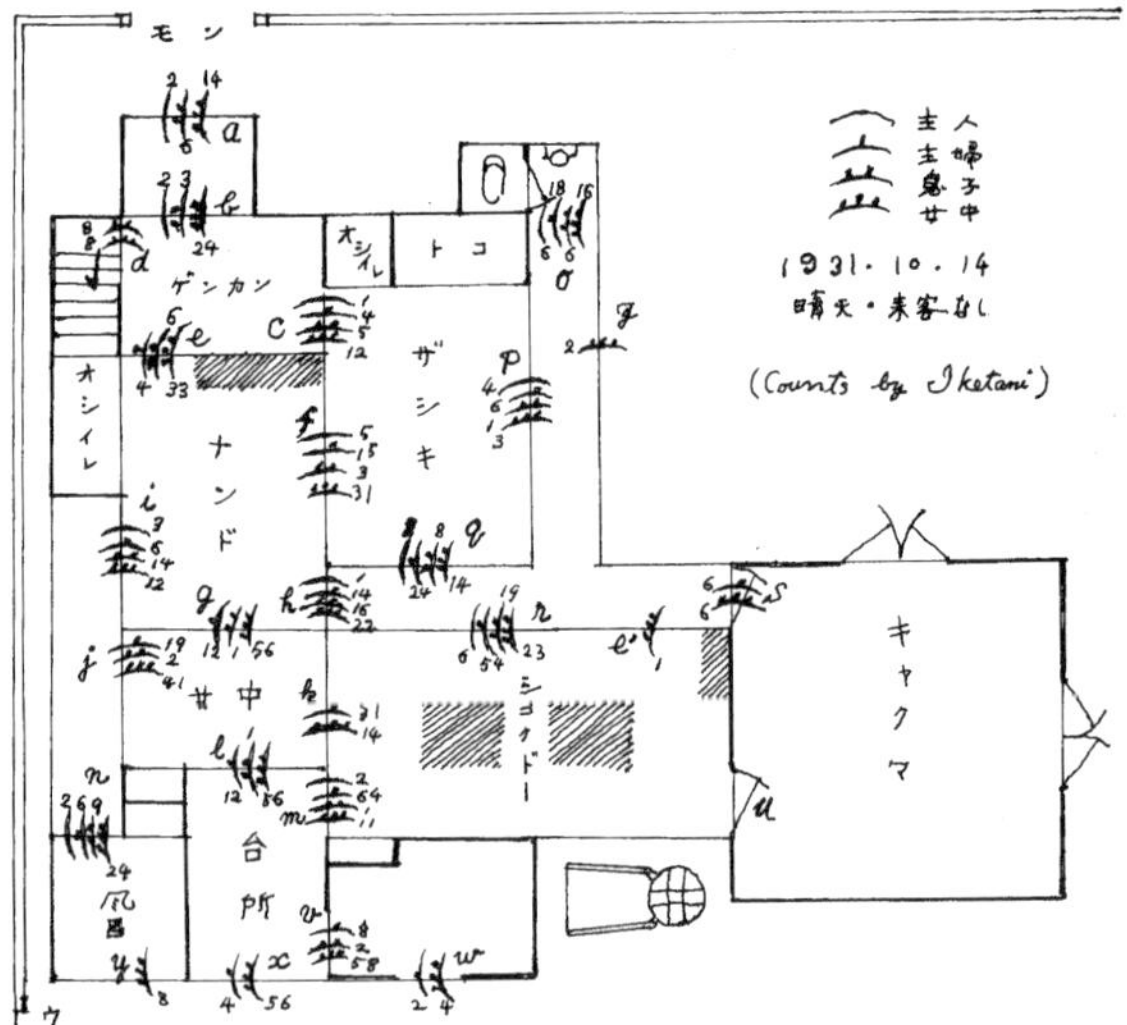

図8 「住宅内の交通図」より：工学院大学図書館所蔵

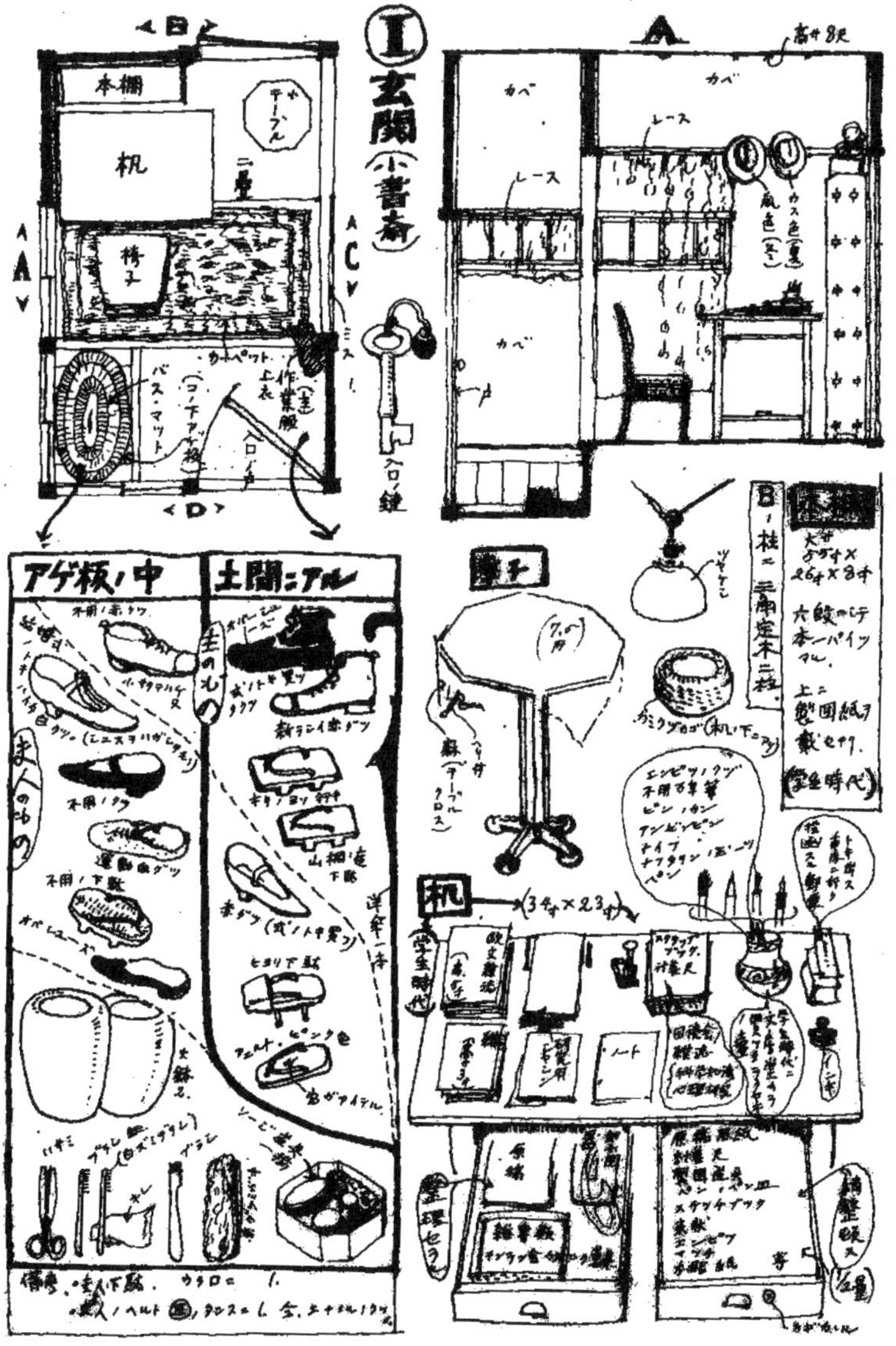

図9 「新家庭の品物調査」より「Ｉの室」：工学院大学図書館所蔵

④生活

人々の生活を記録する中で、考現学は生活のにおいやその時間の痕跡を描き出そうとした。「路傍《みちわき》採集」のシリーズでは、様々な地域、場所をぶらぶら歩きして、目に留め気になったものを観察、記録している。

火の見櫓《やぐら》は、高層建築の林立する都会では無用のものとなり、消えて行ってしまったが、この時代には火災発見の必需設備としてどこの町や村にもあった。その形、造りには地域ごとに独自の工夫が見られて、それが地域のにおいとなっていた。掲載した武蔵野の火の見［図10］は、欅林の続く地域ならではのものである。高く生長する欅林を越えて見通しがきくように、火の見梯子も他所よりも高いものとなっている。

考現学の観察は関東大震災後に始まり、再び悲惨な第二次大戦終了後の時期に行われた。戦後の都市では物資が不足し、お金でモノが自由に買えない時代となっていた。そこに出現したブラックマーケットの物品交換所は、原始的な市場の仕組みだった。都会の人たちは、身の皮をはぐように自分の持ち物を売って生活をする「たけのこ生活」を余儀なくされたが、当初は近郊の農家で着物と農作物

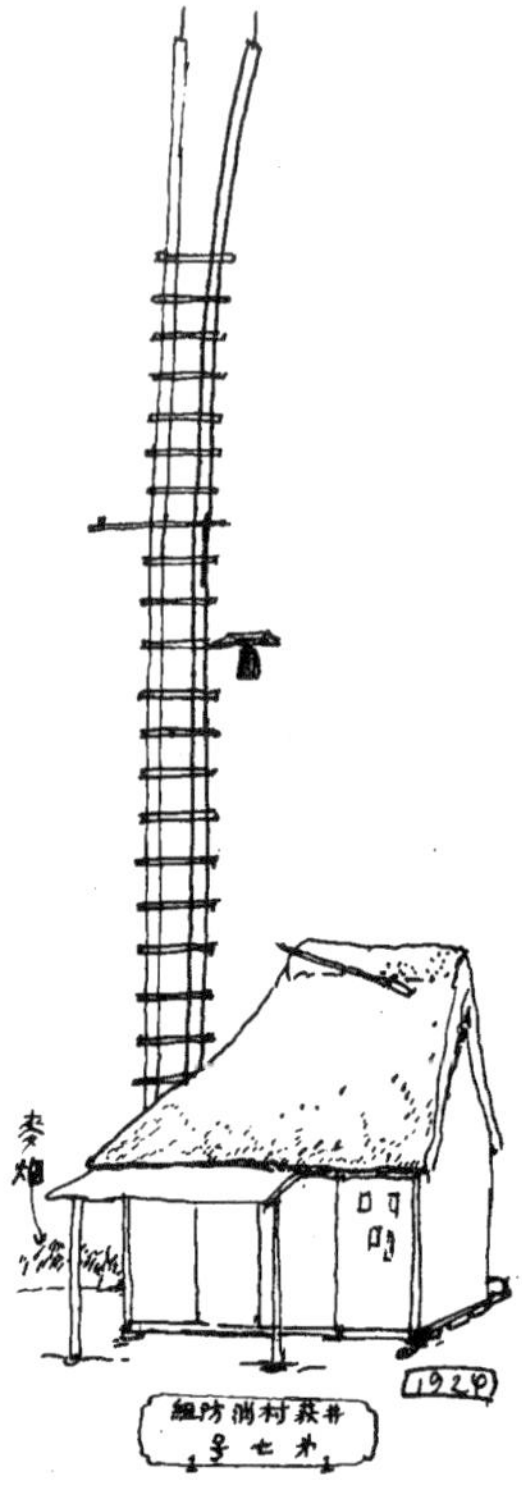

図10　武蔵野の火の見（「火の見のいろいろ」より）：工学院大学図書館所蔵

とを交換していたのが、都会の人同士でも不用有用の品物の交換へと進んでいった。まちの各所に物品交換所ができ、交換のための陳列棚をしつらえた。1947年6月の交換店の出品品目と交換希望品が記録されている［図11］。主人思いの奥さんと思われる「琴と革カバンの交換」や、家畜の飼料が足らないのか「仔山羊と飼料の交換」というのがある。

⑤まち

銀座は時代の先端をいくまちだったから、考現学でもバラエティに富んだ調査をしている。今和次郎が調査に加わったものとしては、「1925年初夏東京銀座街風俗記録」、「銀座のカフェ女給さん服装」（1926年）、「銀座人出分布の表」（1926年）、「銀座一帯飲食店分布状態」（1929年）、「銀座街風俗記録」（1931年）、「銀座飲食店分布状態」

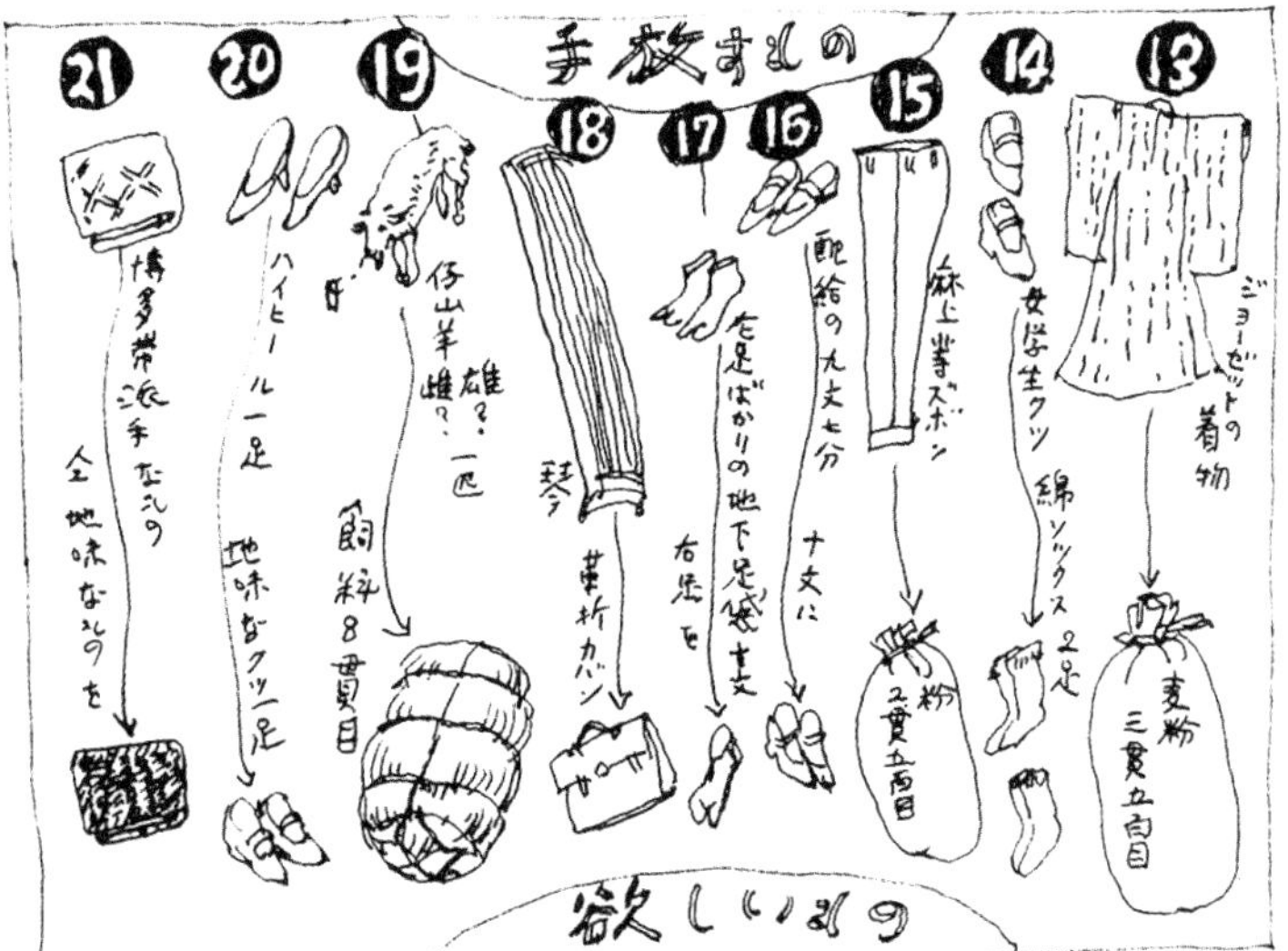

図11 「物品交換所調べ」より：工学院大学図書館所蔵

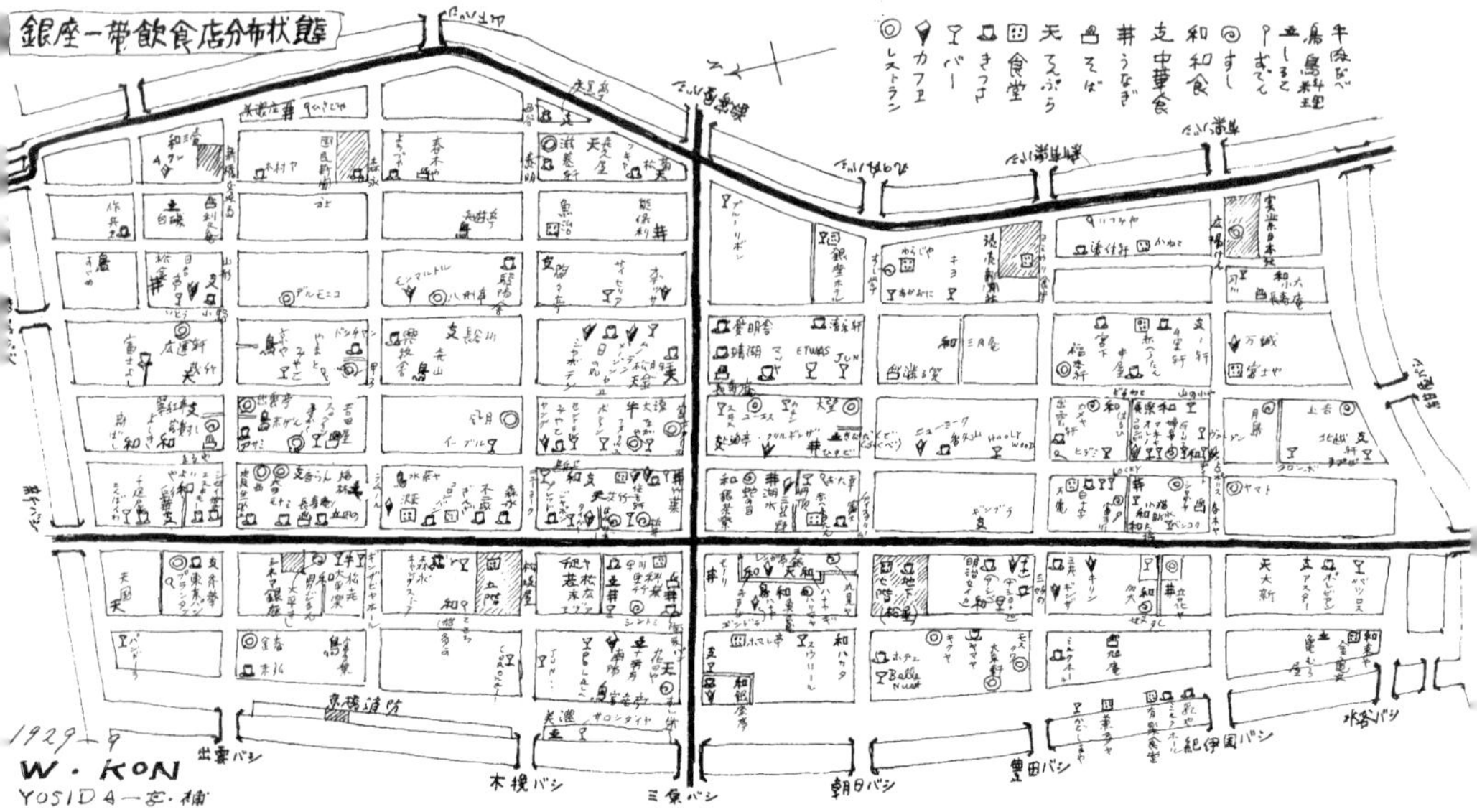

図12　今和次郎、吉田謙吉「銀座一帯飲食店分布状態」：工学院大学図書館所蔵

（1931年）、「和・洋装比率測定」（1933年）と数多く、通行人の種類や服装などまちの人を対象とした調査だけでなく、飲食店や商店の数、その分布状態など、店舗を対象とした調査も増えていった。考現学は、当初、まちの人々やその風俗を対象にしたが、まち自体の観察が加えられ、震災後の東京の復興ぶりが記録されていくことになる。

「銀ブラ」という言葉が生まれたように、銀座はぶらぶら歩きしたいまちであった。このまちを観察した1929年の「銀座一帯飲食店分布状態」[図12]においては、洋風店舗には喫茶店、カフェ、バー、レストランの4種類があり、合計店舗数は159店、和風では和食、中華、そば、すし、おでん、天ぷら、鰻、鳥料理、しるこ、牛鍋の10種類で合計104

表13 「銀座飲食店の時期別比較」（川添登『今和次郎』ちくま学芸文庫）をもとに作成

飲食店の種類＼調査時期	1929（昭和4）年	1931（昭和6）年
喫茶店	54軒	52軒
カフェ	26軒	42軒
バー	53軒	119軒
おでん屋	11軒	67軒

表14 「銀座と新宿の飲食店の地域別比較」（川添登『今和次郎』ちくま学芸文庫）をもとに作成

飲食店の種類＼調査場所	銀座	新宿
喫茶店	52軒	23軒
カフェ	42軒	92軒
バー	119軒	19軒
おでん屋	67軒	21軒

店と、銀座は洋風の多いモダンなまちになっていた。１９３１年に第二回の調査が行われ、わずか3年でカフェは26店から42店、バーは53店から１１９店、おでん屋は11店から67店へと増加していた［表13］。この頃、銀座の歓楽街化が進み始めるのだが、この様子を安藤更生『銀座細見』には、「銀座を歩いているいわゆる先端人、モダンボーイ、モダンガールはカフェに行かない。彼らの行くのは喫茶店である」と記述し、銀座のカフェは、享楽化を進めたカフェとバー、知的雰囲気を保とうとする喫茶店に分化していった様子を記録している。

銀座と新宿の比較も行われている［表14］。１９３１年の調査では、喫茶店は銀座が多く、カフェは新宿が多い。カフェの分布については、銀座ではまちに均等に分布し、新宿では部分に密集していたようだ。特に三越百貨店（現在は商業施設「ビックカメラ新宿東口店」）裏のカフェ街は有名だった。しかし銀座では、カフェよりも簡単にお酒が飲めたバーやおでん屋が新宿より圧倒的に多く、盛り場化も進行していた。

考現学の子孫たち

戦後の高度経済成長期になると、アメリカ型生活様式を夢と描く商品が日本社会の中に次々と生み出されていった。それは、大量生産方式が生み出す画一的な商品群の供給であった。そうした中で、経済原則に乗らざるを得ないにしても、都市生活の工夫の所産として生み出された風俗や空間を記録していこうという考現学の動きが再び活発になった。

1972年、今和次郎を会長とする日本生活学会が創立され、考現学の方法を継承、発展させ様々な調査が行われていった。1976年には桑原武夫ら京都の学者を中心に、現代風俗研究会が設立されている。こういった動きは、マーケティングやデザインなどの分野にも影響を与え、そこから考現学の子孫が生まれ出た。

民家調査で行われる建築や生活用品の空間サーベイの流れをうけ、1965年にオレゴン大学と伊藤ていじによる金沢市幸町の調査が実施され、その後、宮脇檀による国内の歴史的町並み調査、東京大学原広司研究室や法政大学陣内秀信研究室による海外の集落や都市の空間サーベイが行われていった。その後、都市や建築のデザインを中心に観察された調査は「デザイン・サーベイ」と呼ばれ、また、考現学が行っていた住居内の交通分析などの建築設計に必要とされる情報分野は「建築計画」として東京大学吉武泰水研究室を中心に体系化されていった。人の行動やまちの観察の流れとしては、1985年に博報堂生活総合研究所が「タウンウォッチング」を提唱、出版し、まちの観察の中にビジネスの種が埋もれていることを示唆した。衣服の観察の流れは、1980年に、流通業のパルコの出版会社による『月刊アクロス』誌上で、服飾ファッションのマーケティング・データとなる渋谷・新宿・原宿の若者の服装の定点観測がスタートした。生活の痕跡の観察と言える「路傍採集」シリーズは、1986年の赤瀬川原平、藤森照信、南伸坊らによる路上観察学へとつながっていった。

考現学は、都市生活の様々なディテールが収集されていくところにその特徴があるが、それは雑多な集まりに過ぎず、発展性と有用性を持たないという批判もある。空間サーベイやタウンウォッチング、服装の定点観測といった活動は、このディテールの集合を有用性に結び付けていこうとする流れである。一方で、路上観察学は、観察結果に社会的有用性を持たせず、意図的に生み出される商品とは異なる生活の痕跡に無用の価値を見出すものだ。考現学の2つの遺伝子はそれぞれに受け継がれ発展していくことになる。ここでは、その子孫たちの展開を追ってみよう。

①タウンマーケティング

1985年、「最近、街を歩いていますか」と冒頭に掲げた『タウンウォッチング　時代の「空気」を街から読む』という本が、広告会社大手の博報堂のシンクタンク生活総合研究所から発刊された。

まちは人々の生活を映す鏡であり、まちを考えることは、生活者のライフスタイルやその動向を知る上で必須の要素だ。また、まちはビジネスのヒントの宝庫であり、そこで拾い上げたヒントを企画で生かし、その結果をまちに戻して評価してもらう、まちは「ビジネスの教科書」だとも言える。この本は、まちの空気を読み取りビジネスチャンスをつかむためのタウンマーケティング入門書だった。

　ここでは高度経済成長期に観察された結果が記述されている。この頃、商業資本が集中投資した結果、どのまちでも駅前は大型の商業ビルで占められるようになっていた。そこは、混雑、渋滞、画一的な商品の集まる場となり、若者たちは駅前商店街に限界を感じていた。この不満は、街はずれや裏通りの雑貨店、一軒家のレストラン、小さなブティックなど、おしゃれな新しい店の出店を促し、若者を中心に予想以上の人気を集めていった。街はずれとは、内側の盛り場と外側の住宅街との中間地帯で、まちの中心から400〜600mの場所で、ここが新しいコンセプトの店が出現する場所だという[図15]。ここは駅前に比べて家賃が3分の1〜4分の1の水準で、小資本でカフェバー、デザイナーズブティック、一軒家レストラン、輸入雑貨店など冒険的な店を出すにはもってこいの場所だ。タウンマーケティングはこうした新しい場所を発見した。

　一方、銀座では1984年冬まで、銀座通りに松屋、三越、松坂屋(現・銀座シックス)、晴海通りに阪急と4つの百貨店が立地していた。このため、人の流れはこの二つの通りに集中する単調なまち

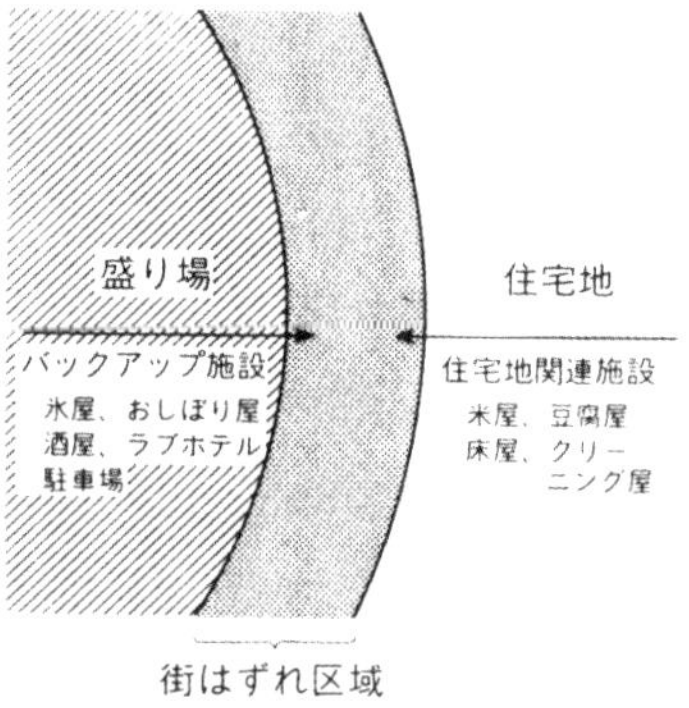

図15　街はずれ区域(博報堂生活総合研究所『タウンウォッチング』PHP研究所)

晴海通りの活性化
（10月、「有楽町西武・阪急」開店２週間後）

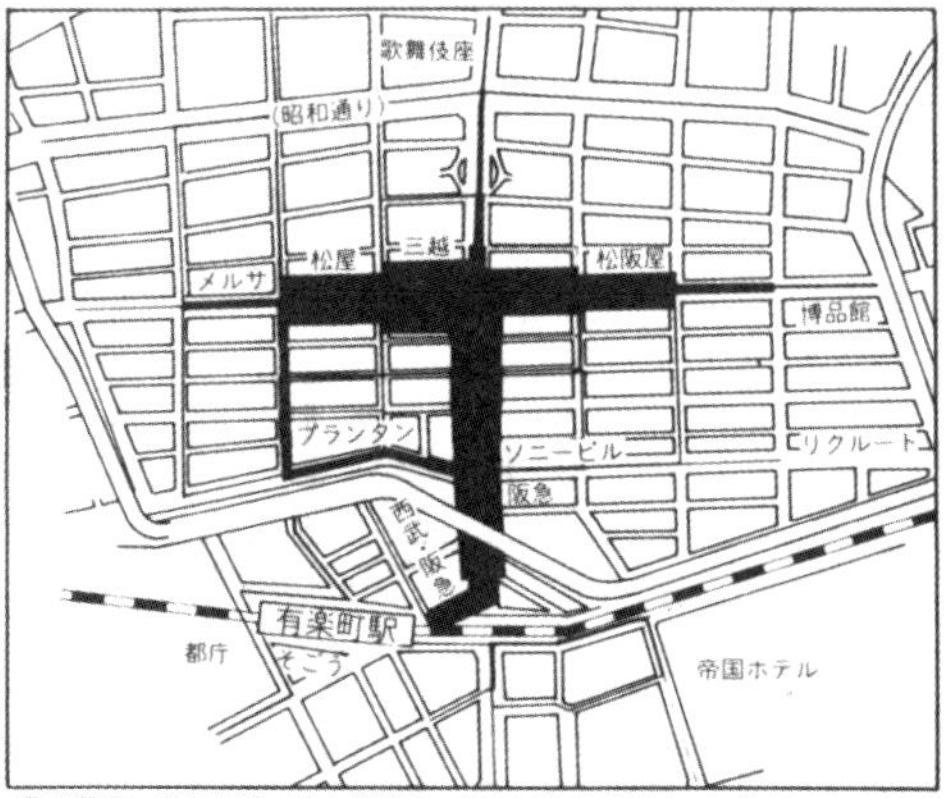

調査概要─調査時期：第３回調査・59年10月20日（土）、21日（日）の２時から４時の間に実施
調査対象とサンプル数：16歳から24歳までの男女個人各50サンプル計100サンプル 調査方法：調査票を使用した面接法

図16　街の構造グラフ　晴海通りの活性化（前掲書）

の構造であった。しかし、同年春以降、外堀通りにプランタン百貨店（現・マロニエゲート銀座）ができ、数寄屋橋に西武百貨店（現・ルミネ有楽町）や阪急百貨店（現・阪急メンズ東京）が出来ると、有楽町から銀座４丁目への晴海通りの流れが大きくなり、マロニエ通りを通る回遊路が形成され、その中の裏通りや横丁に時代の香りを漂わせた先鋭的な店が生まれた［図16］。こうした店舗立地による街の構造の変化をタウンマーケティングは指摘している。

②ファッションの定点観測

服装の定点観測情報をファッション・トレンドを知りたい人たちの有用性に結び付けていこうとする試みを、流通業パルコのファッションとカルチャーの情報発信チームが開始した。

１９７７年に創刊した『月刊アクロス』（のち『流行観測アクロス』）誌上で、１９８０年８月、渋谷、原宿、新宿の３地点を観測点として、ストリートファッションを「ひと×モノ×まち・場」の視点から観察記録する試みが行われた。「ファッションは時代を映す鏡」を標榜し、人々の価値観の変化や、次の時代のトレンドを読み解くストリートファッション・マーケティングをコンセプトに、定点観測は以降毎月第一土曜に実施され、２０２３年現在も続けられている。その年の秋にはパンクファッションが若者の間に流行していくものの、この第一回の観測結果は「ポロシャツ」「ツートンスカート」という地味めのものだった。

ファッションの流行を判断するのに、アイテムやスタイルを一定の通行人数から「着用率」として測定し客観的に立証するスタイルは、かつて今和次郎が、マスコミがモダンガールを時代の大勢のように報道するのに対し、実際の統計的観測によって実態を明かした考現学の在り方に立脚したものだ。アクロスのスタッフは、各地点13時半～14時半の1時間、カウンター片手に、通行量や着用者などをアナログ的に測定しているという。その後、ディプス・インタビューを行い、収入や可処分所得、誕生日、ハマっていること、悩みごと、親の年齢に至るまで聞き取り記録している。

１９９８年に雑誌媒体は休刊するが、定点観測は続けられ、２０００年にウェブマガジン「WEB ACROSS」［図17］が創刊、常時観察結果を見ることができるようになった。アクセス状況は、１日平均約８～９万ページビューにのぼる。定点観測第４００回となる２０１４年には、「定点観測 in

図17 「WEB ACROSS」トップページ
https://www.web-across.com

ＮＹＣ」や「定点観測 in ＬＡ」、「定点観測 in ソウル」などの海外都市の観測も実施された。

今和次郎は、民家研究と空間を観察記録したが、戦後この分野では、都市や建築の空間デザインを観察する調査が「デザイン・サーベイ」と呼ばれ、考現学の継承者となっていく。別途、建築空間の機能や規模、配置などの分野は、観察に留まらない「建築計画学」としてアカデミックな研究体系が確立されていった。

③空間サーベイ

１９６３年、日本民家史の研究者・伊藤ていじが『建築文化』誌の特集「日本の都市空間」で日本のまちのフィールド調査結果を掲載し、注目を集めた。次いで、伊藤はアメリカのオレゴン大学建築学科が行った金沢市幸町の町並み実測調査を補佐し、デザイン・サーベイのスターターとなった。その後、建築家・宮脇檀は歴史的町並み保存の一助、都市デザインの基礎データとなるよう、１９６６年の倉敷を皮切りに馬籠、萩、五個荘、琴平、稗田など全部で9カ所の調査を実施していった。

一方、東京大学原広司研究室では、山本理顕や隈研吾などを学生スタッフとして引き連れ、１９７２年より地中海周辺・中南米・南アジア・中東などを巡った。その結果は、２００余の集落を貴重な実測図と写真でヴィジュアルに解析して住文化の本質に迫り、『住居集合論』（１９７８年）としてまとめられた。著名な建築家を輩出したこの調査は、彼ら自身の建築デザインに影響を与えていった。

１９７６年には、陣内秀信がヴェネツィア建築大学の留学から帰国した。都市形成メカニズムから

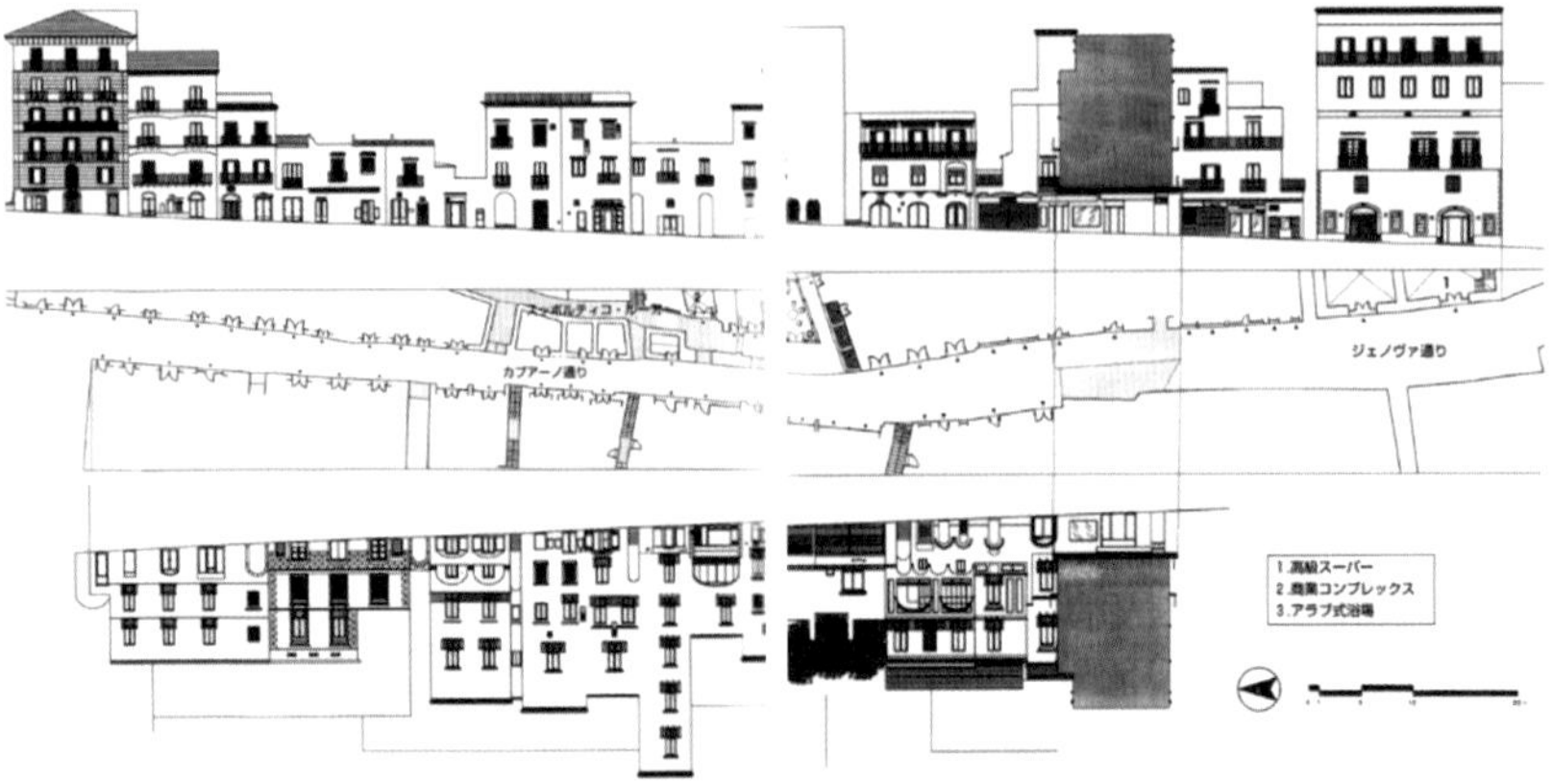

図18　陣内秀信研究室のアマルフィ調査（陣内秀信＋法政大学陣内研究室「アマルフィ　南イタリアの中世海洋都市」、『造景』1999年6月号）

実在する都市のクオリティを読むフィールドワーク主義の都市形成史と、それを生かした保存再生のまちづくりの両面を目的として、法政大学に研究室が開設される。ヴェネツィアに留まらず、南イタリアのアマルフィ、レッチェ、シャッカ、サルデーニャなどイタリアを中心に、イスラム圏のマラケッシュ、ダマスクスなどを含む地中海世界、中国の北京、平遥、蘇州、廈門《あもい》などの都市研究・調査が行われた［図18］。また、水の都であった江戸や現在の東京と世界各地の水際都市との比較研究「世界の水都」も行われた。

以上の他に、1970年代よりデザイン・サーベイは様々な研究者により各地で行われていった。

④生活の軌跡観察

考現学の「路傍採集」では、様々な地域、場所をぶらぶら歩きして、目に留め気になったものを観察記録し、生活のにおいや時間の痕跡を描き出そうとした。それは、人々の生活に対して政策的な意思や計画的な意図をもって社会の仕組みや空間、商品を提供していこうとする現代社会のシステムに対する小さな反抗である。この遺伝子を受け継ぎ、１９８６年５月に赤瀬川原平（画家・作家）、藤森照信（東京大学生産技術研究所助教授）、南伸坊（イラストレーター）の３人の編集による『路上観察学入門』が筑摩書房より刊行され、その翌月に彼らを中心とする15人のメンバーによって路上観察学会が発足した。

刊行された書籍の中で、藤森照信は、巷に溢れてきた考現学に対し、路上観察学が主唱する路上感覚とは、「スリ減った鋳物のマンホールのフタにしみじみ都会の哀愁を覚え、道ばたの電信柱の切り株に阿部定を見、塀の貼り紙に人の世のいじらしさを感じ、不用になって突っ立っている鉄製のサビた手押しポンプの中に生えるハコベ草に壺中の天地を想う——そういう感覚なのだ」と言い、自分の仮想敵国を消費帝国であると断言している。

この路上観察の成果を一部紹介しよう。メンバーの一人、林丈二はマンホールにこだわった。目立たないようにしているものが好きだというのがその理由だ。都会には地下埋設

図19　林丈二「蓋のマーク・ノート」（部分）
（赤瀬川原平、藤森照信、南伸坊・編『路上観察学入門』ちくま文庫）

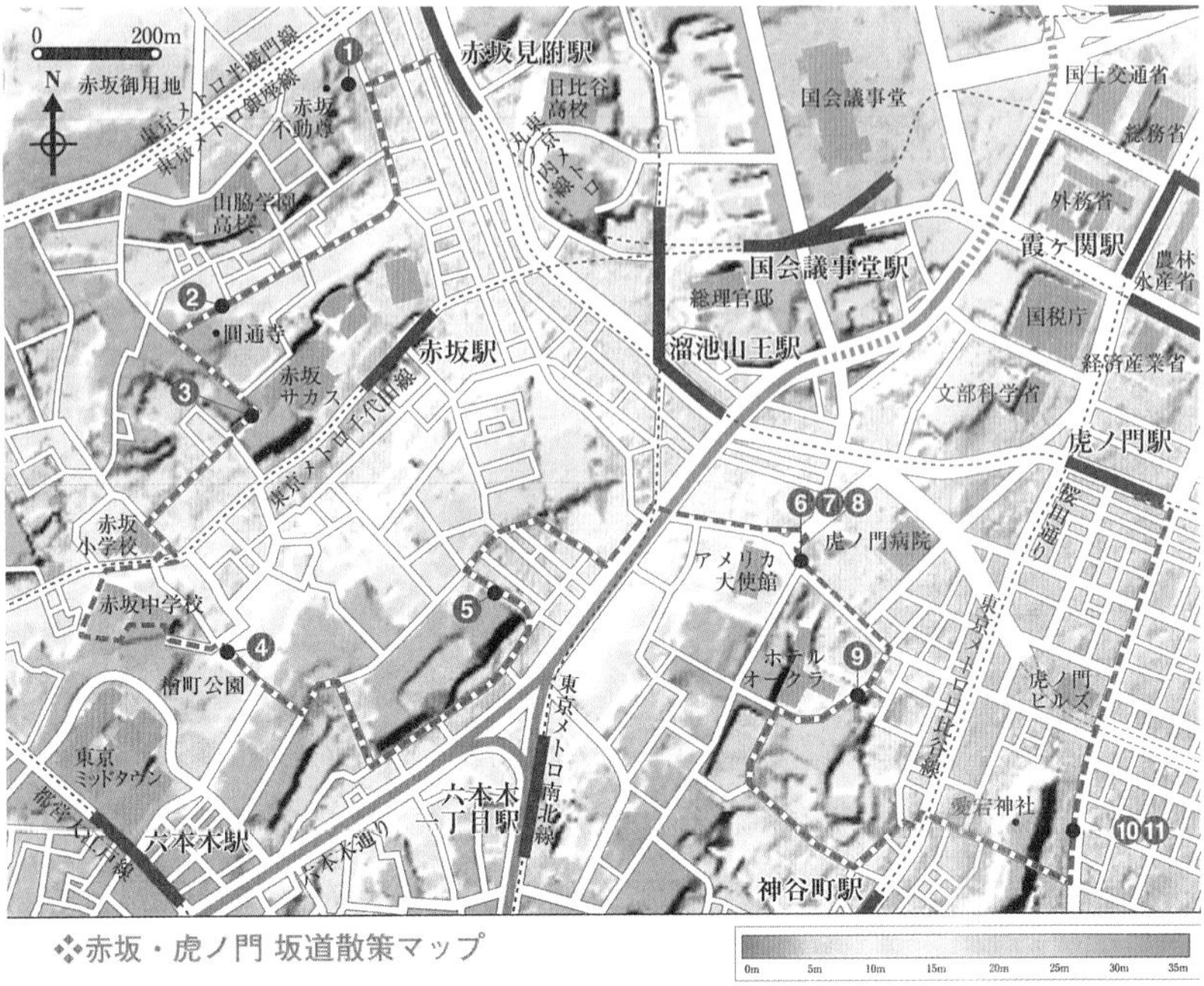

図20　赤坂・虎ノ門　坂道散策マップ（『東京散歩学』洋泉社）

物が縦横に張り巡らされている。その地下世界への入り口がマンホールだという。地下埋設物の管理事業体は、おおまかには上水道、下水道、電力、電信電話、ガスの5つであり、どの事業体のものかは、そこに刻まれている文字やマークで読み取れる。そのデザインはそれぞれで、とても面白い［前ページ・図19］。

赤瀬川原平はサンドイッチマンのアルバイトをやったこともあり、路上に馴染みがあった。絵画の材料も絵の具から路上にあるごみやがらくたになっていった。人間の生活圏から出るスクラップ類の無作為の物体が持つ迫力に芸術家のつくる作品は乗り越えられ、街の建造物に組み込まれた無用の長物が「超芸術＝トマソン」と名付けられ、観察の対象となった。

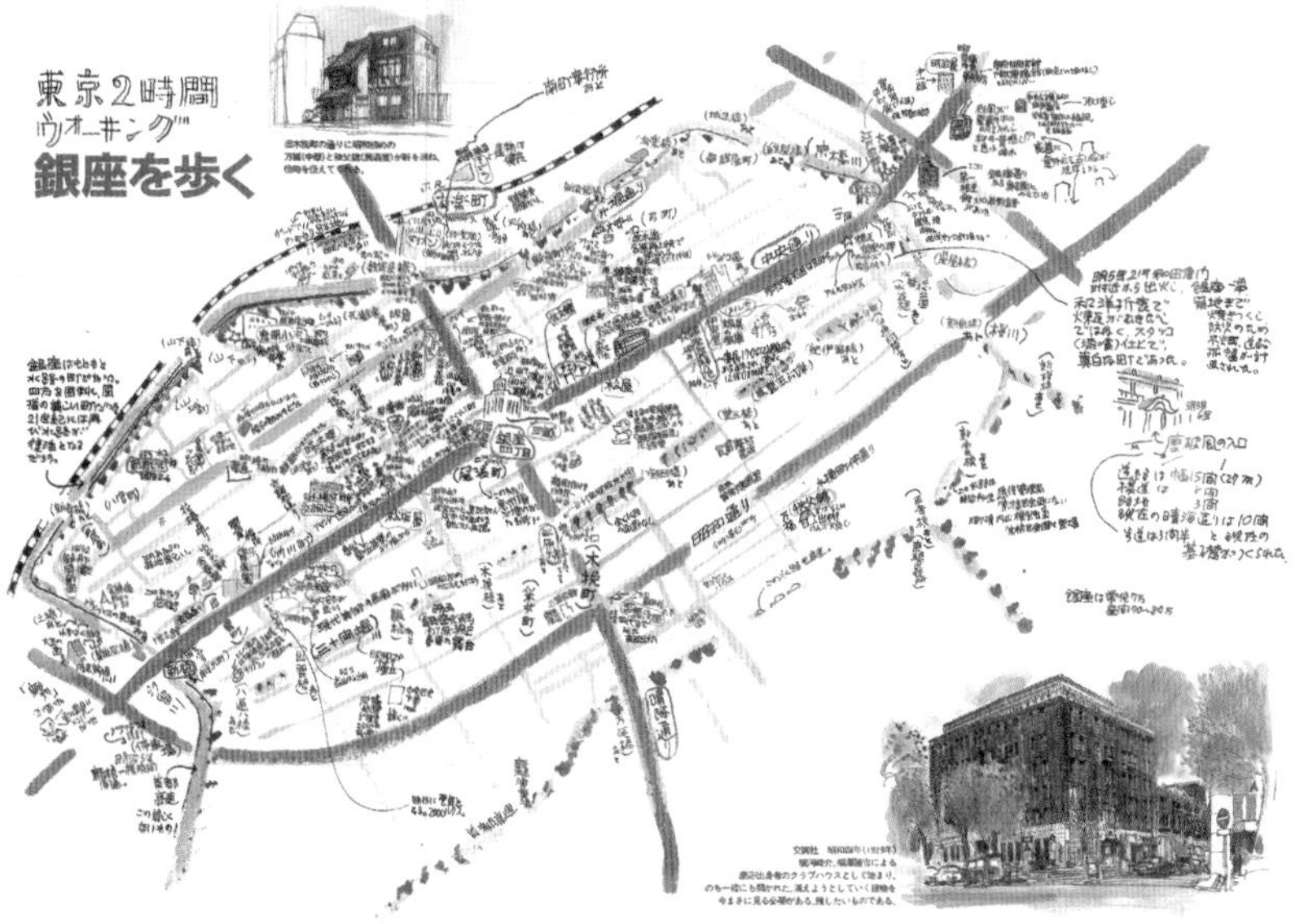

図21　藪野健『東京2時間ウォーキング　都心編』（中央公論新社）

⑤まち歩きマップ

考現学は、その時代の都市生活を記録するものだから、都市の表層を扱い、そこで作成されたまちの地図もその時代の風俗を伝えるものとなっている。この特色ある風俗を愛でながら散策するのは楽しいことだ。1990年頃から発刊されたタウン誌はその時代の風俗を伝える中心的なメディアとなり、風俗情報発信は、市場化され新しいビジネスとなった。グルメ・旅・映画・音楽情報や最新トレンド情報が満載で、各種のまち歩き地図が掲載され、若者の必須アイテムとなった。現代では、これらのトレンド情報は、ウェブやフリーペーパーが主流となっている。しかし一方で時間をさかのぼるまちの紹介地図も静かなブームとなっている［前ページ・図20]。東京という都市を歩いてみるための紹介地図を作成しようとすると、東京が凹凸のある独特な地形の上に歴史を刻み特色を作ってきたその面白さに興味を惹かれる。徳川時代に築かれたこのまちは、土地の高低差に応じて、武士の住む地域と町人の住む下町を計画的に配置し、そこで人々の暮らしが始まった。この高低差をつなぐ道は坂道となり、そこに名前が付けられた。紀尾井坂は、紀州徳川家、尾張徳川家、彦根の井伊家の中屋敷があったことから、地形と歴史が坂の名前になった。坂道だけでなく階段も多く、階段マップというのもある。人気TV番組「ブラタモリ」は、この地形を視点にまちを読み解いている。

地名の由縁を知るのも楽しい。江戸城警護の下級武士である徒士《かち》が住んでいた地域だから御徒町《おかちまち》となった。人形町は、人形浄瑠璃の小屋が並びその操り師や職人が暮らしていたのが由縁だ。こうした歴史を楽しむまち歩きマップも人気がある。画家の藪野健は、建物のスケッチや手書き文字でまちの歴史を埋め込んだ絵地図「2時間ウォーキング」シリーズを作成している[前ページ・図21]。

2

観察の方法

変化するまちの記録

前章では、まちを観察する方法の始まりからその系譜をたどり、〈元祖考現学〉の①人の行動、②衣服、③住居、④生活、⑤まちの5分野が、〈子孫たち〉では①タウンマーケティング、②ファッションの定点観測、③空間サーベイ、④生活の軌跡観測、⑤まち歩きマップとしてそれぞれ受け継がれてきたことを見てきた[図1]。20世紀前半の〈元祖考現学〉から20世紀後半の〈子孫たち〉までは連続性があったと言えるだろう。しかしその後、市場経済システムが経済の主軸となりビジネスがしのぎを削る21世紀のまちでは、ショップやストリートに見られる変化のスピードが著しく速く、要素も多様になり、その変化と要素の観察に重点を置く必要が増してきた。考現学の時代はのどかな時代であり、変化自体の観測をする必要は少なかったし、子孫の時代でも、戦前と戦後という違いを生活の軌跡の中で記録するロングスパンでの変化の観察だった。しかし21世紀のまちでは、10年単位、数年単位、時には数カ月単位でまちが高速に変化している。本書の目的の一つは、目まぐるしく変化し続けるまちの活動の断面を記録することだ。ここでは本書で扱う観察対象を整理し、現代の私たちが採用しうる観察方法について記しておこう。

本書の観察対象は、①まちの人、②まちの表情、③ショップの動き、④ストリートの性格、⑤まちの構造の5分野とする。①まちの人は、考現学がまちの人出の変化や通行人の分析をし、子孫が生活者のライフスタイルやファッションの観測を行ったような内容を取り上げる。②まちの表情では、考現学が民家のデザインや生活用具、生活のにおいを観測し、子孫が街並みの空間サーベイやその無用

元祖「考現学」		考現学の子孫たち
①人の行動	→	①タウンマーケティング
②衣服	→	②ファッションの定点観測
③住居	→	③空間サーベイ
④生活	→	④生活の軌跡観察
⑤まち	→	⑤まち歩きマップ

図1　方法の系譜

①まちの人	→	3章　人の行動を知る
②まちの表情	→	4章　まちの表情を見る
③ショップの動き	→	5章　ショップの動きをつかむ
④ストリートの性格	→	6章　ストリートの性格を察する
⑤まちの構造	→	7章　まちのベクトルを考える

図2　本書の観察対象

の価値に着目したような内容を取り上げる。③まちと人の直接的な接点となるショップの動きでは、ロケーション、スタイル、その変化を扱い、次いで④まちとショップを結び付ける場所であるストリートの性格について観察を行う。この二つの側面については、考現学の時代にはあまり記録が見られず、子孫のタウンマーケティングの時代になって、まちを「人々の生活を映す鏡」であるという考えから多彩な観測が行われた。⑤まちの構造については、考現学でも商店の分布、銀座と新宿の比較などを行い、子孫は人の回遊路の変化を通してまちの構造を観察している。まちの構造では社会条件だけでなく、自然条件も含め、変化の方向を眺めた観察を行う。次章以降では、この5つの分野ごとに様々な観察視点と調査結果を紹介していく[図2]。

観察の方法については、〈現在を実感する

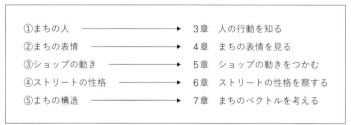

まち歩き〉と〈過去を知り、全体を捉える調査データ〉の二つの側面から説明しておこう。前者については、①〜⑤の観察視点に即して、いくつか実例を紹介しながら伝えたい。後者については、①〜⑤の分野を問わず、まちを歩くだけでは捉えることのできない観察の素材となる統計データ、地図、調査・計画・規制情報、空中写真、ビッグデータの開設と入手方法を紹介したい。

現在を実感するまち歩き

①まちの人

まちを観察するときにまず着目したいのは、そこに集まる人、住んでいる人たちだ。これらの人たちは、そのまちの性格を規定する。人が多く集まる場所は賑やかになるし、その人たちがどんな動きや活動をするか、どんな種類の人なのか、どんな格好をしているのかによって、まちの魅力や評価が決まってくる。

特定の場所の特徴を見る前に、都市に生息する人たちの今の風俗を調べるところから入っていってもよい。例えば、コロナウイルスが世界に伝染し、まちを歩く人はみんなマスク姿になってしまった。この覆面姿に特徴はあるのか、それはまちによって異なるものなのか、こんなことは知りたいものだ。また近年、スマートフォンが普及したのはよいけれど、「歩きスマホ」という風潮を生み出し、事故も増えているという。人の密集地ではどんな状況なのだろう。観察してみたい対象はいろいろと出てくる。

図3　渋谷　ハロウィンの仮装

では実際に、何を、どういうふうに調べればよいのだろうか。調査の基本になるのは、「人の量」とその「種類」、そしてその人たちの「動きや活動の仕方」の3点だ。集まってくる人や歩いている人の量を測るのに楽な方法はない。要所要所にカウンターを持った調査員を配置して数えるのが今でも定番だ。電子機器を使いデータを計測することもできるが、大掛かりでコストがかかる。

人の種類の観察にもいろんな視点がある。国籍、性別や年齢層、居住者と来街者、子連れやカップル、職業や所得、ファッションやイベント時の装いの特徴、そのまち固有の人種など、視点が面白ければ注目される結果が生まれてくるだろう。例えば、かつての渋谷では、「渋カジ」「コギャル」「ガングロ」など独特の若者ファッションが生まれたが、2000年以降は独自のファッションを探すのは難しくなっているという。それなら面白い観察はできないかと言えば、非日常的な時期に着目してみるのもよい。ハロウィンの日は、1日100万人を超える人が集まるとも言われ、とんでもない仮装やファッションが出現して私たちを驚かせる[図3]。この詳細な観察記録はまだ見たことがない。

次に、人の動きや活動は、日常的な集客地、イベント開催時での人の流れや行動の種類を観察してほしい。タウン・マネジメントという、まちの魅力を高めるための運営が各地区で実施されているが、このマネジメントにはこうした観察が欠かせない。

本書では様々な視点で人を観察している。それでもまだまだアイデアは尽きないはずだ。ここで取り上げた以外にも面白い視点があれば、ぜひ観察し、その結果をネットにでもアップしてほしい。それはまちの魅力の発掘になるからだ。

②まちの表情

まちの印象で最も強いのは、なんといってもそこに立ち並ぶ建築物だろう。現代的なガラス張りのものがずらりと立ち並ぶのか、石やレンガ造りの歴史的なものが並んでいるのかで印象は全く変わってくる。建てられた時代や建築様式が異なれば、当然、使われている材料や色彩も異なってくるので、まちを観察するに当たっては、建築デザインについての基礎的な知識を持っていると大いに役に立つ。また、私たちがまち歩きしているときには、建築全体が視野に入っているわけではない。建物に近ければ、部分が目に付くわけで、商店街であればショーウィンドウが一番目に入るだろうし、アパートメントだと窓やバルコニー、玄関の様子やドアのデザインが目に入ってくる。

こうした建築が与える影響の強さから、建築家の中には自分たちが都市空間を作っているような錯覚に陥っている人もいるが、案外私たちはよほど印象の強い建築でない限り、その全体的なデザインは覚えていないものだ。近年では、都市においても緑などの自然環境の存在がまちを訪れる人のイメージ形成に与える影響が強くなっている。街路樹、公園緑地、オープンスペースや建築周りの植栽などの非建築要素もまちの表情の重要な要素となっているのだ。また人工物では、面白い広告看板や電子照明・電子ビジョンの印象は強いものがある。そのせいか、最近の繁華街では、建築自体が広告の役割を果たしているものが増えてきている。

渋谷を例にとると、渋谷駅をハチ公前広場のほうに降りると、眼前に「ＱＦＲＯＮＴ」のビルがそそり立ち、壁面に電子ビジョンの「キューズ・アイ（Q's EYE）」が取り付けられ、昼間でも輝く光量でコマーシャルや音楽番組などの映像を流している。これが渋谷の一番のランドマークになっている。その左隣の大盛堂書店ビルの「ＤＨＣチャンネル」、右隣の１０９−２ビルの「１０９フォーラムビジョン」、三千里薬局ビルの上にある「グリコビジョン」の3カ所の電子ビジョンを連動させることも可能な造りだ。これらのビルは建築というよりも電子広告塔として渋谷の表情を作り出している［図4］。

図4　ランドマークは広場の電子ビジョン

③ショップの動き

建築に入居する個々のショップに着目してみると、また興味深いことが見えてくる。例えば、ショップのロケーションという観点から、コーナーに立地するのは何の店かを調べてみるのも面白いだろう。世界の各都市で、ストリートのコーナーはどんな表情をしているのだろう？

図5　ショップの入れ替わりが早い竹下通り

現代では、商業を取り巻く社会変化のスピードは極めて速くなっている。国際化という社会変化に対応して、各国の有名なストリートではグローバルブランド・ショップの立地が進んでいる。こうしたショップが多いほど格の高いストリートと評価されるのだ。また、アパレル・ファッションの場合、そのスタイルによってもいろんなタイプ分けがなされる。パリ・コレクションを原型とする最新モードもあれば、トラディショナルなもの、カジュアルなものなど、極めて多様だ。それを扱うショップも多様で、その結果、ストリートも様々な個性を発揮し出す。原宿や渋谷のストリートに個性が強いのも、こんな理由があるからだ。こうした多様性の解明も面白い。

ショップの変化を観察するのも楽しい。1年単位でショップが入れ替わる原宿・竹下通り［図5］の商店会では、毎年、全店舗の外観を描いたストリートマップを発刊している。第一版からコレクションしていれば、大変なお宝だ。

特定の業種や業態が集まると、まち自体の呼び名も変わったりする。新大久保は韓国料理店が増えてメディアが取り上げ、コリアンタウンと呼ばれるようになった。神楽坂もいま以上にフレンチ・レストランが増えると、フランス語の名前に変わるのかもしれない。自由が丘は、スイーツの店が増えて、自称「スイーツの街」を名乗っているし、谷根千（谷中、根津、千駄木周辺）では、古い民家を活用したカフェが多く、まちの代表的なイメージとして定着した。古民家がカフェとして再生されるように、変化の激しい都市では、古い建物が逆に価値を持つようになってくる。銀座の老舗レストラン「みかわや」は、増築された銀座三越の建物に組み込まれながらも、あえて旧い佇まいを残している[図6]。

ショップは扱う商品が第一だが、お店の雰囲気も重要だ。それはお店独自のおもてなしの方法でもある。インテリアとその色彩、ディスプレイ、音響、香り、店員の接客などを調べてみるのも興味深い。

④ストリートの性格

建築やショップは、ストリートの景観や空気を生み出して私たちの記憶に残る。銀座と言えば銀座中央通りの景色が目に浮かぶし、原宿と言えば表参道と竹下通りの光景が思い出される。ストリートの個性や雰囲気、その変化はまちの活動を映し出す鏡のようなものだ。

ストリートはそれぞれの個性を主張する。性格が変わって名前が変わった例もある。渋谷駅から区役所へとつづく通りは、かつて「区役所通り」と呼ばれていたが、商業施設のパルコが出来ると「公園通り」(イタリア語で「parco」は公園の意)に改名された[次ページ・図7]。渋谷には他にも、いつの

図6　銀座の老舗レストラン「みかわや」

図7　渋谷　公園通り

図8　渋谷　路地「のんべい横丁」

まにかニックネームで呼ばれることが定着した通りがいくつかある。なぜそう呼ばれるようになったのかを調べてみるのも面白いだろう。原宿のストリートも個性派揃いで、それぞれの特徴を知っているとデートのときに役立つかもしれない。また、ショッピングセンターは極めて人工的なストリートだと言えるが、どういった特徴を売りにし、どういった客層を集めるかなど、その性格付けは建設企画の最重要課題だ。

時間の経過が醸し出すストリートの雰囲気というものもある。第二次大戦後に出没した闇物資を扱うマーケットが、いまだに闇市路地として都内には何カ所か残っている［図8］。何とも言えない怪しげな雰囲気が、ぴかぴか、つるつるのIT社会にはない面白さを感じさせ、現代の日本人だけでなく欧米人にも人気の場所となっている。こういった場所は、詳しく調べて記録に残しておきたいものだ。

ストリートの特徴はそこにあるショップの特徴でもある。高額商品を扱うショップが立ち並べば、そこにはリッチな人たちが行き交うだろうし、お得な商品が多ければそこは庶民的なイメージの場所となる。そうなると通りを歩く人たちの服装も変ってくる。こうしたストリートの特徴を知らないと店舗戦略を立案することはできない。ストリートは商店会という組織を持つことが多く、この商店会による運営がストリートの特徴を作り出していることも多い。歩道のペイブメント、街路灯、ベンチなど目立たないところでの特徴も観察してほしい。

⑤まちの構造

まちの構造は、その地域の自然条件と都市活動に規定されていく。また、まちの方向性（ベクトル）は、その構造をもとにした都市活動の変化で決められていく。渋谷のまちも、まずは自然条件がその上で展開される都市活動を規定した。

青山通りの地下を走っている東京メトロ銀座線は、終点の渋谷駅に来ると、いつの間にか地上3階くらいの空中に到着している。銀座線は空を走る地下鉄だ。一体、なぜなのだろう。この疑問は、渋谷が武蔵野台地を侵食する渋谷川と宇田川の合流地点に作られた「谷底の街」だということに気づくと合点がいく［次ページ・図9］。谷の両側には宮益坂、道玄坂が連なり、東渋谷台地を進んできたメトロは渋谷川の浸食で削られた窪地の空中に突き出てしまうのである。この地形のことがわかると、東京メトロ銀座線の渋谷駅が改築され、銀色のシリンダーが明治通りの上空を横断しているのも納得がいくし、現在、やはり渋谷の上空を走るＪＲと地下に潜った東横線の乗り換えが大変なことも理解できる［次ページ・図10］。この渋谷川は原宿方面の上流に行くと、川の名前が地図から消えて「キャッ

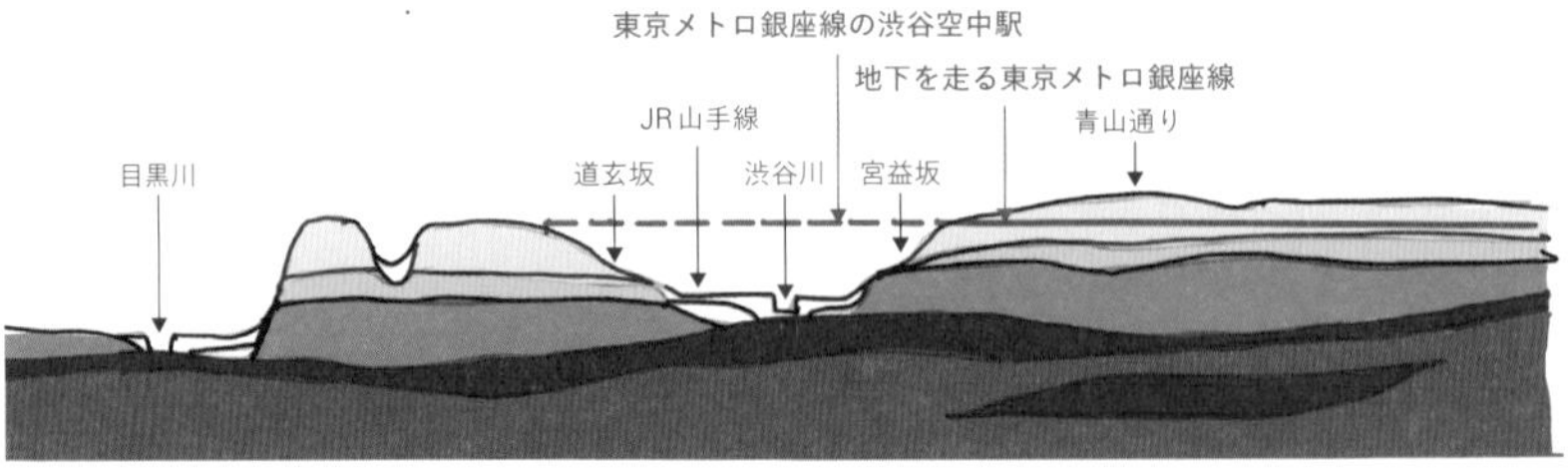

図9　谷底の街　渋谷

図10　空中にホームのある東京メトロ銀座線渋谷駅

ト・ストリート」という名前に替わる。渋谷川が暗渠化され、その上に出来た道がキャット・ストリートなのだ。渋谷川を目にできるのは、渋谷駅より下流で、国道246号線を並木橋方向に行ったところだ。暗渠から出てきた渋谷川が、河川水の高度処理水化により、清流として復活して流れ出ている。

都市活動でまちの構造が規定されてきた例を、やはり渋谷で見てみよう。渋谷の円山町と言えば有名なラブホテル街だが、どうしてこんなところにラブホ街が出来たのだろう。これにはそれなりの生い立ちがある。渋谷は、もともと江戸時代から大山街道の宿場町として栄えていたことから、花街の色合いを持っていた。明治末期に代々木の練兵場が出来ると、そこの将校たちが円山に遊びに来るようになり、花街は隆盛を極めた。1921年には、芸妓置屋が137戸、芸妓402人、待合96軒を数えるほどにまでなった。1980年頃まで花街としての賑わいは続いたが、和風の接客業の衰退とともに料亭の数も減っていき、料亭の建物はラブホテルへと転換し、円山はラブホ街となってしまった。それでも花街の面影を伝える料亭が数軒健在で、花街の名残をお祭りの中などに感じさせている。

過去を知り、全体を捉える調査データ

統計データ：異なる場所や時間の比較

まち歩きは独自の視点で今までなかった情報を生み出してくれるが、単発的で局所的な調査になりがちである。一方で、統計情報は規則化された調査方法によって収集される数値情報であり、仕様が統一され、場所・時間も定期的なものが多い。身の回りから国土まで広範囲をカバーし、いわば鳥の目でまちを俯瞰できる数値データだ。ほとんどの統計調査は行政によって行われているので、調査の回収率が高く、調査結果への信頼性も高い。また、調査項目の連続性があることから、異なる場所・異なる時間の比較が可能になっている。

国が実施する中核的な統計調査は基幹統計と呼ばれ、その代表例は全国民の人口動向を調べる国勢調査であり、総務省統計局が実施している。この他に、国土交通省、経済産業省、文部科学省、農林水産省などで様々な統計調査がなされ、政府統計の総合窓口のウェブサイト「e-Stat」で情報公開されている。都道府県では、東京都のホームページ「東京都の統計」に見られるように、政府統計をはじめ都道府県独自の情報が市町村単位で公開されている。区市町村では、さらに区市町村独自の情報や町丁目単位のデータを加え、統計データポータルや統計データ集を作成し公開している。

表11　商業統計による東京近郊商店街の比較

商店街	商業集積地区	事業所数	従業者数（人）	年間商品販売額（百万円）	売場面積（㎡）
自由が丘	自由が丘駅周辺	358	2,391	44,841	33,839
	奥沢駅北側	8	32	346	475
下北沢	下北沢駅北口	140	679	9,405	11,502
	下北沢駅南口	70	728	14,434	9,931
吉祥寺	吉祥寺駅南口	207	1,967	36,980	29,253
	吉祥寺駅北口	463	4,056	126,203	111,426

出所）東京都の統計「東京の小売業〜平成26年商業統計調査報告小売業編（業態別・立地環境特性別集計）〜」

表12　局所データが活用できる基幹統計

統計名	作成者	オーダーメード集計可能なもの	自治体経由統計
国勢統計（国勢調査）	総務省	○	○
住宅・土地統計		○	○
労働力統計		○	
小売物価統計			○
家計統計		○	
就業構造基本統計		○	○
全国消費実態統計		○	○
社会生活基本統計		○	○
経済構造統計（経済センサス）		○	○
工業統計	経済産業省		○
商業統計			○
商業動態統計			○
建設工事統計	国土交通省		
学校基本統計	文部科学省		○
農林業基本統計	農林水産省		○

注）オーダーメード集計：学術研究の発展、高等教育の発展に資すると認められる場合、統計調査から集められた調査票情報を集計して統計等を作成し提供してくれる。窓口は「政府統計の総合窓口 e-Stat」https//www.e-stat.go.jp

「政府統計の総合窓口 e-Stat」よりダウンロード可能な局所データ
国勢調査（町丁・字等別集計、250m、500mメッシュ）
経済センサス一基礎調査（町丁・大字別集計、500mメッシュ）
事業所・企業統計調査（町丁・大字別集計）

まちの観察に統計データを使うには、町丁目単位での統計データがほしい。統計調査では、調査区という小さな単位ごとの数値データを合計して区市町村〜都道府県〜国土単位のデータが算出され公開されるが、調査区単位のデータは個人が特定される恐れがあるため、これまで原則一般公開されていなかった。しかし、行政情報のオープンデータ化の動きの中で、町丁目単位でのデータ公開が現在増えつつある。商業統計では、商店街（商業集積地区）ごとのデータも公開されている［表11］。e-Statでも、町丁・字単位や250mメッシュでの局所データが公開され、公益性のある学術研究であれば統計調査のオーダーメード集計も可能となった［表12］。また、基幹統計の調査作業を委託されてきた市町村では独自集計も含めて町丁目単位でのデータのオープン化を進めている。ただ、オープンデータ化は市町村の熱意と実力に左右されるので、地域差が生じているのが実情である。

地図：時代、縮尺、掲載情報が違う

自分が行きたい場所を探す場合、どうしても空間の情報が配置してある地図が必要となる。地図は人々にとって大事なものだったから、その歴史も古い。測量技術が発達していなかった時代には、絵図（絵地図）［次ページ・図13］が用いられていた。精度や縮尺は一定せず、デフォルメされているものが多いが、近年は地形図と照合できる書籍やスマートフォン・アプリも作られており、現代と過去の比較ができるようになった。

わが国で測量による正確な地図が作られるようになったのは、1872（明治5）年以降で、平面につなげると全国まで拡張でき、複数時点の地図を比較するとまちの変化を観察できるようになった。

１９６０（昭和35）年からは国土地理院によって２万５０００分の１の地形図が全国を覆う基本図として整備され、１万分の１の地形図［図14］も全国の主要都市中心部に限られてはいるが、一時期の休刊期間を除くと１９８３年より継続的に発行されてきている。１万分の１地形図では建物形状や道路網が判別でき、等高線も２ｍごとに表記されている。これらは、国土地理院が年次別地図データを「地図・空中写真閲覧サービス」としてインターネット上で公開し、そのデータ販売も行っている。埼玉大学の人文地理学研究室が運営している時系列地形図閲覧サイト「今昔マップ on the web」でも時代の異なる地図を照合できる。

ただ、まちの観察に使うには１万分の１地形図でもまだ精度が粗い。そのため、都市計画を策定する自治体では、都市計画基本図として２５００分の１地形図を個別に制作し、販売も行っている。東京都では「２５００デジタル白地図」として販売している。

こうした地形図をもとにして、民間でも様々な地図が製作されており、株式会社ゼンリンの「住宅地図」［図15］は、

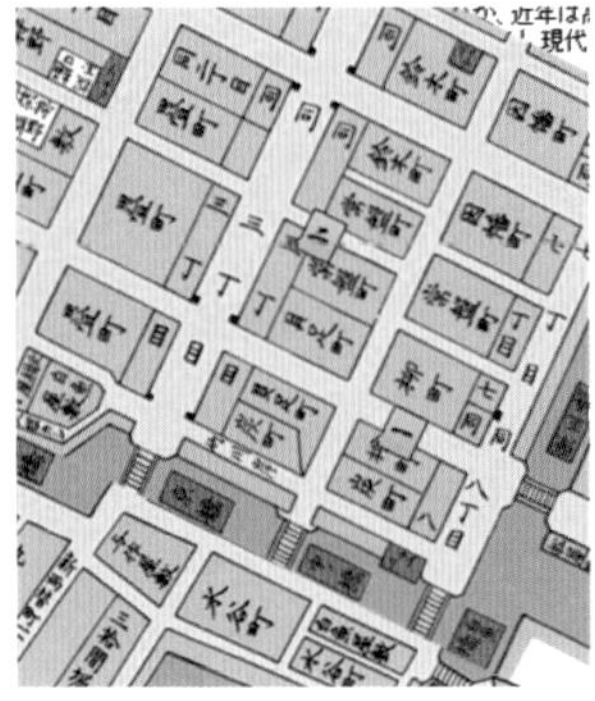

図13　絵図（goo history 人文社）

図14　地形図1/10,000（国土地理院）

1200分の1〜6000分の1程度の縮尺の中に、個人や店舗までの詳細情報が網羅的に掲載され、1年ごとに更新され経年変化も見ることができる。発行が開始されたのは1950年代なので、それ以前のこうした詳細情報を見るためには、「火災保険特殊地図（略称：火保図）」がよい。大都市の市街地を対象に防火や火災の危険性に関する建物の構造や階高、用途、道路の幅員などの情報を記載したもので、東京23区では1928（昭和3）〜1940（昭和15）年間と1947（昭和22）〜1955（昭和30）年間の2回制作され、公立図書館で閲覧やコピーができる。

現代では、スマートフォン検索にGoogle Map［図16］やYahoo Mapがよく使われている。これらは様々な施設やルート検索が得意な電子地図で、世界各地を覆う地図としてネット社会で普及している。地図情報を空中写真に切り替えることができる機能も持っている。

調査・計画・規制情報：観察をサポート

都市は市民にとって便利で快適であることを目指して、将来

図15　住宅地図（ゼンリン）

図16　Google Map（Google）

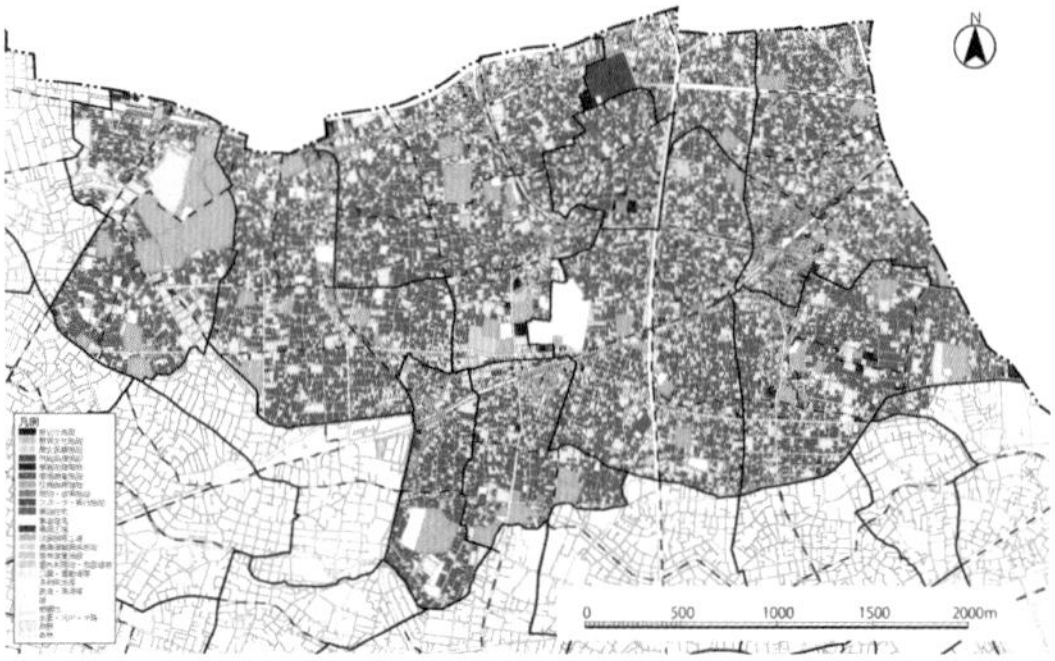

図17　世田谷区北沢地域　土地利用現況調査（2021年度）

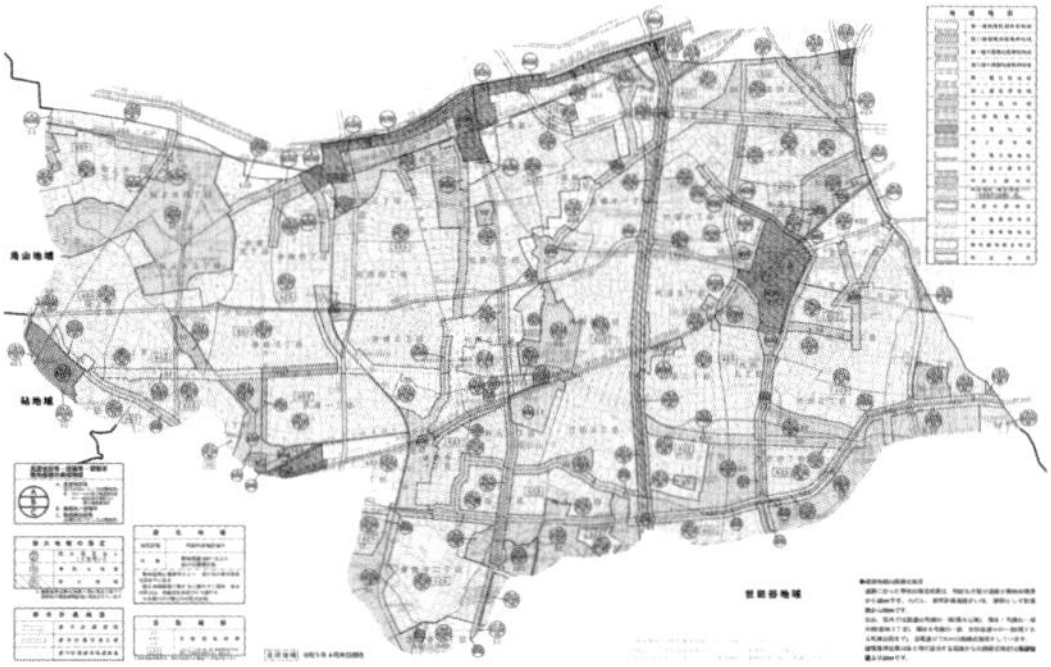
図18　世田谷区北沢地域　都市計画図（2023年度）

像となる基本構想が制定される。市街地については市民に意見を聴取し、「都市計画マスタープラン」というものが作成される。その基本構想では、将来人口の予測など都市の基本フレームや基本構造が定められ、これに従い地域・地区、地区計画、道路、公園、教育文化、社会福祉などの都市施設、市街地開発事業などが定められて都市計画が作られていく。更に、分野別計画として、住宅マスタープラン、緑のマスタープラン、景観基本計画、環境基本計画、地域防災計画、公園整備計画も作成される。

これらの計画が組まれる前に、まず現状がどうなっているかの様々な調査が行われており、その調査報告の多くは情報公開されて、まちの観察をサポートする貴重な資料となっている。その代表的なものが土地利用現況調査［図17］だ。

この調査では、土地の使われ方が5年ごとに調べられていることから、時代に応じたまちの変化も分析することができる。世田谷区では、土地利用の分類を官公庁施設、教育文化施設、事務所建築物、専用商業施設、宿泊・遊興施設、スポーツ・興行施設、専用住宅、集合住宅、専用工場、農林漁業施設、屋外利用地・仮設建物、公園・運動場等、未利用地等、鉄道・湾港等、畑、樹園地、水面・河川・水路、原野、森林など24に分類した地図を作成している。

この調査をもとにして作成される都市計画図［図18］には、建築できる施設、できない施設の種類を示した19種類の地域・地区が指定されている。低層住居専用地域には高層マンションや商業専用施設は建設できない。また、敷地内に建てることのできる施設の規模を指定する建蔽率や容積率も定められていて、まちづくりを行う上での不可欠な情報となっている。さらに都市の整備事業が行われる地区では、詳細な整備計画が策定されている。

こうした計画作成のための独自の調査情報やその結果としての計画・規制情報を、自治体はオープンデータとして公開している。武蔵野市のような先進的な自治体では、これらの地図情報をGoogle Earth上に立体空間情報として掲載するサービスを始めている。

空中写真：お手軽なものからプロ仕様まで

鳥になって空から自分の好きなまちを観察してみたいと思う人は多いに違いない。だけど、ヘリコプターを1時間借り切るだけで海外旅行に行けるくらいのお金を取られてしまう。

それをGoogle Mapは無料で空中旅行できるようにしてくれた。Google Mapはインターネットで提供されるＧＩＳ（地理情報システム）を使ったサービスで、地図や空中写真、地域情報を手軽に見ることができる。Google Mapの平面地図の左下に小さく配置された「航空写真」と書かれたところをク

図19　Google Map提供の写真情報
出所）https://www.google.co.jp/maps/（2021年6月）

リックすると空中写真に切り替わる。磁石のマークで方角を変えることができ、「＋／－」を調整して縮尺を変化させ、身の回りの地域から地球全体にまで表示されている範囲を変えることができる。「3D」をクリックすることで、平面写真は立体写真に切り替わり、視点の傾斜も変えられる。お店や施設までのルート検索も可能だ。「ストリートビュー」は、道路から撮影したパノラマ写真で、地上を散歩するように街並みを観察することができる。黄色い人型のアイコンを地図上にドラッグすると、そこからまち歩きが楽しめるのだ［図19］。さらに高解像度な立体画像を楽しめるGoogle Earthのサービスもある。

お手軽なGoogleはまちの観察にはとても役立つが、高精度の写真情報が必要となる商業印刷には解像度が充分でなく、自分の足で現地を訪れて撮影しなければならないこともあるだろう。これが空中撮影となると、なかなか個人では難しい。空中撮影は、第二次世界大戦前の日本では地図の作成か軍事目的で行われていた。戦争直後、アメリカ軍が2回日本全土の撮影を行い、その後、国土地理院が地図作成のための空中写真を順次、「地図・空中写真閲覧サービス」としてインターネット上で公開している。１カ所約８０００分の１～４万分の１の画像データ（1270dpi）も約４０００円で購入できる。自分の目的の場所を好きなように撮影する場合には、ヘリコプターをチャーターするという手もある［図20］。撮影の条件によって費用が変わり、天候条件にも左右されるが、大まかには１時間20万円以上を用意する必要があるようだ。最近人気のドローンでの撮影はどうだろうか？　一般の人が人出のある市街地を撮影するには、法制度上、安全性を確保して許可を得る必要がある。申請には知識・経験が必要で素人には難しく、専門業者に依頼することとなるが、これも国土交通省への飛行許可申請手続きやドローンやカメラの性能、オペレータの人数、写真カット数や所要時間、被害補償の賠償責任保険、天候によるキャンセル料などで異なるが、30分で5万円以上は必要となり、お手軽ではない。それでも、多発する事故を防ぐためにドローン規制は厳しさを増し、法律改正により登録制度が開始される。

図20　ヘリからの著者による空撮：建設開始時期のお台場

ビッグデータ：人々の行動を常時観察

統計調査や地図情報のデータは、現在ではデジタル技術が導入されてはいるものの、全体としてはアナログな手作業で生み出される努力の結晶だ。しかし、インターネットやコンピュータ技術

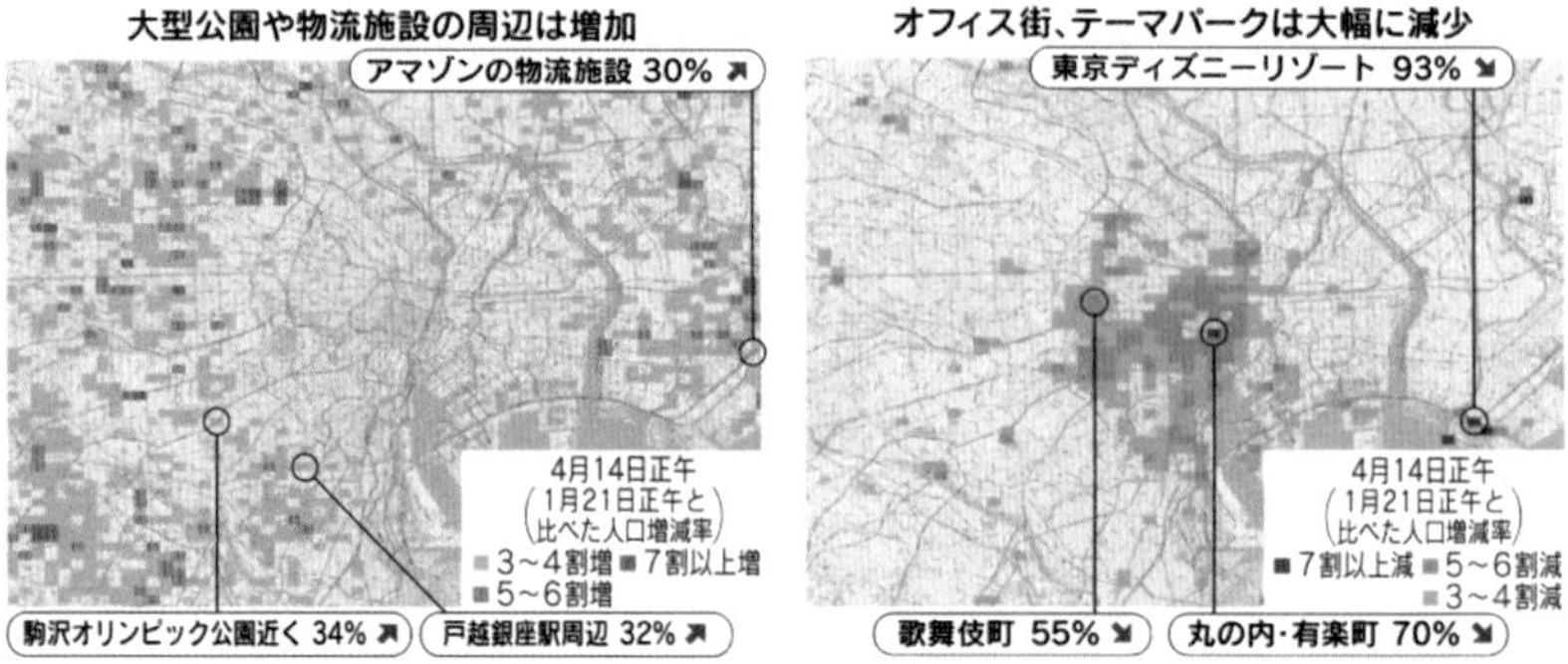

図21　東京都内の地域の人出（両図とも日本経済新聞2020年4月19日付朝刊より）

の向上で、すべてがデジタル処理により自動的にデータが大量に生成される時代となってきた。これは量的に大量であることや、文字に限らず音声、画像、動画などデータ形式が多様であることから「ビッグデータ」と呼ばれ、毎日膨大に生み出され、時系列性、リアルタイム性を持っているのが特徴である。スマートフォン、GoogleやYahooなどの検索エンジン、SNS、オンラインショップ、クレジットカードや交通カード、防犯カメラやNシステム（自動車ナンバー自動読取装置）、その他様々なデジタル端末が捉えた情報が記録・蓄積されている。従来は形式の違う膨大なデータを処理することは困難であり活用することができなかったが、IT技術の発達でこの分析が可能となり注目されている。

アマゾンや楽天では購買履歴やサイト内のアクセス情報などをもとに、顧客の商品購入を予測しているし、スマートフォンの利用者は地球上にいる限り毎日の行動ルートをGPSですべて把握されている。コンビニの監視カメラは顔認証システムで顧客のPOSデータとマッチングを行い、購買行動を予測している。

現在のところ、これらのビッグデータのほとんどは、その生成者の企業が保有し、その企業のビジネスで活用されているが、このデータを他のユーザーにも提供するデータ市場を作ろうという動きが出ている。こうした仕組みが作られ、各社のビッグデータが組み合わされるとすごいデータ社会となるだろうが、一方で個人情報の流出や監視社会化への危惧も大きくなる。

株式会社ドコモ・インサイトマーケティングは、スマートフォンのGPSが捉えた利用者のビッグデータを活用して、コロナウイルス対応の緊急事態宣言（2020年4月7日）を受けて東京都内の地域の人出が減少したか否かを観察した結果を新聞に掲載した［図21］。オフィス街やテーマパークなど集客地区では人出の大幅減少が見られたものの、郊外の大型公園や商店街では逆に増加していた。従来の統計では捉えにくかった人々の行動が、デジタルなビッグデータでは日々観察できるようになったのだ。

＊

以上、まちの観察とその方法について述べてきた。まちの様子を観察し、記録する方法の原点は、関東大震災の復興過程をスケッチで描き記録した今和次郎たちの考現学だった。直接目で観察でき、スケッチによって採集できるモノとコトからその時代の生活や社会の様子を捉え、都市生活を通じて人々の現在を観察し記録しようとした。「古」を考察する考古学に対して、モノとコトから「現」在を考える学問として「考現学」と名付けられた。この時期は、明治になって開始されたわが国の近代化が次第に進んでいき、まちの風景も江戸の時代から一変してきた頃だった。それでも手作りと工夫の時代であり、モノには手の温かみが感じられ、コトには人の思いが込められた。

それから約100年経った21世紀の現在、工業化、情報化の流れを経た消費が経済を牽引する社会の中でまちにはモノや情報が溢れかえり、まちの姿も秩序と混乱が入り混じっている。市場経済システムの中では企業の利潤追求のための効率化と商品の新陳代謝が求められる。今和次郎たちの時代の温かみと人の思いが凝縮されたまちとは異なり、消費の循環がまちに求められる。ファッションの流行に限らず、電子機器、車、建物も循環サイクルが短縮され、その集積体としてのまちは高速で変化している。本書では、このような東京を観察し、比較の対象として海外の都市にも目を向けて、まちの人、まちの表情、ショップの動き、ストリートの性格、まちの構造を調べ、変化し続けるまちの活動の断面を記録に残したい。

まちの人を眺めると、その属性により行動のスタイルや場所、身に着けているファッションが異なったり似かよったりしている。まちの表情も、建物、広告・装飾、ショップなどが新旧の時間経過、個店とチェーン店、業種・業態などで相違したり、同質化している。ストリートは、これらに地形や歴史が相違を生み出している。まちを改変するベクトルは、経済社会構造の変化に集客施設の立地、交通網、都市計画など都市構造変化が組み合わさって動きを作る。これらのまちの特徴は、まちのディテールを見るという考現学の帰納的な方法論によって把握することができる。

第1章から述べてきたまちの観察の総論をうけて、以降の章では観察されたまちのディテールを各論として紹介したい。世界を襲ったコロナウイルスのまちへの影響も鑑みながら、直接目で観察できるコトとモノの他、統計データなど数値情報の活用も含めた新世紀の考現学としての観察記録である。

3

人の行動を知る

コロナマスクの種類

2020年初頭からコロナウイルスが蔓延し、人々はみなマスク姿となってしまった。まちを歩く人々がどんなマスクをしているのかを知りたくなって、まちで見かける一般のマスクを、白色、黒色、無地の彩色、色柄の4種類に分類し、東京都内で観察を行った。2020年8月6日と10カ月後の2021年6月10日の2回で、どちらも木曜午後の時間帯、場所は商業地域の原宿、住宅街の自由ヶ丘、ビジネス街の丸の内の3カ所にて100人を調査対象とした。

結果、どの場所も白色マスクが一番多く、第2位が無地彩色、第3位が黒色の順となった。それでも、原宿はファッションのまちだけあって白色は両年とも50%前後と少なめで、自由が丘、丸の内は両年とも70~80%で地域差が出た。しかし、原宿では2021年は前年より白色が10%増加し、その分、黒色や無地彩色が減少した。自由が丘、丸の内では逆の傾向で、前年より白色が減少し、黒色や無地彩色が増加となった。3地区の差異が縮小傾向にあるということだ。色柄マスクはお店ではデザインされたものが盛んに販売されているものの着用している人は少なく、着けている人は御婦人方に多い傾向にあった。自由が丘が最も多くなっているのも、郊外の住宅地で家庭の主婦が多いからだろう。マスクのJIS規格制定後は、また変化があるのだろうか。また、マスク無しが原宿では10カ月の間に増加した。外国人がまちに戻ってきて、マスク無しで歩いているのが目立った。

マスク姿がノーマルになると、見た目が良いかどうかが気になってくる。2020年8月の観察では、原宿ですでに、マスク・ファッションの素敵な人たちをちらほら発見することができた。マスクの色が衣服の色とコーディネートされているのかどうかがポイントのようだ。

東京のまちでのマスク状況（2020年8月と2021年6月）

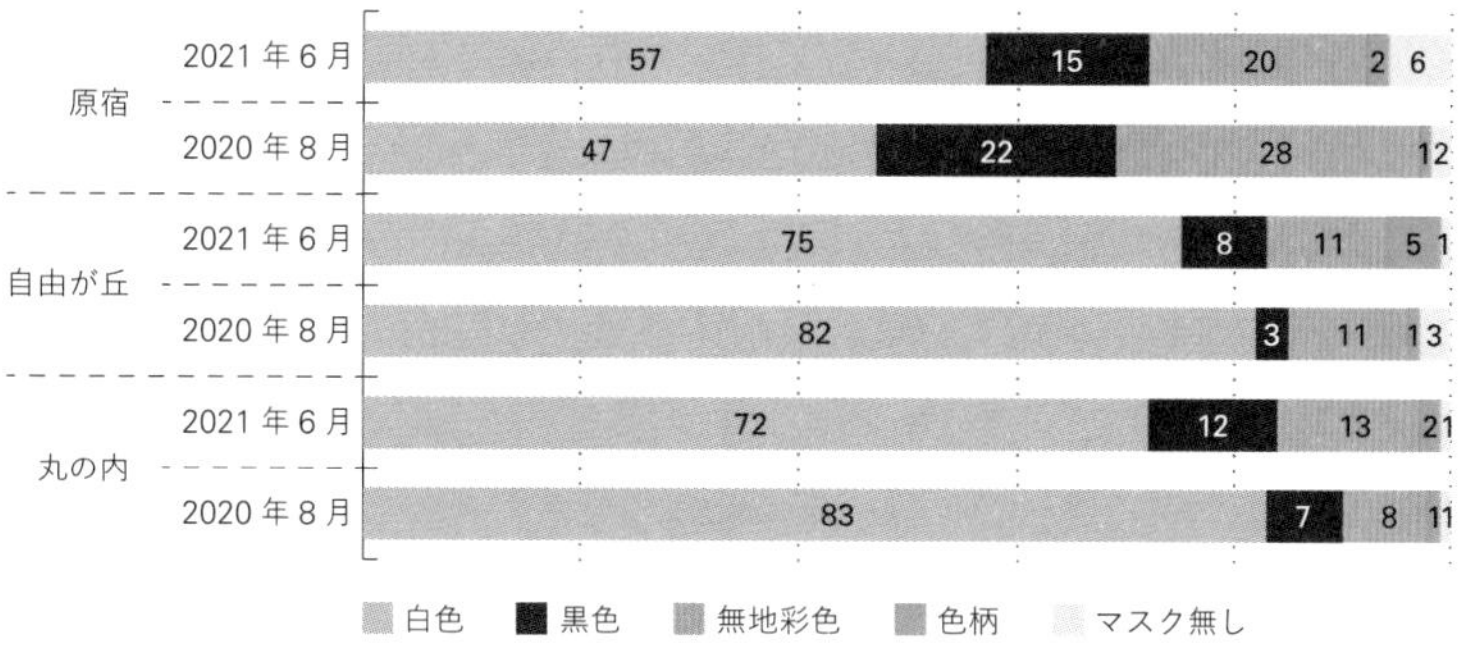

一般マスクの種類

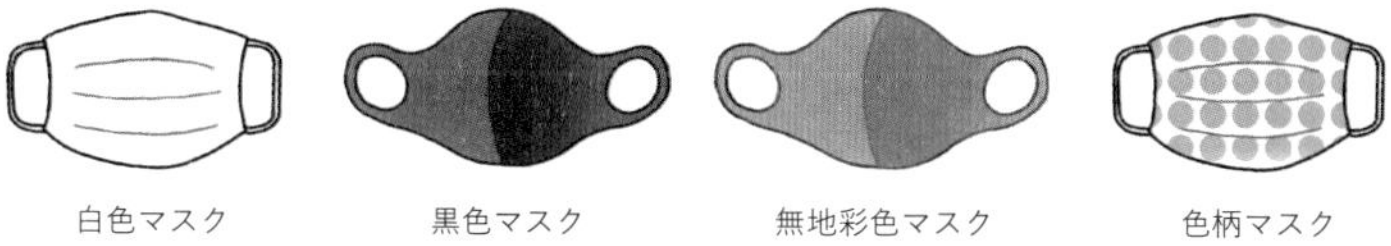

原宿のマスク・ファッション（2020年8月）

歩きスマホ人はゾンビなのか？

スマートフォン（スマホ）が、2010年頃から世界中で爆発的に普及した。この急増したスマホは「歩きスマホ」という、前を見ないで歩く人たちを増やした。スマホを見ながら下を向いてのろのろ歩く様子から、英語圏ではこれらの人を「スマートフォンゾンビ（Smartphone zombie）」と呼ぶようになった。

この現象が本当に事実なのか、ロンドンのノッティング・ヒルとパリのサンジェルマン・デ・プレを2014年3月に訪れ、歩きスマホを観察した。結果、前を見ずにスマホの画面を見たまま信号を渡る人、恋人と一緒にもかかわらずスマホを操作しながら歩く人など、心はスマホの中という人がいっぱいだった。年齢的にはノッティング・ヒルでは30代、サンジェルマン・デ・プレでは20〜30代が多かった。

一般社団法人電気通信事業者協会が2014年12月に日本の大都市の15〜69歳のスマホ所有者に歩きスマホの経験を聞いたところ、「日常的ないし時々」が45％と半数近く、10〜30代では60％前後と習慣化し、ぶつかり事故を起こしていることがわかった。米国ホノルル市では、この歩きスマホをなくそうと、2017年に最高99ドルの罰金を含む禁止条例を施行した。わが国では、2020年7月より神奈川県大和市で歩きスマホ防止条例が施行された。

そんな中、2020年8月に東京丸の内と表参道で、歩きスマホの目視による観察を行った。歩きスマホは2014年頃に比べて減少し、座りスマホに変化している印象を受けた。まちなかの人の座れる場所はほとんどがスマホを見たり操作する人で占められていた。それでも歩きスマホはまだまだ健在だし、信号を待つ人の中で誰かはスマホを見ていて、信号が変わってそのまま歩き出す、というのが現状だ。

ヨーロッパの歩きスマホ（2014年12月）

日本の歩きスマホ＆座りスマホ（2020年8月）

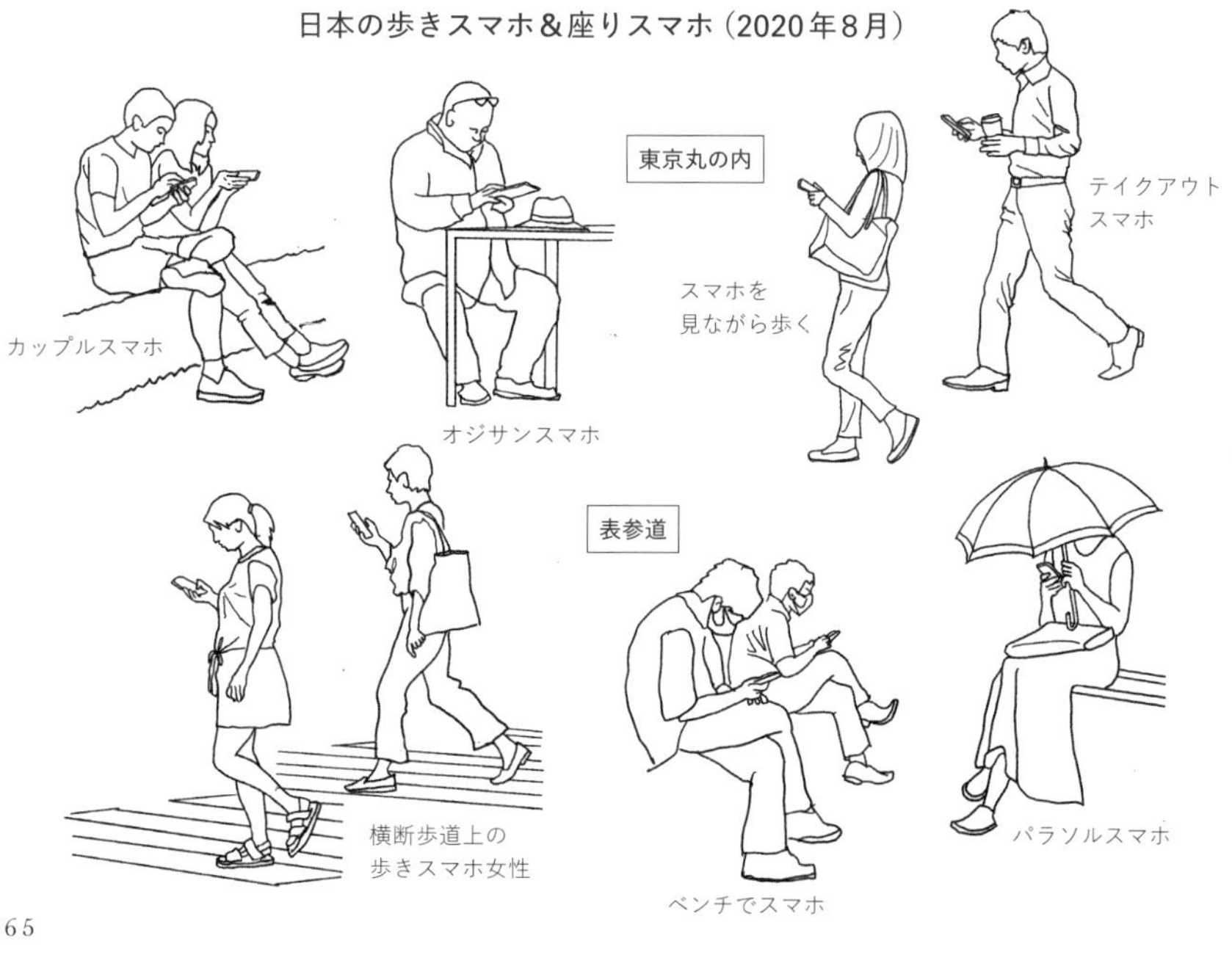

▼当世風俗

カフェにいる人の行動

オープンカフェは屋外の解放感があって気持ちよく、わが国でも少しずつ普及し始めているようだ。そこで、本場パリでオープンカフェがどのように利用されているのかを知りたくて、サンジェルマン・デ・プレまで調べに行ってきた。コロナが上陸する以前の2014年3月午後3時の観察だったので、歩道にテーブルと椅子が至る所に並べられ、カフェのお客で賑わっていた。飲食、会話、スマホ、仕事、本や新聞、喫煙、ペットと休息、待ち合わせなど、ちょっと観察しただけで利用のタイプは8タイプにもなった。さすが、パリではオープンカフェは日常の生活に溶け込んでいて、屈託なく利用されていた。ただ、コロナの状況下ではカフェも閉鎖を余儀なくされ、こうした光景も見られない。

東京ではどうだろう？　わが国では、歩道にカフェテーブルを出すには手続きが難しく、東京のオープンカフェのほとんどは建物の中や敷地内に設けられた屋根なしカフェであるのが現状だ。東京のオープンカフェがどのように利用されているか、2020年8月の午後3時に都内2カ所の観察に出向いた。コロナのせいか表参道のカフェ・アニヴェルセルのお客はまばらで、その半分はスマホをいじり、一部の人が会話をしていた。丸の内仲通りでは、イベントが夏の期間開催されていて、車道部分が公園化して多くのオープンカフェが設置されていた。そこにいる人たちの大多数が仕事とスマホいじりで、会話をしたり飲食する人は少なかった。時間帯によって異なるのだろうが、ビジネス街らしい利用のされ方で、パリのような生活に溶け込んだ多様な利用形態とは異なり、丸の内ではビジネスワークの延長だったり、表参道では訪れた人たちのおしゃれな休憩場所としての利用だった。日本でも道路の占用許可規制が緩和されてきてはいるが、本格的な道路利用はなかなか進んでいないようだ。

オープンカフェでの行動

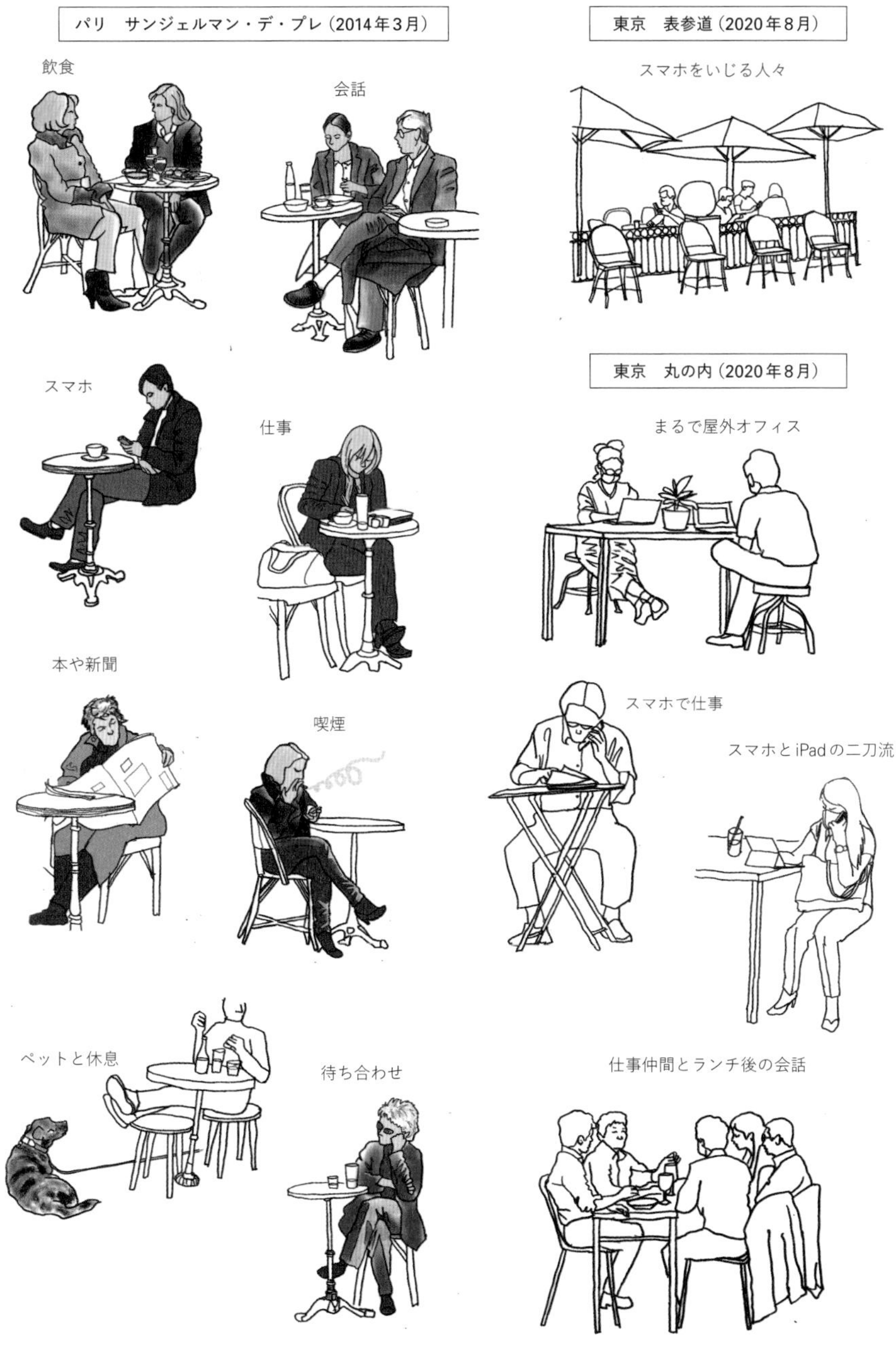
パリ　サンジェルマン・デ・プレ（2014年3月）
飲食
会話
スマホ
仕事
本や新聞
喫煙
ペットと休息
待ち合わせ
東京　表参道（2020年8月）
スマホをいじる人々
東京　丸の内（2020年8月）
まるで屋外オフィス
スマホで仕事
スマホとiPadの二刀流
仕事仲間とランチ後の会話

コロナ禍が人々の移動に異変を

新型コロナウイルスによる感染がわが国で蔓延したのは２０２１年初頭から２０２３年の春までのことだった。２０２３年５月に「五類感染症」に位置づけが変更され、それまで政府より要請されていた外出自粛は解かれ、平常の都市活動へのカムバックが進められている。

しかし、この2年余りのパンデミックは、都市における人々の移動の行動パターンを大きく変化させた。サラリーマンと呼ばれる雇用型就業者の通勤は抑制され、情報通信を活用したテレワークというスタイルに移行したのだ。この動きを国土交通省は毎年調査してきた。それによると、勤務先と異なる場所で仕事をする雇用型テレワーカーと呼ばれる人々の比率は、コロナ以前の２０１６〜19年では全国で15％前後、首都圏で20％までの比率でしかなかった。しかし、コロナ禍開始の２０２０〜21年には全国で23・０〜27・０％、首都圏では34・２〜42・１％と大幅に増えていった。これは通勤移動を控えテレワークで仕事を行うのが1週間のうち何日であるかを問わず、新しいワークスタイルへの移行であった。通勤移動そのものは、19世紀に産業革命が経済活動の都市集中と雇用者の郊外居住という生活様式をもたらしたものだったが、今度は、情報通信革命がDXという名のもとに新たな生活様式へと変化させ、通勤という人々の移動がなくなりそうな勢いであった。しかし、テレワーカーの比率は２０２２年になると全国では26・1％、首都圏では39・６％へと若干減少し始めている。これまでの対面交流を通信により交流に代替させることの限界が表れたということだ。テレワークの実施頻度も減少し始め、企業規模別にもテレワーカーに変化が出ている。企業規模が大きくなるほどテレワーク比率が減少し始め、逆に小規模企業が遅ればせながら、テレワークを実施し始め比率が増加しているのが最近の傾向であり興味深い。

テレワーカーのコロナ前後の推移

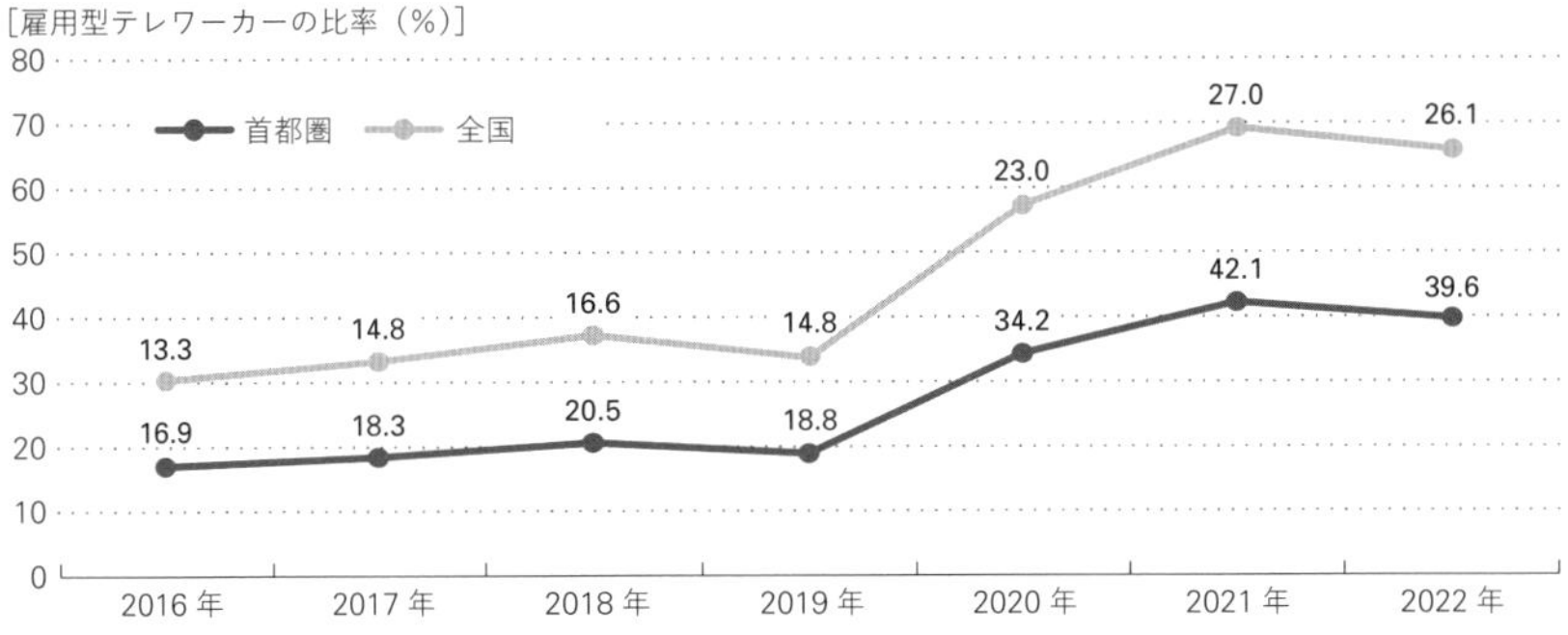

首都圏におけるテレワーク実施頻度の変化

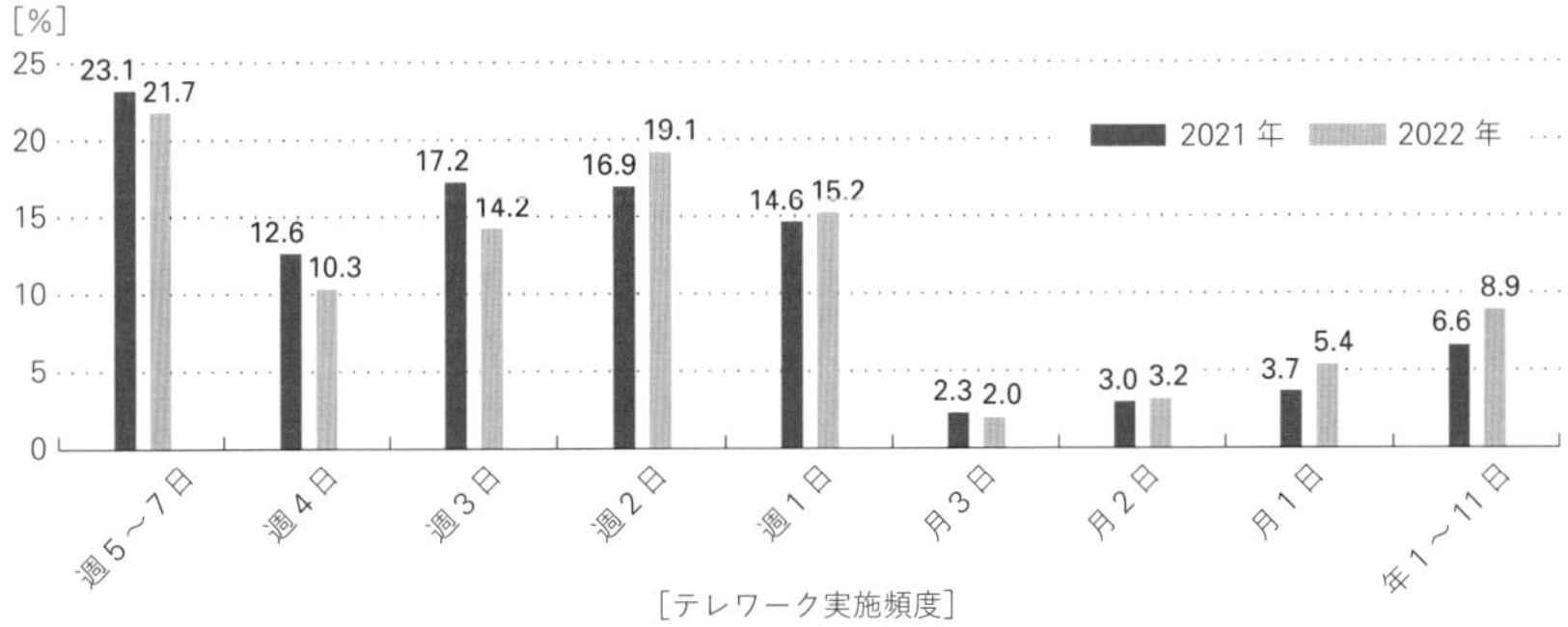

首都圏における企業規模別にみた雇用型テレワーカーの変化

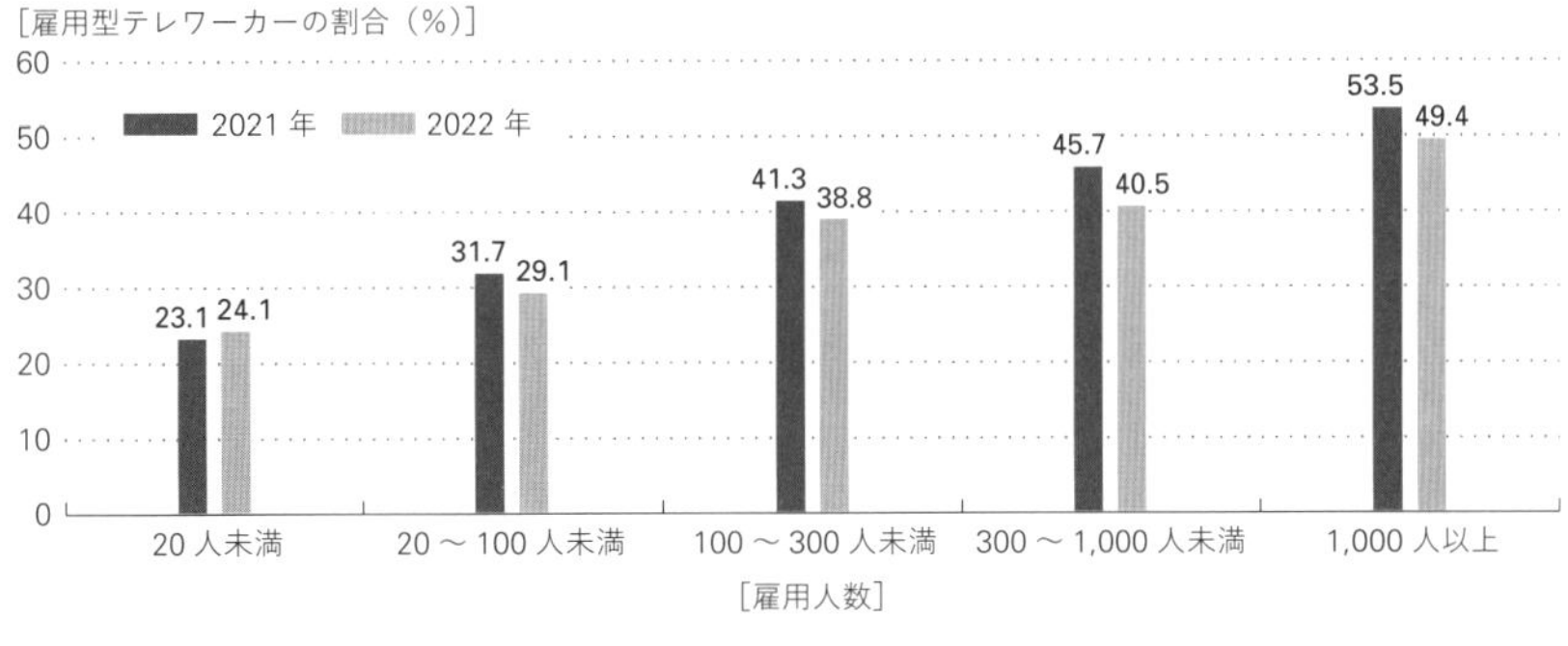

出所）「令和4年度テレワーク人口実態調査―調査結果―」国土交通省都市局都市政策課、2023年5月
※首都圏＝東京都、埼玉県、千葉県、神奈川県

緊急事態宣言の規制効果

これまで、新型コロナウィルス対策として緊急事態宣言は4回発令され、その解除がなされてきた。この期間、東京圏の人の移動は抑制されていたのだが、実際はどうだったのかを株式会社ドコモ・インサイトマーケティングのGPSが捉えたビッグデータを活用して観察してみよう。このデータでは全国各都市を対象に500m四方に滞在する人々の数を計測し続けている。ここでは東京圏のビジネス街の例として東京駅丸の内周辺、繁華街の例として新宿駅東口側周辺、郊外住宅地の例として常磐線の取手駅周辺の3カ所について、2020年5月1日〜2021年10月31日の1年6カ月の期間の各日15時時点の人出の状況を見てみよう。

この間、丸の内と新宿駅東口は同じ人出の流れを辿ってきた。第1回宣言（2020年4月7日〜5月25日）が発出されるや否や、コロナ以前の平日滞在人口に対して丸の内と新宿駅東口はそれぞれ28%、38%へと人出は減少した。解除されるとすぐに47%、66%へと増加し、3カ月後の10月には70%、95%とコロナ以前に近づく状況となった。正月休日では人出が止まったものの、即、増加に転じたことから第2回宣言（2021年1月8日〜3月21日）が出され、53%、72%と多少は減少したものの、その水準は第1回の宣言解除後程度にとどまった。宣言発令の1カ月半の間、人出は増加し続け、10月水準にまで戻り、ほとんど宣言発令効果はなくなっていた。4月からの第3回宣言、7月からの第4回宣言ともに、いったん人出は減少するものの、発令期間中を通じて人出は増加していく。人々は、期間が長引くと自粛疲れで規制を無視し始めることが判明した。一方、取手駅は遠い郊外のベッドタウンであることから、コロナ以前に比べて人出に差が出なかった。日頃、集客の少ない地域ではコロナによる人手への影響は少ないようだ。

緊急事態宣言解除後の人出の状況

2020年5月1日〜2021年10月31日の期間に見る人出の推移

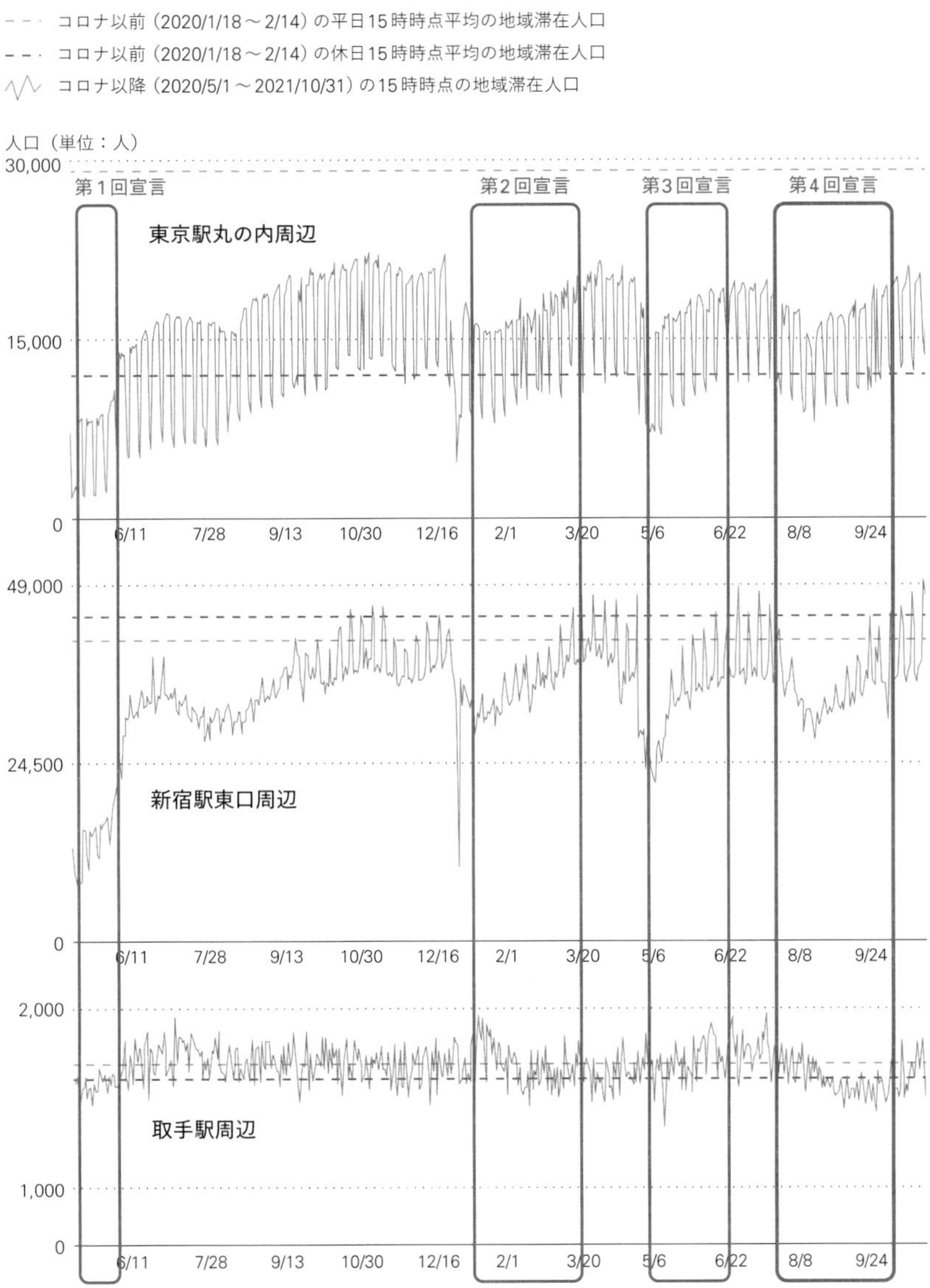

出所）NTTドコモ「モバイル統計空間」のデータより作成
https://mobaku.jp/covid-19/archive/kantokoshinetsu.html

ハイブリッドのワークスタイルが定着か

通勤による人々の移動が若干回復し、その分、テレワーカーが減少し始めているようだが、その様子はどうであろうか。前述の国土交通省の調査でそれを見てみよう。テレワーカーに対するアンケートの結果では、実施頻度を増加させてほしい人は56・1％おり、一層のテレワークを希望するベクトルの強いことがわかる。すでに週5日以上の20・5％の人たちはさすがに現状でよいと答えている。減少させたい人はわずか7・5％に過ぎない。テレワークのよいところは、通勤の負担が軽減できること、それにより時間の有効利用ができることが二大理由だとされている。一方、テレワーク普及を妨げる二大理由には、「コミュニケーションツールが不十分」「対面交流を希望」が挙げられている。Zoomなどの Web会議ツールの普及で形式的な情報伝達は可能であるものの、対面で行われる感性的なコミュニケーションやフォーマルな会合時間外での雑談など人間的な触れ合いの機会がないことから、便利ではあるが意思疎通が不十分との指摘がなされ、企業によっては従来型の出勤に戻す動きも出てきた。「勤務態度が疑われる」「人事評価が気になる」などの人事制度の問題もあるし、また、「健康が気になる」「同じ場所にいることが苦痛」「自宅にテレをする十分なスペースがない」など、自宅でのワークに伴う問題も抱えている。

日数の多寡を別にして、制度としてテレワークを認めている勤務先は31％に過ぎず、逆に5日出勤を指示している勤務先が23％あり、それ以外はグレーゾーンとなっている。このグレーゾーンの動向が今後のワークスタイルを方向づけていくのだろう。ただ、いずれにしても、雇用者に人気が高く利点も多いテレワークをいたずらに減少させることはないだろうし、問題点が即解決できるわけでもないことから、テレワークと出勤の併用というハイブリッド型のワークスタイルが当面は定着していくことになるだろう。

首都圏におけるテレワーカーの実施希望頻度と現状との増減

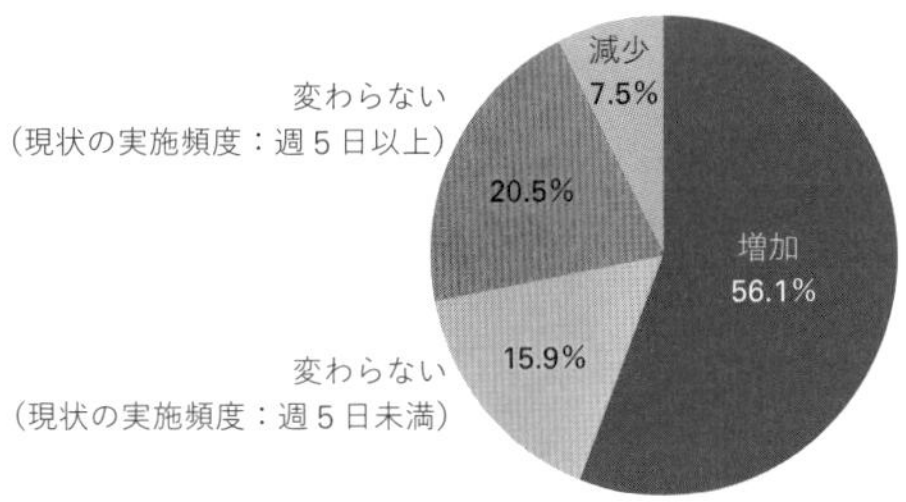

首都圏において常時テレワーク勤務意向が高くない理由

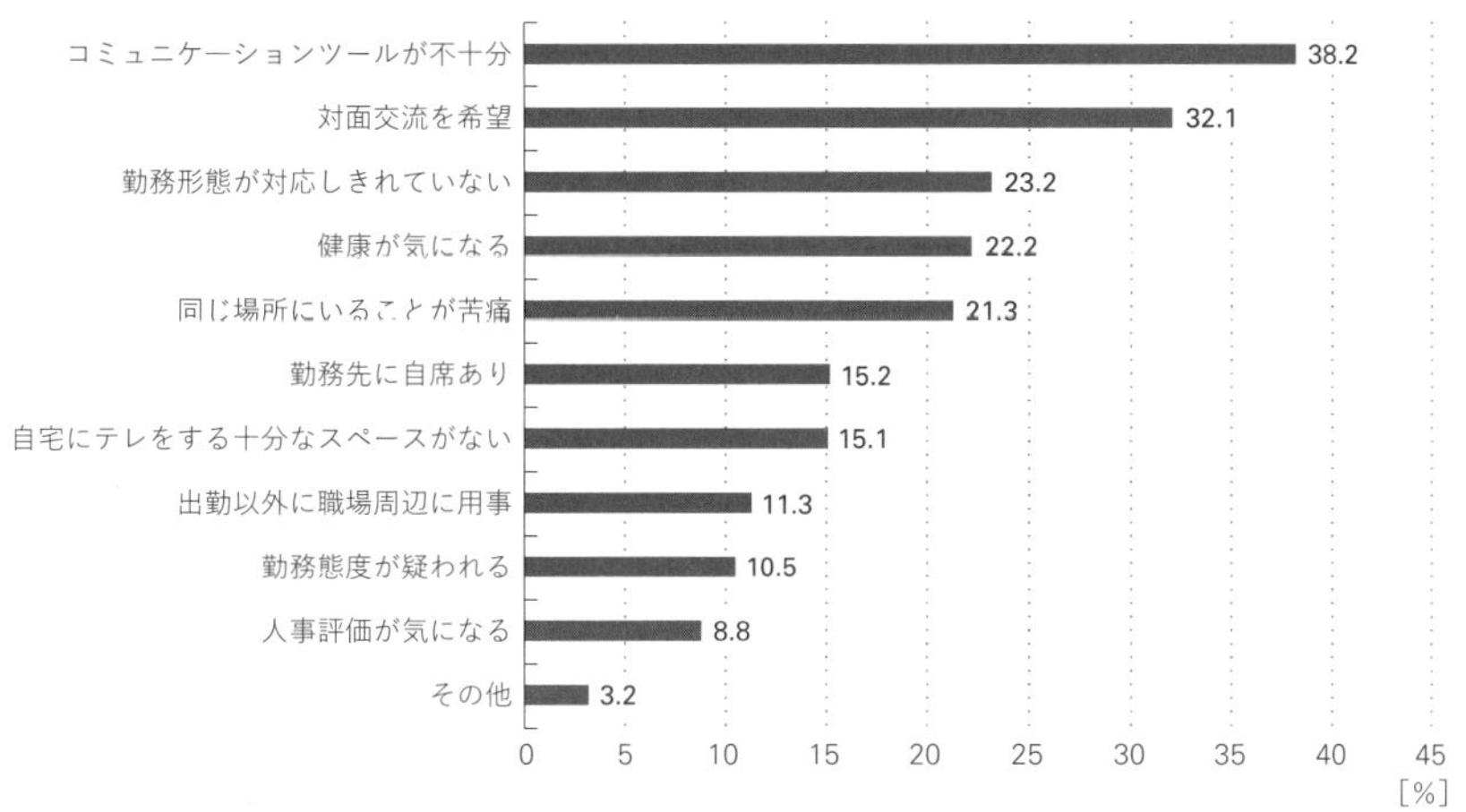

首都圏におけるテレワークに対する出勤方針

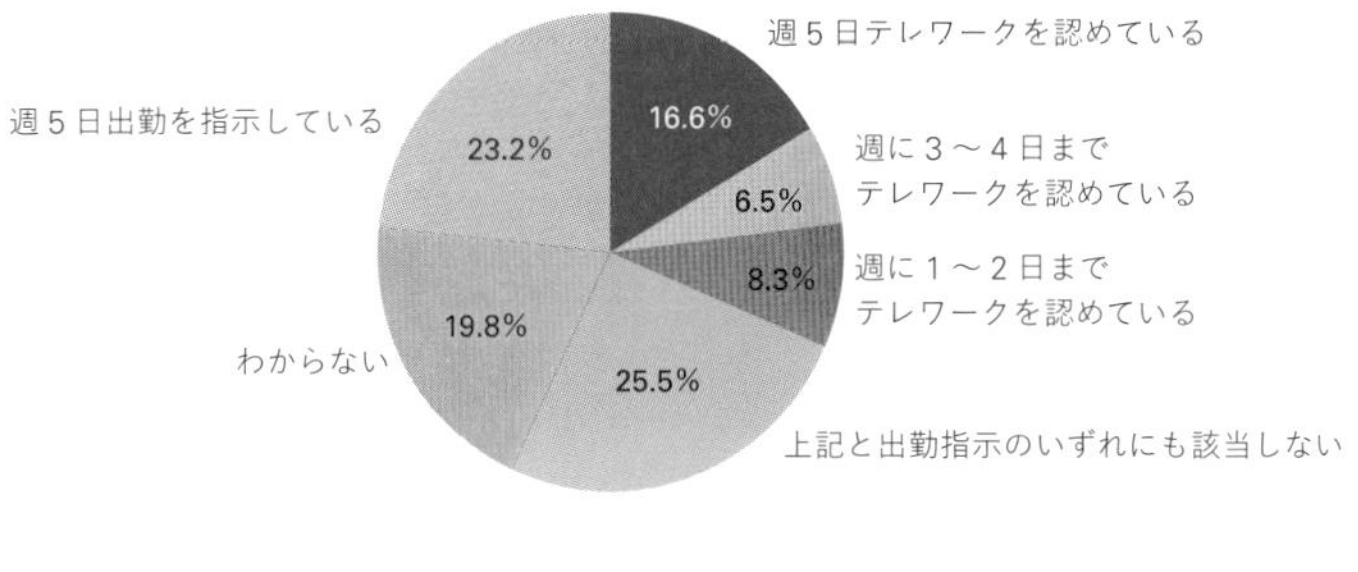

出所）「令和4年度テレワーク人口実態調査—調査結果—」国土交通省都市局都市政策課、2023年5月
※首都圏－東京都、埼玉県、千葉県、神奈川県

新宿駅西口の線状の広場

多くの人が集まる都市では、様々な活動（＝アクティビティ）が展開されている。商業活動は主に店舗内などの屋内で展開されることが多いが、屋外でも路上ライブや大道芸、市民団体の演説や募金活動、メディアによる街頭インタビューなど様々なアクティビティが展開されており、それらも都市の賑わいの重要な要素として、まちの個性を生む要因となっている。特に多くの人々が集まるのは、駅前広場だ。電車を降りた人々が駅から吐き出されるようにまちに散っていき、電車に乗る人々が駅に吸い込まれていく。それを安全かつスムーズにするための機能しか持たない駅前広場では味気がない。まちの玄関口として、多くの人々のアクティビティに溢れた楽しい空間であることが期待される。

ここでは新宿駅の駅前広場で繰り広げられるアクティビティを「啓発活動」「PR活動」「メディア取材」「自己表現」の4つに分類して観察した（2015年調査）。中でも新宿駅西口は、地上部分だけでなく地下にも自由通路がある複層的な構造になっているが、今回は地上部分の、京王百貨店と小田急百貨店前のロータリーに面した線状の広場を対象とした。結果、観測されたアクティビティは、政治活動などの「啓発活動」と、路上ライブや大道芸などの「自己表現」がほとんどだった。「啓発活動」については人の流れに近いところで発生していた。「啓発活動」の一つである演説はマイクを使って行われるため、道路の反対側の広範囲に声が届くような場所を選んで行われていた。興味深いことに、「自己表現」のアクティビティは線状の広場に対して、まるで縄張りでもあるかのように一定の間隔をあけて発生していることがわかった。路上ライブやパフォーマンスなどを、演者それぞれが暗黙のルールのような形で互いに配慮しながら活動しているのだろう。

調査エリア（20日間）

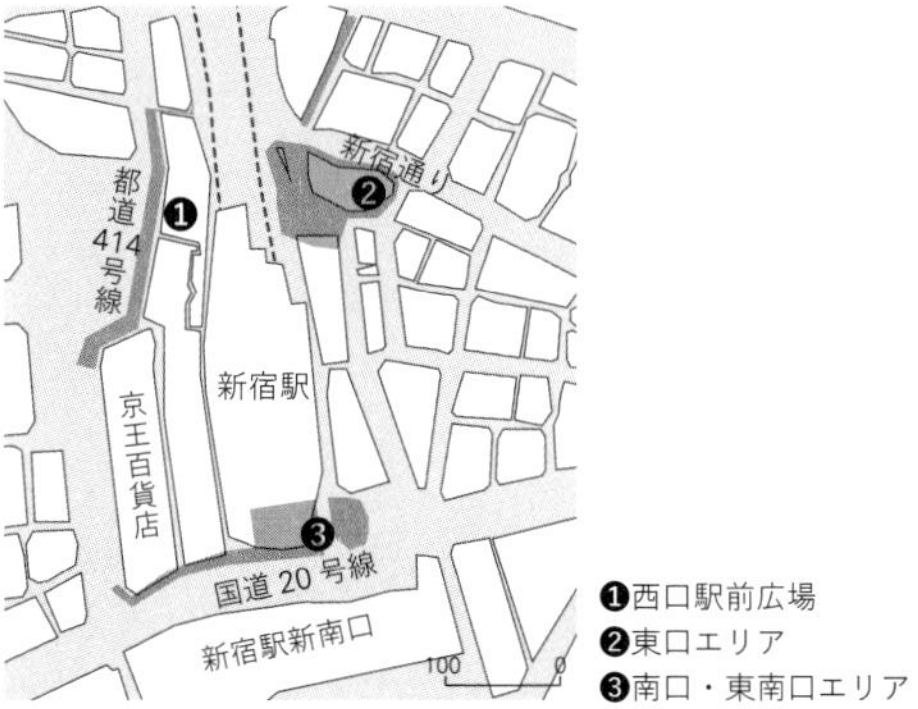

新宿3地点比較　昼間のアクティビティ出現数
（14時～17時）

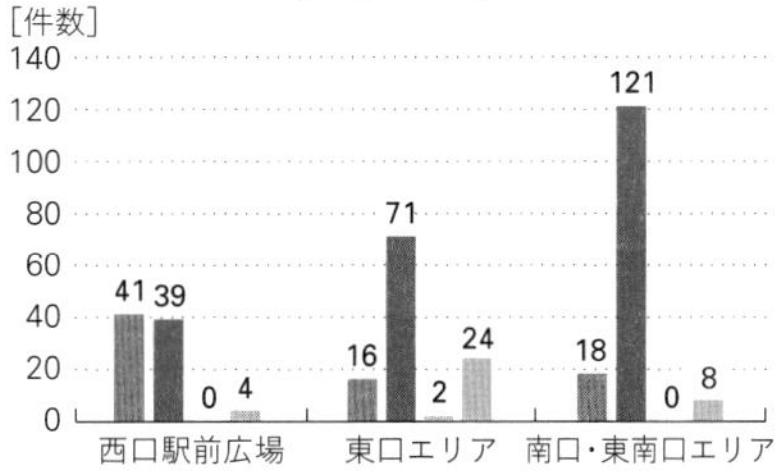

新宿3地点比較　夜間のアクティビティ出現数
（19時～22時）

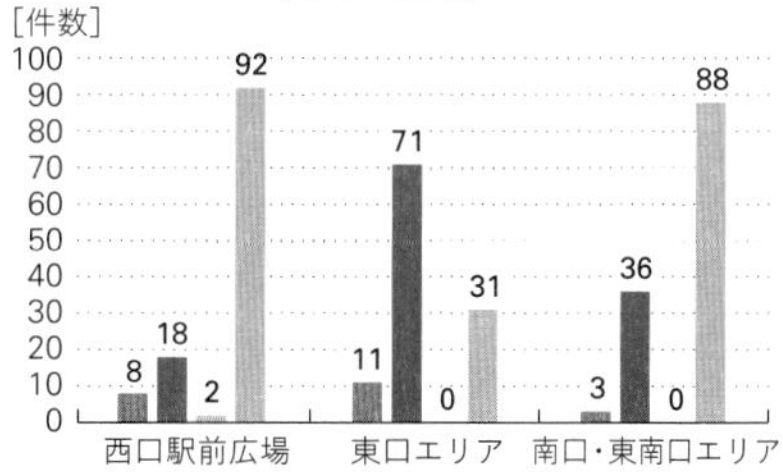

- 啓発運動＝市民団体による演説、募金活動、布教活動など
- PR活動＝商品PRイベント、サンプリング、ティッシュ配りなど
- メディア取材＝メディアによる撮影、街頭インタビュー、アンケートなどの活動
- 自己表現＝パフォーマンス、路上ライブ、大道芸、フリーハグなど

西口駅前広場　昼間の活動分布

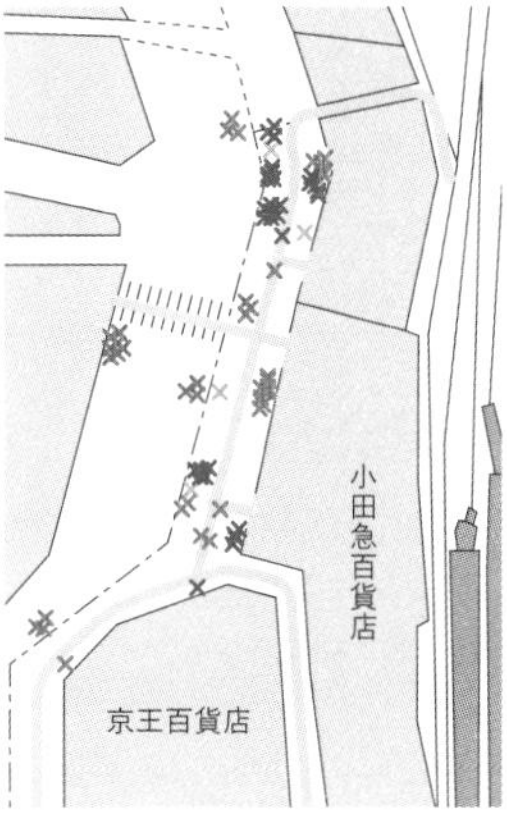

西口駅前広場　夜間の活動分布

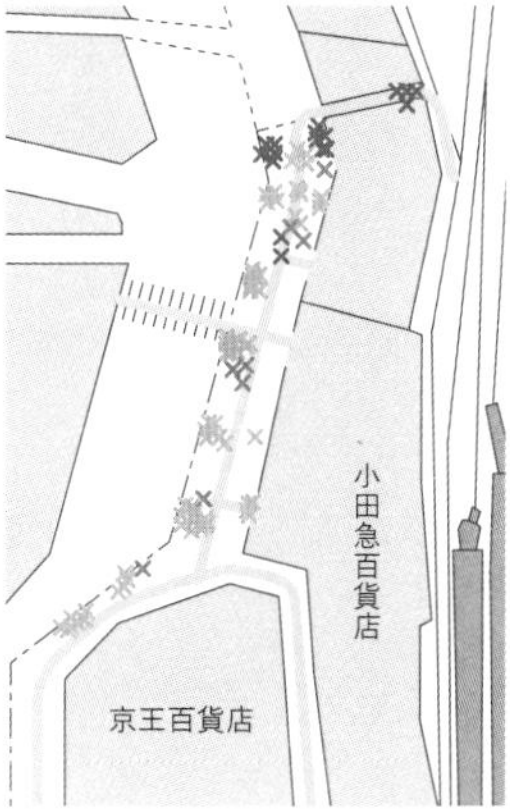

人の流れ

渋谷駅ハチ公前の面的な広場

前項で調査した新宿駅西口広場と違って、渋谷駅ハチ公前広場は面的な空間である。そこでは、スクランブル交差点の信号が赤の時には多くの人が滞留し、青になると同時に、どっとセンター街に向けて人が捌けていく。心臓がポンプのように血液を身体中に送り出すように、信号が切り替わる一定の時間単位でその様相が変わっていく。

ハチ公前広場は、スクランブル交差点、ＪＲ渋谷駅の改札、東急百貨店に面しており、中央に階段で地下に降りる私鉄の入り口があり、その周りには忠犬ハチ公像や植栽が配置されている。２０１５年の調査では、観察された活動の種類は、新宿西口同様に「自己表現」「啓発活動」もあるが、それ以上に「メディア取材」が多かった。同時に調査を行った近隣の他の広場と比較しても、メディア取材の件数は突出している。日本を代表する駅前広場であるため、テレビ番組によるインタビューが絶え間なく行われているのだ。メディア取材は信号待ちの人たちを対象とすることが多いため、スクランブル交差点付近で多く観測された。種類を問わず多くのアクティビティは、駅や面する百貨店への主要動線を避けた場所で発生しているのも見て取れる。特に、広場中央の私鉄入り口の北側壁際は主要動線から外れているため、多くのアクティビティが発生している。面的な広場だが、植え込みや構造物が適度な澱み・溜まり空間を生み出しており、そこにうまくアクティビティが入り込んでいる。膨大な通行量をさばいている割には多様なアクティビティが発生しているのだ。

このハチ公前広場も現在進行中の渋谷駅前開発によって、その姿を大きく変えつつある。世界的にも有名なスクランブル交差点の魅力が再開発後も維持されるかどうか、気になるところだ。

調査エリア（20日間）

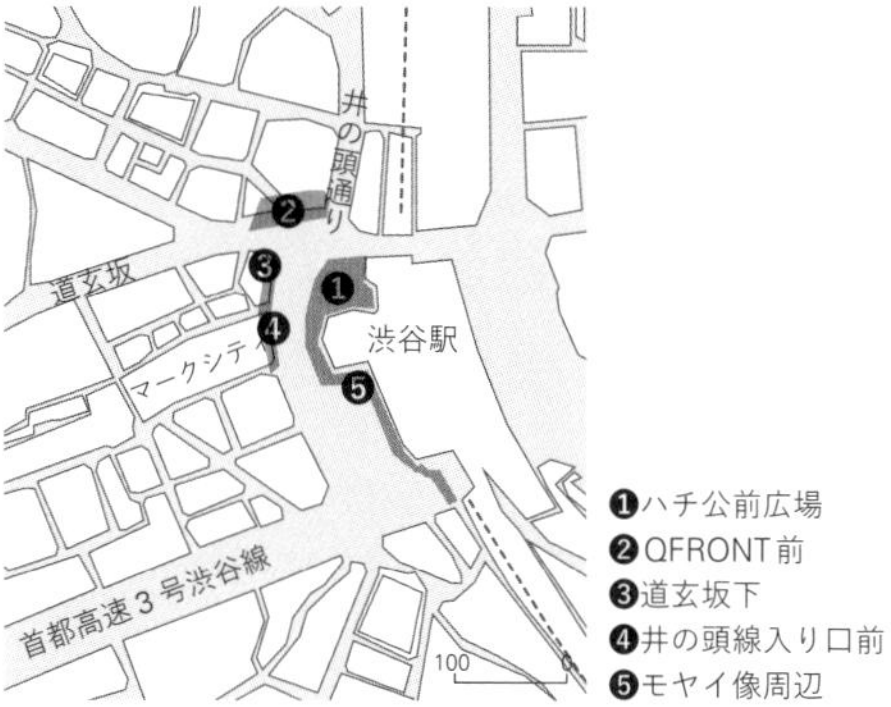

渋谷5地点比較　昼間のアクティビティ出現数
（14時〜17時）

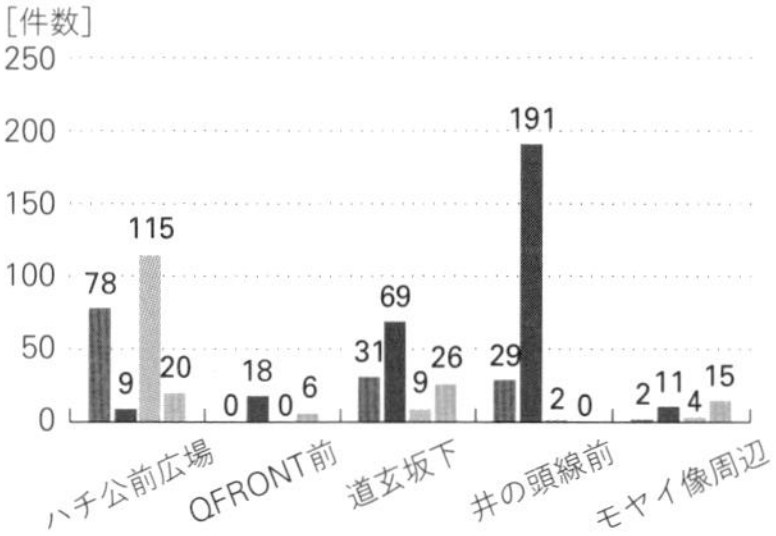

渋谷5地点比較　夜間のアクティビティ出現数
（19時〜22時）

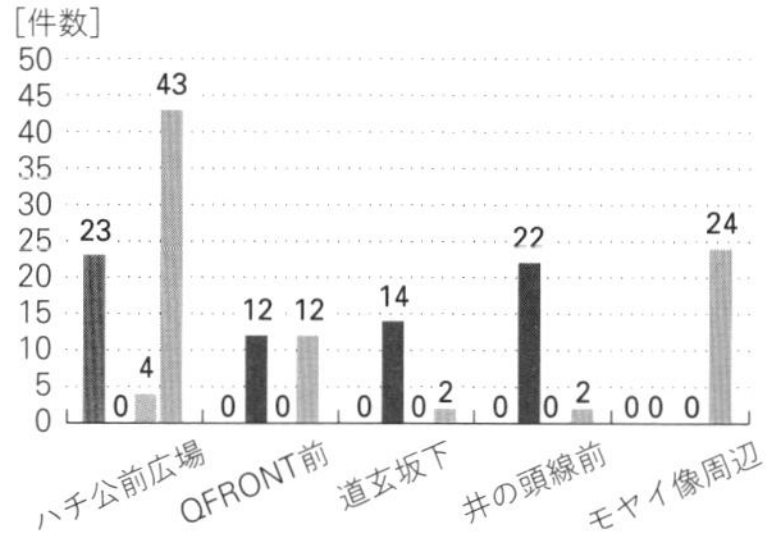

啓発運動＝市民団体による演説、募金活動、布教活動など
PR活動＝商品PRイベント、サンプリング、ティッシュ配りなど
メディア取材＝メディアによる撮影、街頭インタビュー、アンケートなどの活動
自己表現＝パフォーマンス、路上ライブ、大道芸、フリーハグなど

渋谷ハチ公前広場　昼間の活動分布

渋谷ハチ公前広場　夜間の活動分布

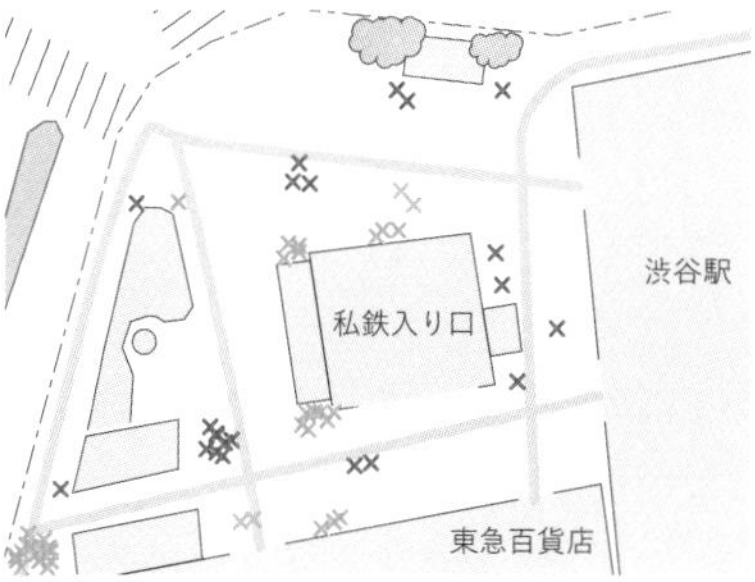

人の流れ

人々の活動がまちの魅力を演出する

都市の景観は人々の活動（＝アクティビティ）によって賑わいが生まれ、豊かさを増す。これはネットショッピングにはない商空間の価値だ。そしてそれは、地域のブランド力を高め、競争力を向上させる。しかし、人がたくさんいればよい、というわけでもない。そこでどんなアクティビティが展開されているかが重要だ。ここでは同じ都市空間の中で、人々が様々に活動している景観に対して、それを目にした人がどのような印象を抱くかをアンケート調査した。アンケートから景観の印象を、「活気や楽しさ」、「快適さや開放性」、「親しみやすさ」という3つの因子で評価できることがわかった。アクティビティはデンマークの建築家ヤン・ゲールが提唱する分類を参考にし、歩行など必要に迫られて行う「必要活動」、腰掛けて読書するなど良好な環境条件下で行う「任意活動」という単独の活動と、挨拶や会話など複数人の関係から発生する「社会活動」とに分けて分析した。

景観画像の評価は、単独で行う「必要・任意活動」より、複数人での交流を伴う「社会活動」の方がいずれの因子でも都市景観においてはプラスに作用することがわかった。特に「活気や楽しさ」、「親しみやすさ」は明確な差がついた。同じ都市空間でも人間が何をしているかでここまで印象が違う。「サードプレイス」（自宅や職場とは離れた心地よい第三の居場所）と言われるように、公共空間を都市のリビングのように捉え、それぞれが思い思いに過ごす風景も豊かではあるが、やはり人々が楽しげに交流する姿は公園などだけではなく、広場やストリートでも展開することで、まちの風景をより魅力的に演出するのだ。

アクティビティごとの景観評価

社会活動

No.1

No.2

No.3

No.4

No.5

No.6

活動分類	画像No.	アクティビティ
社会活動	No.1	歩行4人組・飲食＋会話
	No.2	歩行2人組×2・会話
	No.3	着座3人組・飲食　着座1人・ただ座る
	No.4	着座2人組×2・会話
	No.5	着座4人組・会話
	No.6	着座4人組・会話＋飲食
必要・任意活動	No.7	歩行1人×4・スマホ操作
	No.8	歩行1人×4・通話
	No.9	着座1人×4・飲食
	No.10	着座1人×4・ただ座る
	No.11	着座1人×4・読書
	No.12	着座1人×3・飲食＋ただ座る 読書と歩行1人・看板を見る

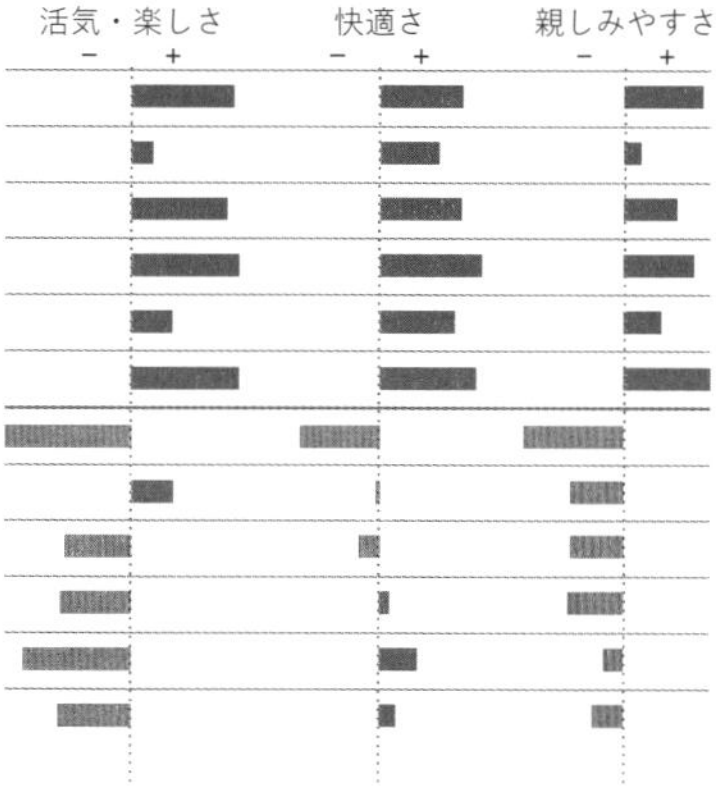

必要・任意活動

No.7

No.8

No.9

No.10

No.11

No.12

▼広場や道の人の行動（尾山台）

滞留空間は交流を生み出す

街路は人や自動車を効率よく通過させるためだけの空間ではない。商店街の街路は、かつて住民たちの交流の場だったが、ライフスタイルが変わり、残念ながらそんな風景は姿を消しつつある。そこで、地域の交流の場としてのストリートの機能を取り戻す実験を行ってみた。世田谷区尾山台の駅前商店街「ハッピーロード尾山台」で、歩行者天国の時間帯に街路の一部に人工芝を敷き、そこにベンチや椅子を置いたり、ミニ屋台を出して飲み物を振る舞ったり、子どもたちの遊び場を作るなどして滞留空間（立ち止まったり座ったり、留まることのできる空間）を作り出し、それに対する歩行者の反応を観察した。

歩行者は、関心なく素通りする人、滞留空間をチラ見する人、滞留空間に立ち寄る人に分類できた。また、すでに誰かが滞留している状態の方が、素通りする人の割合が減り、チラ見する人や立ち寄る人の割合が増えることがわかった。人は人の活動に引き寄せられる、ということだ。知り合い同士や、時には初対面同士がそこで触れ合う姿が見られた。遊び場で遊ぶ子どもたちを見守りながら、母親同士が世間話に興じる場面も観察された。普段は自転車がスピードを出して往来し、歩行者と混在することで危険な場面も見られる通りだったが、滞留空間を作り出すと自転車はそこを避けるためにスピードを落としたり、自転車を降りて押して通行することもあった。自転車の速度の平均値は滞留者が多いほど、また滞留者が交流している時の方がより低くなった。滞留空間は交流を生み出すだけでなく、街の時間の流れをゆっくりにする効果もあるようだ。人々が忙しく行き交うだけの街より、街角に人が留まり、時に交流が生まれる街の方が、風景としても、そこに暮らす人にとっても豊かであるはずだ。

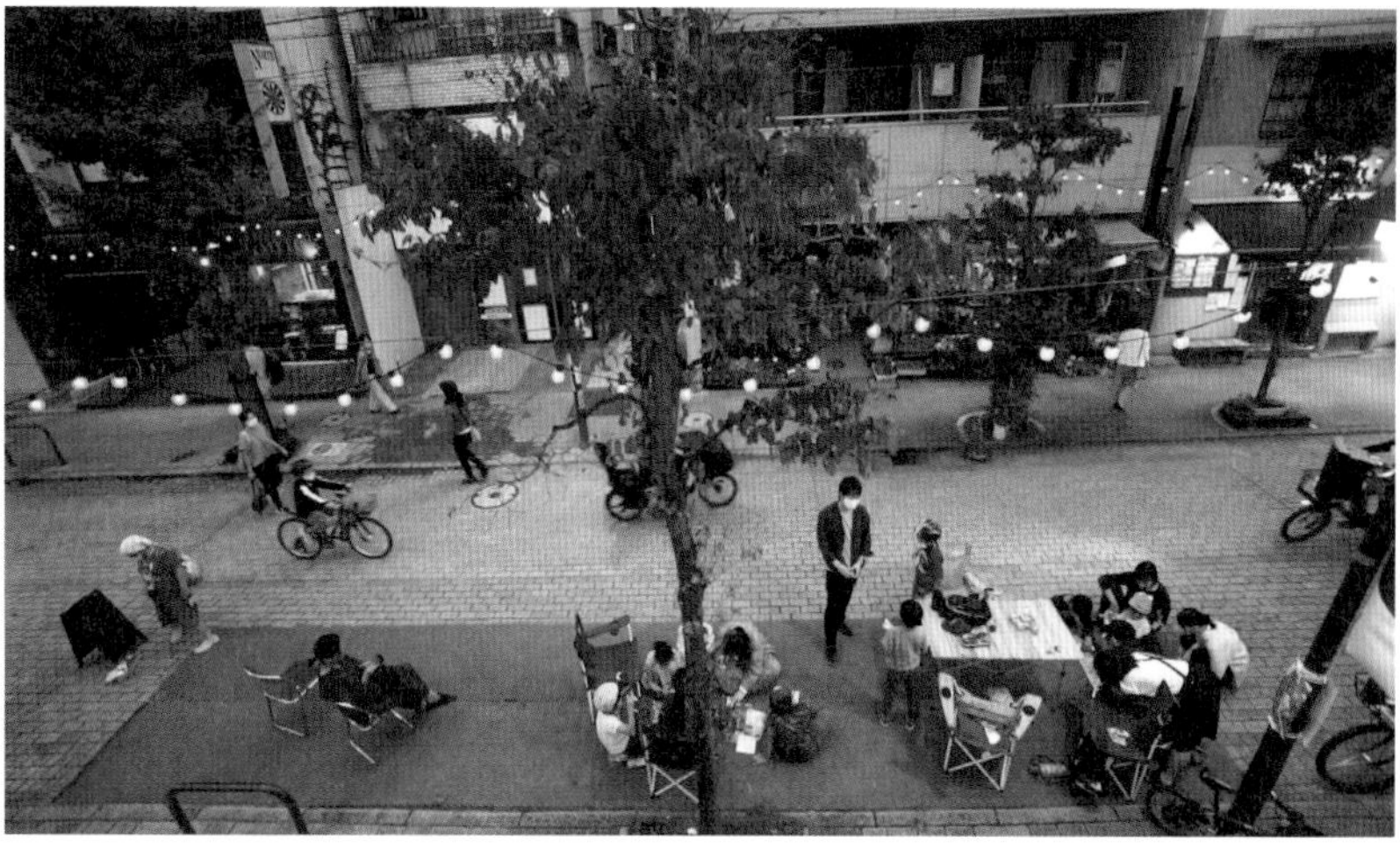

通行者の関心度の平均値（%）

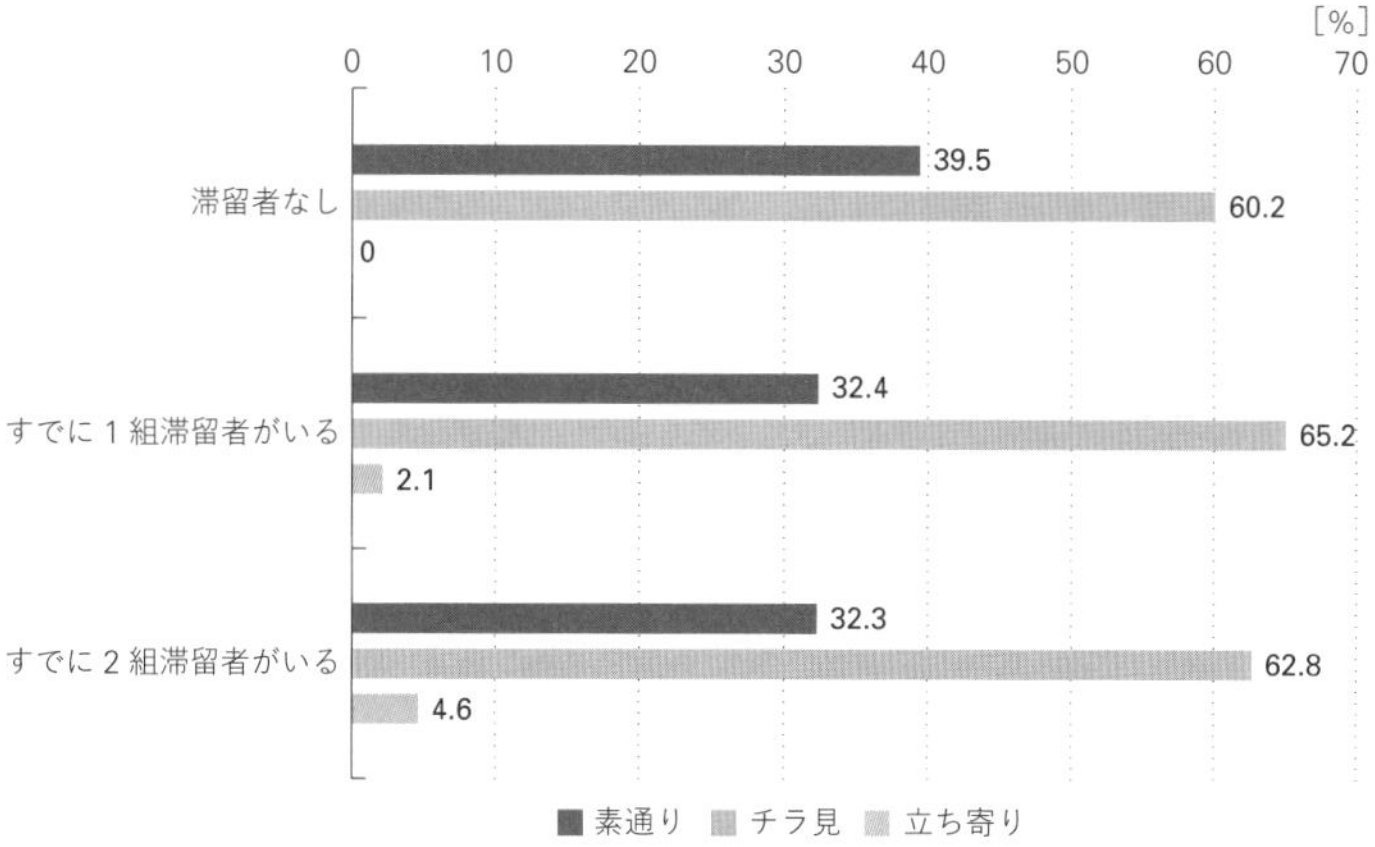

▼広場や道の人の行動(新百合ヶ丘)

しんゆりマルシェの集客力

地域の人々が作った食品や工芸品などを販売する仮設市場としてのマルシェが、まちづくりのための集客方法としていろんな地域や商店街で開催されるようになってきた。しかし、これにどの程度の集客効果があるのかは、きちんとした調査が公表されていないので不明だ。そこで、東京郊外の小田急線新百合ヶ丘駅南口商店街で開催された「しんゆりマルシェ」の観察を行った。

調査は平常日の2014年9月27日とマルシェ開催日の10月25日の2回(いずれも土曜日)、計測カウンターを持った学生を12カ所に配置し、開催時間中の人の流れを計測・集計するという方法をとった。集計の結果、マルシェ開催中のこの地区の集客数は約2万5000人で、平常日約2万2000人に対して13・6%の集客増であることがわかった。マルシェの本会場には約6000人が入場した。この入場者数とマルシェによる集客の純増数3000人との差3000人は、大型店での買物ついでにマルシェにも立ち寄った人々だと考えられる。また、マルシェ開催中の集客数2万5000人と本会場6000人との差1万9000人は、マルシェには関心のない大型店の買い物客だということだ。開催の第一の目的は地産地消と地元料理を住民に味わってもらうことなので、6000人近くが楽しみ、目的の一つは達成できた。第二の目的は、賑わいを生み出し活力に溢れるまちのイメージを作り出すことだったので、人々が路上に溢れる光景からして、それも成功したと言えるだろう。第三に、まちの集客力がアップしたのかという点では、純増は3000人に過ぎないので効果は大きくはない。すべてのマルシェに当てはまるわけではないが、集客効果のみを目的に開催するものではないということだ。

しんゆりマルシェの本会場

地産農産物売り場

ライブステージ

人の流れの計測カウンター

しんゆりマルシェ来場者構成

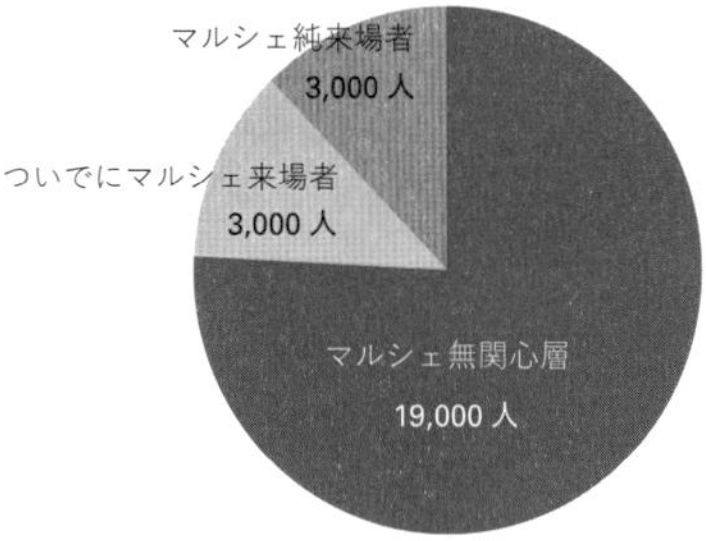

しんゆり駅前商店街
5時間集客数25,000人

しんゆりマルシェ　露店の立ち止まり

前項で取り上げた「しんゆりマルシェ」では、大型店前のストリートの中央部に手作り製品の個人店舗がずらりと並ぶ。ここを通過した人の数は平日とマルシェ当日とでそれほどの差はなかったが、平日に比べて通路が狭くなり人々が賑わう状態となる。そこで、この場所での人々の行動がどうなっているのかを観察計測してみた。観測方法は、ビデオカメラで約3時間撮影し、その映像から人々の歩行距離や立ち止まりの状態を分析してみた。このストリートを歩く人々の歩行距離は、平日は大型店での買い物という単一目的であることから大多数の人が30m程度歩いているのに対して、マルシェ開催時には15〜40mと人によって歩行距離にばらつきが出ていることがわかった。ストリートに並ぶ露店が気になり、ちょっと見をしたりするためだろう。このちょっと見のために、人は何回、またどれくらいの時間立ち止まるのだろうか？　これも計測してみると、立ち止まった人の約半数は1回のみで、じっくり見てくれる人は少なく、1分以内のちょっと見がほとんどだった。5回立ち止まった人はわずか4％弱で、こうした販売イベントの厳しさを思い知らされる。

さらに、立ち止まり1回の人と5回の人とで、ちょっと見の時間の長さが違うのかも調べてみた。右下の図はペデストリアンデッキの人々を描いたもので、立ち止まり1回の人の多くは黄色でプロットされており、わずか1〜2秒しか立ち止まっていないことを示している。1回しか露店に立ち止まらない人は、基本的にちょっと見の人だということだ。立ち止まり5回の人は赤色の20秒程度立ち止まる人が半数近くおり、中には紺色の50秒以上立ち止まってじっくり見る人も出てきているが、その数はとても少ない。

しんゆりマルシェのペデストリアンデッキ出店テント

歩行距離で見る人数分布

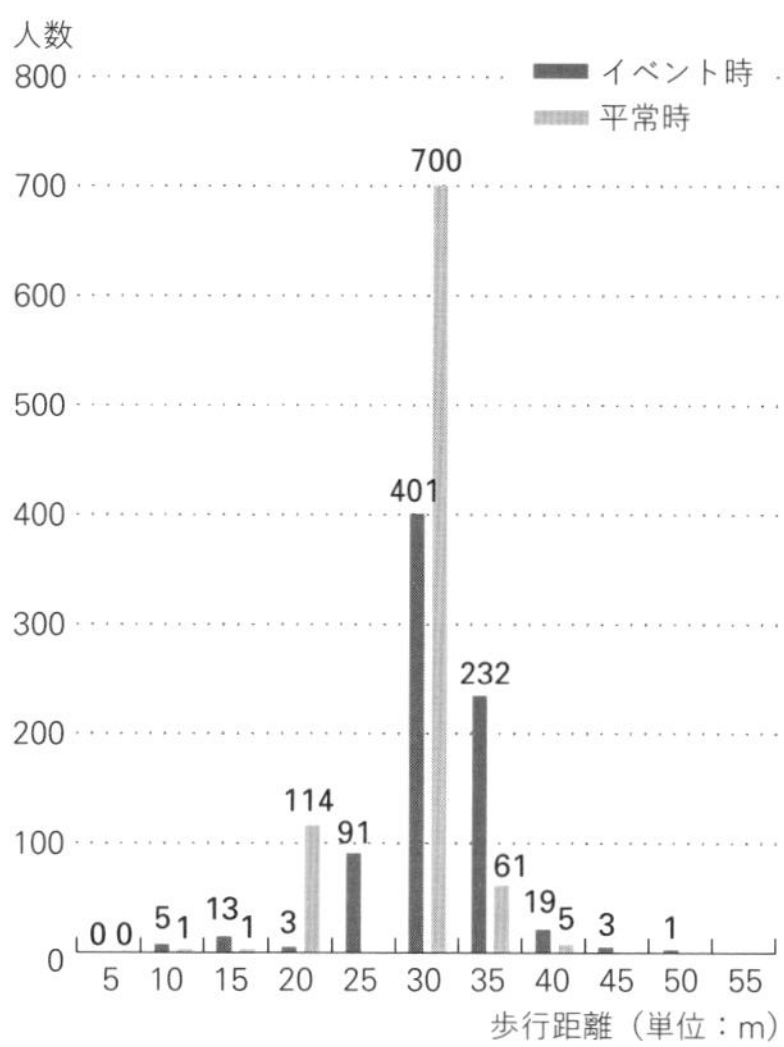

立ち止まり回数ごとの立ち止まり場所

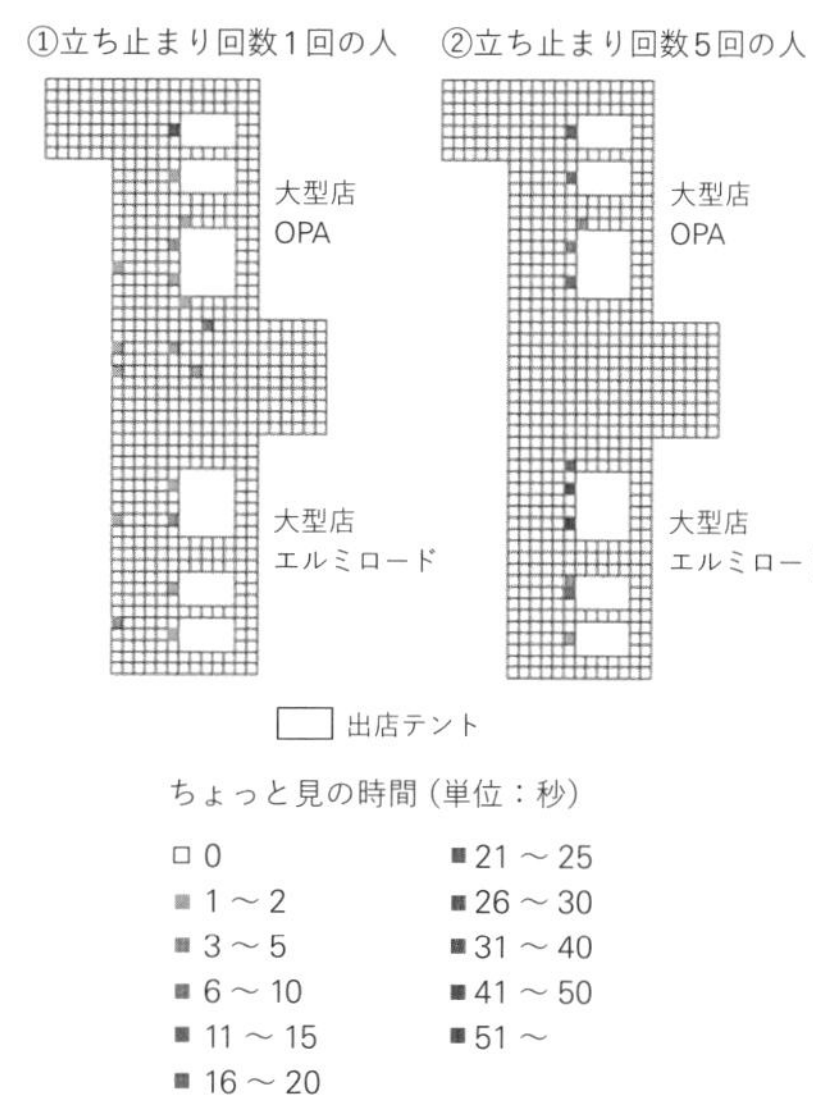

▼広場や道の人の行動（自由が丘）

赤ちゃん連れでのまち歩き

小さな赤ちゃんがいる親にとって、まちに出かけることには様々なハードルが待ち受けている。ベビーカーは大きく嵩張るので、混雑した通りや段差の多い場所は移動しにくい。突然子どもが泣きだすかもしれないし、おむつを替えたり、おっぱいをあげなければならなくなった場合、そういうスペースが確保されているか、また確保されていたとしても空いているかどうか、心配は尽きない。子育て世代のアンケートでも、授乳やおむつ替えの不安が外出をためらう要因として上位に挙げられている。

この調査（２０１８年）では、目黒区自由が丘地区を訪れた乳児連れの来街者にアンケートして、どこを回遊し、どこで消費し、どこで授乳やおむつ替えを行ったのかを聞いてみた。その結果、回遊経路は駅を中心にエリア全体に分布していたが、入店店舗と消費金額については地区南側の九品仏川緑道と、北側のサンセットエリア（カフェや女性向け衣料品・雑貨を扱う店舗が集まる）に多く見られた。一方で、授乳場所と回数については地区南側に集中しており、入店や消費の分布とは異なっている。これは、南側には商業施設の授乳室が整備されていたり、授乳室を備える個店がいくつかあるのに対して、サンセットエリアにはほとんどそれがないためだ。さらに乳児連れ来街者の入店店舗と授乳行為との関係を見ると、物販店舗に多く訪問している人ほど公共の授乳室を多く利用していることがわった。

少子化ではあるが子どもにかけるお金は増える傾向にあるという。赤ちゃん連れにとって歩きやすい通りや授乳室の整備など、ストレスを取り除いてあげることで、子育て世代の活発な消費を取り込むことができるだろう。

自由が丘　赤ちゃん連れのまち歩き・アンケート結果（2018年）

入店店舗と人数

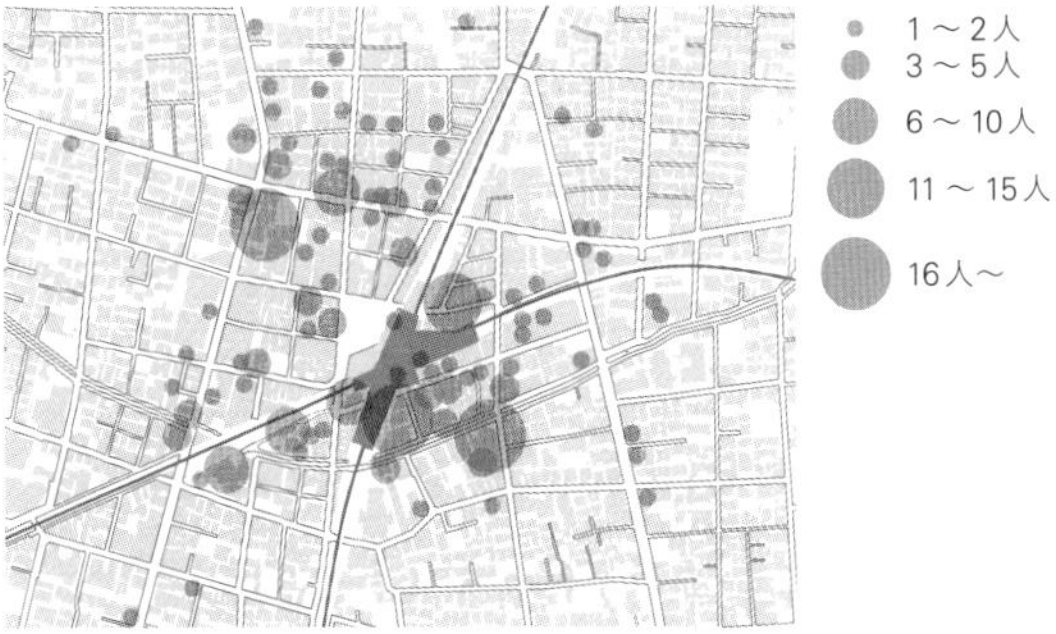

入店店舗と消費金額

授乳場所と回数

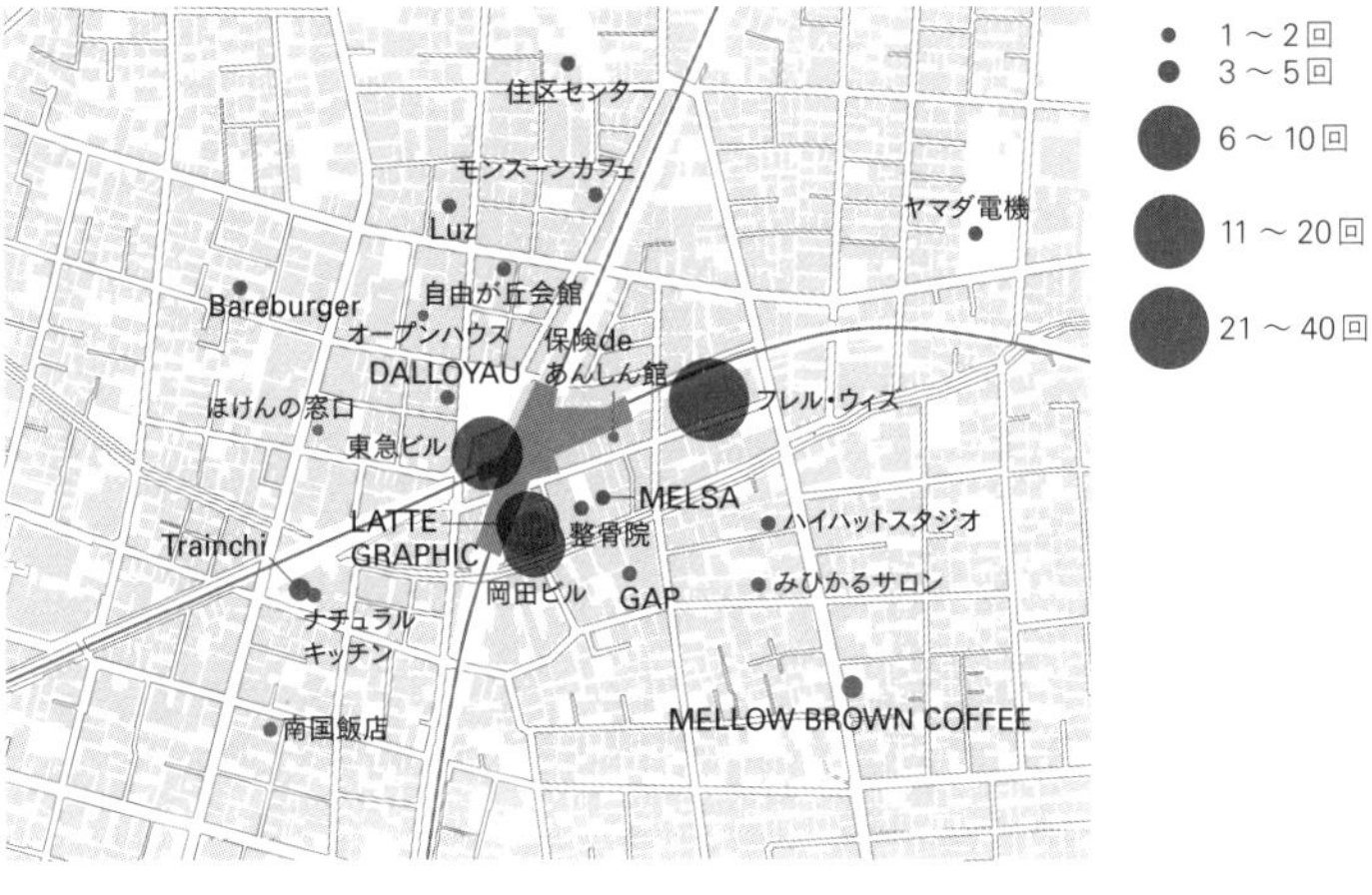

裏原宿の日本人と外国人

裏原宿は、ＪＲ原宿駅から竹下通りを抜けて、明治通りを越えたエリアを指す。駅前の竹下通りより遅れて、90年代に入ってから若者向けのアパレルショップが進出し、「裏原系ファッション」と呼ばれるジャンルが成立するほどの影響力を持つようになった。今なお、高感度なアパレルショップが集まる日本屈指のファッションエリアだ。その知名度は海外にも及び、外国人観光客も多く訪れる。そこで、ここにやって来る日本人と外国人とで、行動にどんな違いがあるのか調査してみた（２０１８年）。

裏原宿の日本人と外国人をそれぞれ追跡してみると、日本人は裏原宿外縁部のメインストリートの通行が多いのに対し、外国人は裏原宿内部の細街路を多く歩いており、ふらっと通りがかったのではなく、この場所に強い目的をもって来ていると考えられる。そして日本人は飲食店に行く人が7割を超え、外国人は97%という高い割合でアパレルショップに行くという結果が出た。いくつかの店で来店理由を聞くアンケートを実施したところ、日本人は「インスタグラムの投稿を見て来た」「インスタ映えする写真を撮りたくて来た」という回答が多く、外国人は「この店のスニーカーを買いに来た」という回答が多かった。実際に日本人が多く来店した飲食店はアイスクリーム店、パンケーキ店、タピオカミルクティー店など、ＳＮＳ投稿されることの多い商品を扱う店だ。外国人が多く訪れたアパレルショップは上位二つがスニーカーショップだった。日本人はＳＮＳに影響を受け、またＳＮＳ映えを目的に来街しており、外国人はお目当てのブランドの商品を求めて、とその目的は大きく異なっている。このように、コト消費、モノ消費どちらも満たす人気のショップが集まっていることが、国籍を問わず人々を惹き付ける理由の一つだと言える。

裏原宿　通り別通行量と入店店舗プロット図（2018年）

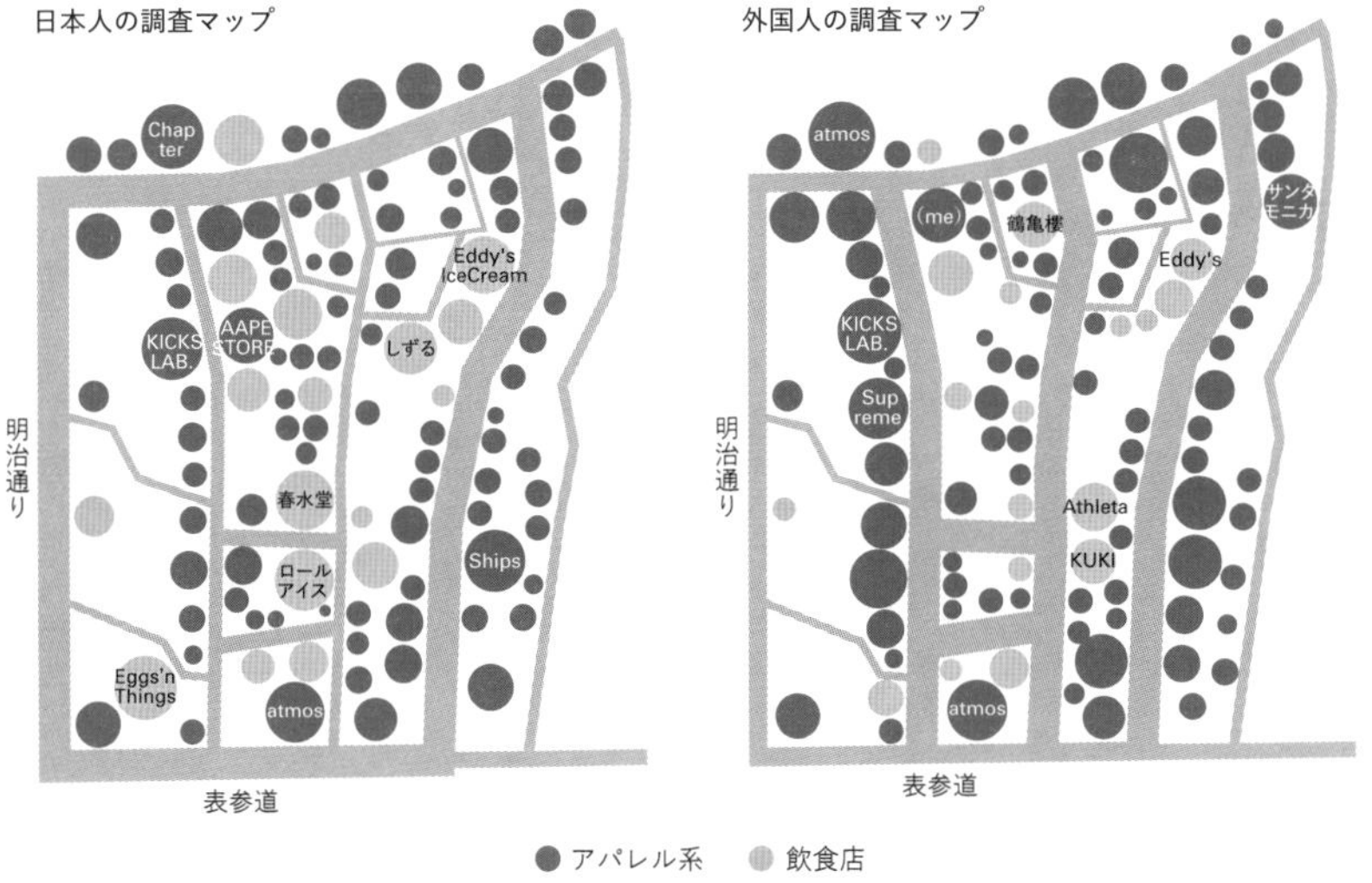

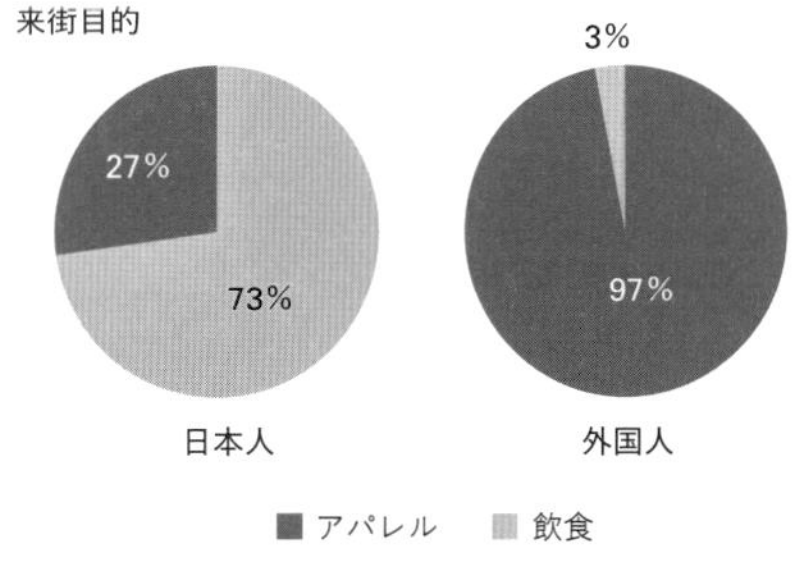

飲食店　日本人上位5店

	日本人	外国人
ロールアイスクリームファクトリー	46	0
Eggs'n Things	40	0
しずる	34	0
edd'ys ice cream	33	1
春水堂	33	0

飲食店　外国人上位4店

	日本人	外国人
GOMAYA KUKI	8	7
Que bom	4	6
鶴亀楼	10	3
edd'ys ice cream	33	1

アパレル　日本人上位5店

	日本人	外国人
atoms	54	42
KICKS LAB.	42	74
chapter	40	8
Ships	28	20
AAPE STORE	26	16

アパレル　外国人上位5店

	日本人	外国人
KICKS LAB.	42	74
atoms	54	42
(me)	20	30
サンタモニカ	6	30
Supreme	8	28

エリアによって違う秋葉原

まちの雰囲気を構成する要素はストリートや建物だけではない。そこを歩く人々も重要な役割を果たしている。商業地の場合、まちの性格はその業種構成によって変わるが、集まる人々の層によっても変わってくる。また、それは平日と休日でも異なる。ＪＲ秋葉原駅周辺は、かつては「電化製品の街」として、家族連れで賑わう場所だった。しかし１９９０年代後半から、フィギュアやアニメの関連グッズを扱う専門店が急激に増えたことにより、秋葉原は日本一のおたくのメッカ＝「アキバ」へと変貌した。さらに近年では駅周辺の再開発が進み、オフィスビルが増え、エリアごとにまちの性格が変わってきている。

秋葉原駅周辺の異なるエリアごとに、どのような層の人が訪れているのか、服装による分類を試みたのが左の地図である（２０１４年調査）。平日の駅周辺の再開発エリアにはスーツ姿の会社員らしき姿が多く、さながら丸の内のオフィス街のような雰囲気が漂う。かたや、アニメ関連グッズの店舗やメイドカフェなどが集まる中央通り沿いのエリアには、チェックシャツを着た人が多かった。かつて映画やドラマでブームとなった『電車男』で描かれていたような、ステレオタイプのおたく像を彷彿とさせる。電子部品やパソコン部品を扱う店が集まるエリアは、駅周辺も駅から離れた北西部エリアも人通りは少なかった。これが休日になると、再開発エリアからはスーツ姿が減り、全体的にアニメ関連グッズを買い求める人が多くなる。さらには、コスプレをした人も現れるようになった。

このように、かつては単一の性格だったまちが、業種構成が変化することで狭い地区内に性格の異なる空間を抱え持つこととなり、そこに訪れる人々も多様になることで、雑多とも言える複雑な魅力をまちに生み出している。

平日の来街者マップ（2014年）

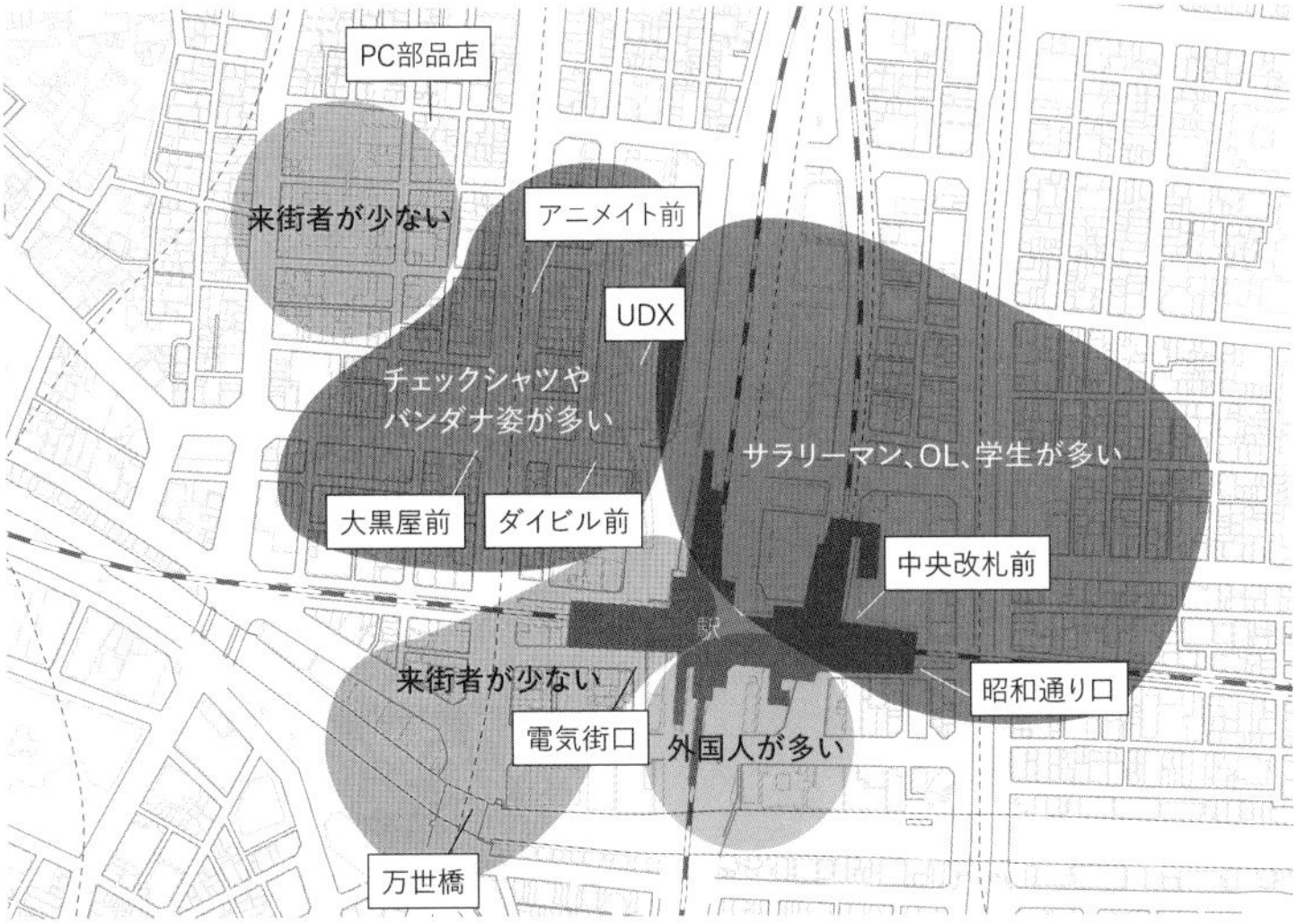

休日の来街者マップ（2014年）

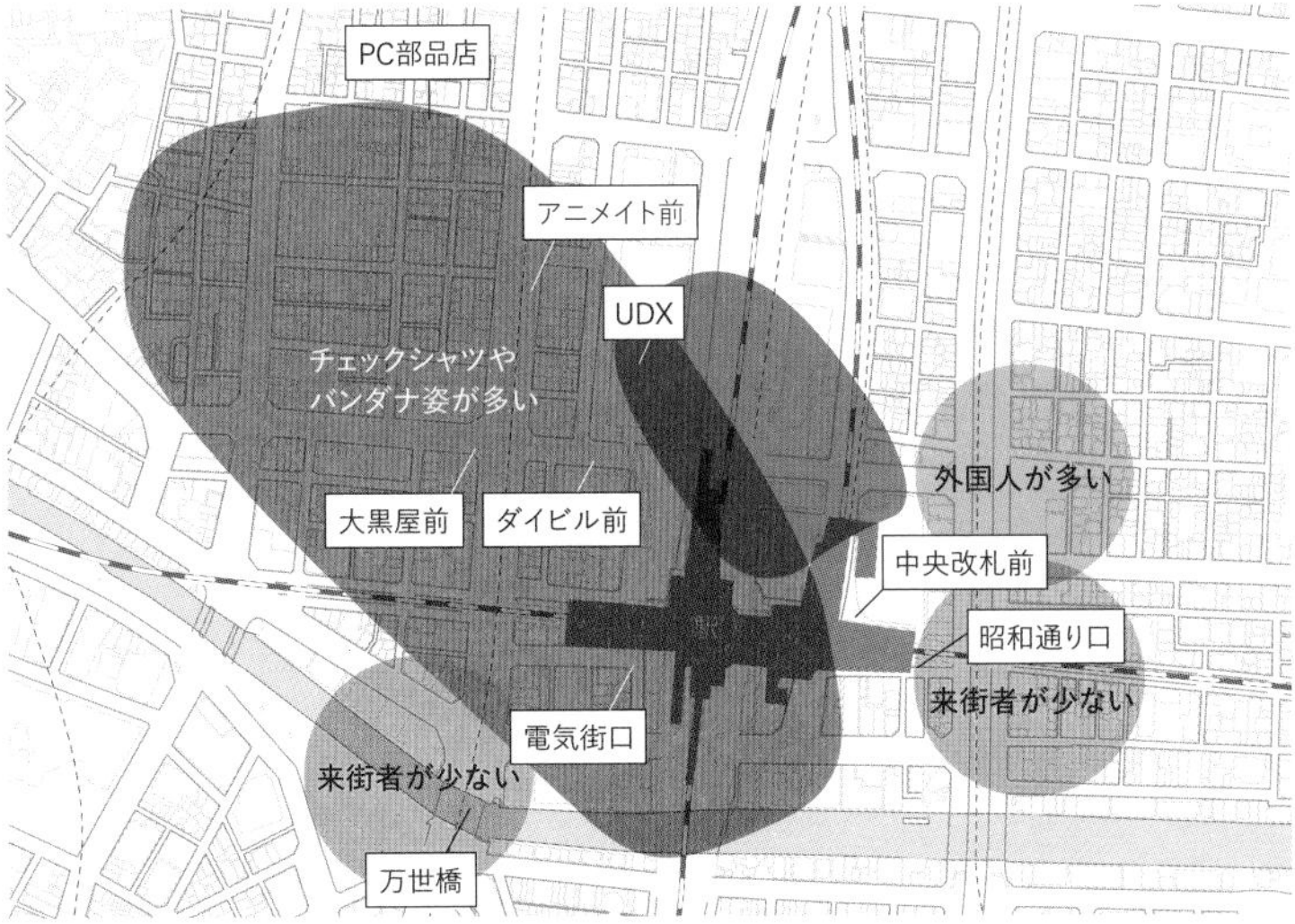

● サラリーマン、OL、学生が多い　● チェックシャツやバンダナ姿が多い
● 来街者が少ない　● 外国人が多い

おたくとオタクの進化

近年では、「オタク趣味」が世間一般に受け入れられつつある。１９７０年代に誕生した「おたく」という言葉は、元来アニメやパソコン好きのことを指し、それに対してネガティブなイメージを持つ人が多かった。広辞苑でも、「特定の分野・物事には異常なほど熱中するが、他への関心が薄く世間との付合いに疎い人」と定義されている。しかし、日本のアニメが国内外からサブカルチャーとして認知され始めると、ひらがなの「おたく」からカタカナ・ローマ字の「オタク、otaku」に変化し、そのイメージもポジティブなものになっていった。また、「オタ充（オタク生活が充実している人）」という言葉が登場するほど、オタク趣味を持つ人が増えており、アニメやパソコンに限らず特定の分野に熱中し、深い知識を持つ人のことを「〇〇オタク」と呼ぶなど、言葉の意味も広がっている。

休日になると秋葉原に多く集まるこうした人種は、おたく／オタク趣味の進化の過程によってファッションが変化していく傾向がある。ジャンルを問わず、その趣味・興味を自分自身の中にとどめておくタイプの人はチェックシャツなどが多く、ファッションで自己表現をすることがない。しかし、自分の関心を他人にも伝えたくなってきた人は、その商品が描かれたバッグやアイドルTシャツを身にまとい、自己表現として外見が特徴的になる。究極的には、自己表現過剰なファッション・スタイルが出現する。２０１３年にアニメ化された漫画『ラブライブ！』にちなみ、鎧のようにアニメ・グッズを身につけ全身でファンであることをアピールする「ラブライバー」と呼ばれる人種だ。彼らは秋葉原の行く先々で観光客の被写体となり、秋葉原を埋め尽くす店舗看板に劣らず、まちの風俗を特徴づける重要な要素となった。やはり、まちの雰囲気には空間だけではなく人間が大きく関係するのだ。

アキバの人種をファッションによる自己表現の観点から、
おたく／オタクの進化過程として捉えてみた。

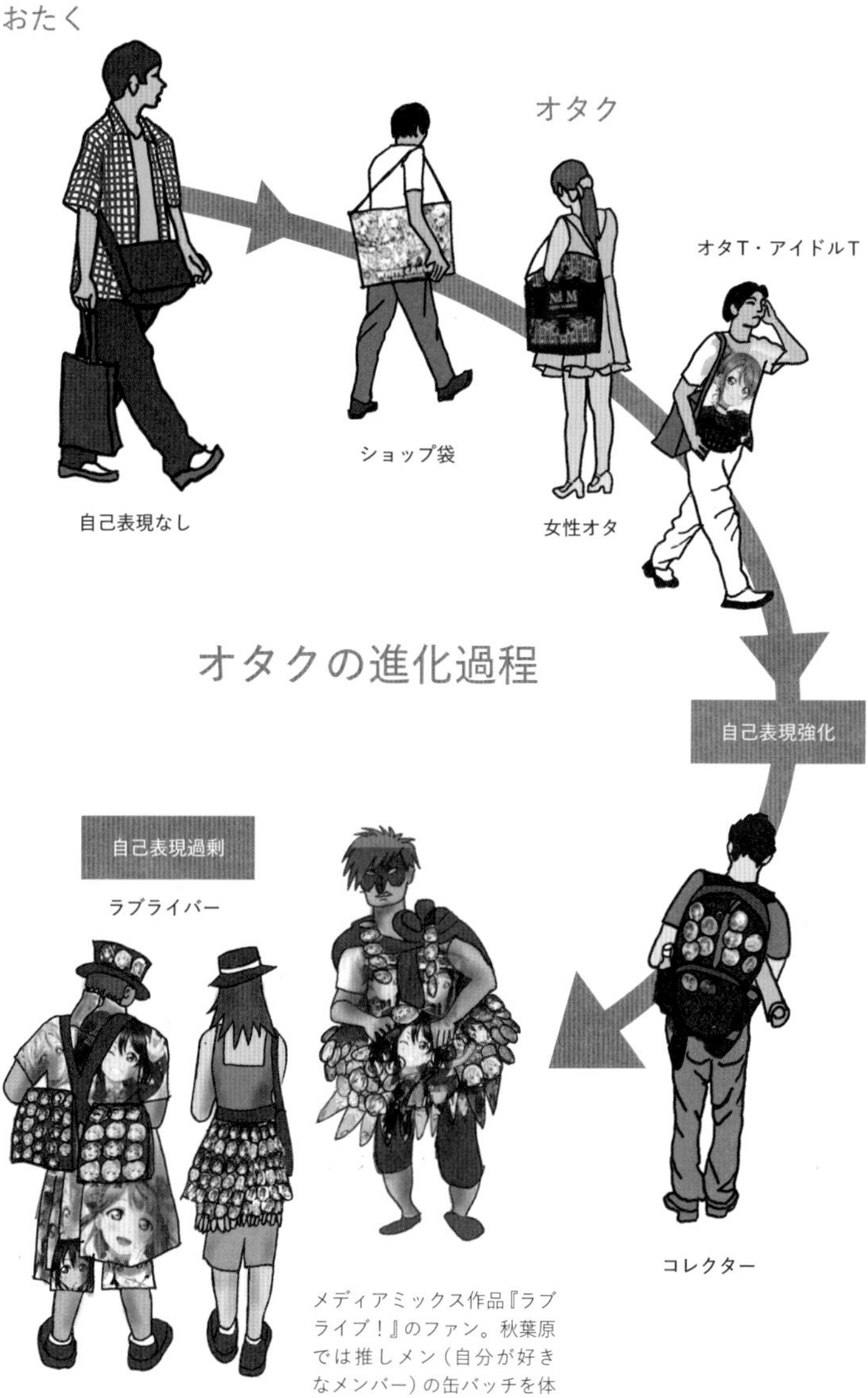

メディアミックス作品『ラブライブ！』のファン。秋葉原では推しメン（自分が好きなメンバー）の缶バッチを体いっぱいに装備したファッションが出現した。

ファッション観察の失敗

まち行く人のファッションを観察してみたい、それもパリで。そういう思いで大学生4名が、2011年と2014年にパリへ流行のモードを身にまとう人々の観察をしに行った。出かけたのは、大学が春休みの3月で、どちらも若者や文化人が多い大学街サンジェルマン・デ・プレでの観察だ。

第一回では、残念ながら、流行モードの内容を調べるという準備作業をしっかりせずに、「おしゃれな服装をしている人を見つけて観察しよう」という程度の打ち合わせで実施してしまった。だけど、ファッション雑誌で見るような人はどこにもおらず、おしゃれでも地味系の人ばかりだった。

第二回では、前回の反省から、前もって2014年冬のパリコレの流行が「グレー&ホワイト」「同系色でまとめる」という傾向だということを押さえ、そんな人がまちを歩いているかを数値的に調査することにした。サンジェルマン・デ・プレにいた50名の女性を観察した結果、上着はコートやジャンパーが多く、その色は黒が半数、ボトムスはズボンが圧倒的で、色はジーンズを含めた青がほぼ半数、流行のグレー系はわずか10%だった。この結果をパリ在住40年の、ファッション業界で働く日本人女性に確かめてみると、パリでは流行のモードを着る人たちは高級ホテルやレストラン、劇場、パーティ会場に車で乗り付けるので、そんな恰好でまちを歩かない、ということだった。なるほど、パリコレ風のおしゃれな人は、大学生にはなかなか行けないような場所にいるのだ。

この2回のファッション観察の失敗でわかったことは、第一に流行のモードを判断する基準をしっかり作ること、第二にそうしたファッションを身にまとう人たちが集まる場所を調べて、そこに行かなければ駄目だということだ。

第1回観察（2011年3月）

第2回観察（2014年3月、サンプル50人）

上着の種類

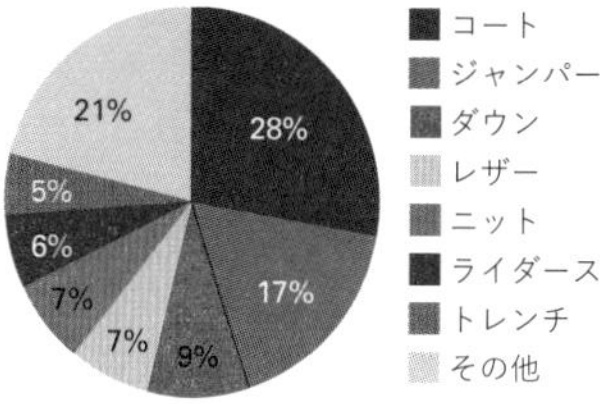

2014年冬の流行

上着の色

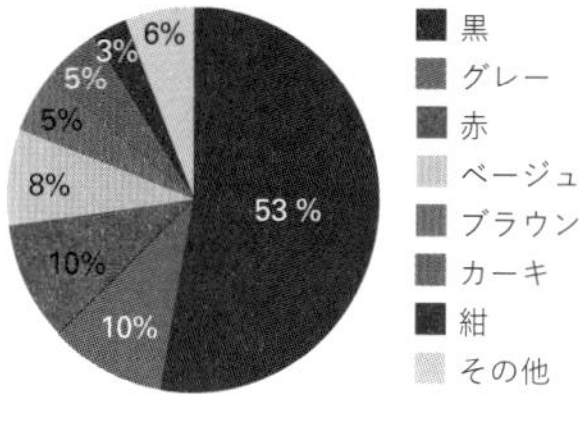

ボトムスの種類

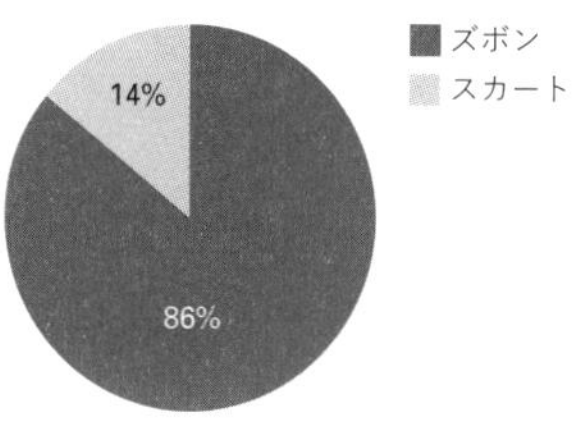

ボトムスの色

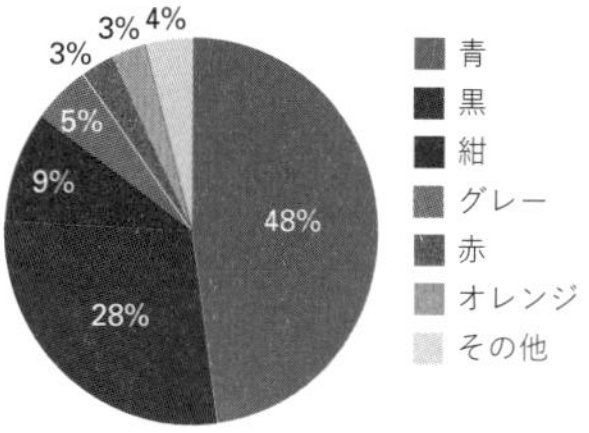

雨の日も足もとにおしゃれを

雨の日のおしゃれは難しい。お気に入りの服や靴が濡れたり汚れたりすると、がっかりして気分も落ち込んでしまう。特に靴の選択には頭を悩ます人が多いだろう。レインブーツは、屋外では雨水から足もとを守ってくれる抜群の機能性を発揮するが、屋内で過ごすには蒸れたり重かったりと不便で、最近ではゴム製の靴下のように普段履きの靴の上からカバーするタイプの製品も出てきているようだ。また機能重視のレインブーツには、一般的にデザイン性の高いものが少ない。

雨の日でもおしゃれに気を遣いたい人は何を履いているのか、雨の日の自由が丘を歩く女性の足もとを調べたところ、アウトドアブランドのレインブーツが多かった（２０１０年調査）。近年のファッショントレンドのカジュアル化もあり、アウトドアテイストは随分と日常のファッションに取り入れられるようになってきた。同じ自由が丘での晴れた日の観察調査では、ヒールを履く人も一定数いたが、やはりスニーカーなどカジュアルな靴が多かった。レインブーツの色については、黒やこげ茶などが多いが、赤やショッキングピンクといった目立つ色も見られた。柄は無地が多かったが、花柄など派手なものもある。こういった派手な色柄は通常のブーツのデザインではほとんどなく、レインブーツならではデザインだ。一方で、シックな色使いで質感もマットな普通のレザーブーツのように見えるレインブーツも見られた。雨の日だからこその派手な色柄を楽しむ人と、雨だからと言って普段のコーディネートを崩さない人と、二つのタイプがいるようだ。このことはレインブーツだけでなく、レインコートや傘などその他の雨具にも見られ、雨の日のトータルファッションへの工夫が観察された。雨とおしゃれとの闘いは続いている。

自由が丘　レインブーツ遭遇マップ（2010年）

❶
レインブーツを履いてベビーカーを押す女性は、雨の日の自由が丘ではよく目にする光景。写真のものほど派手な色は珍しい。

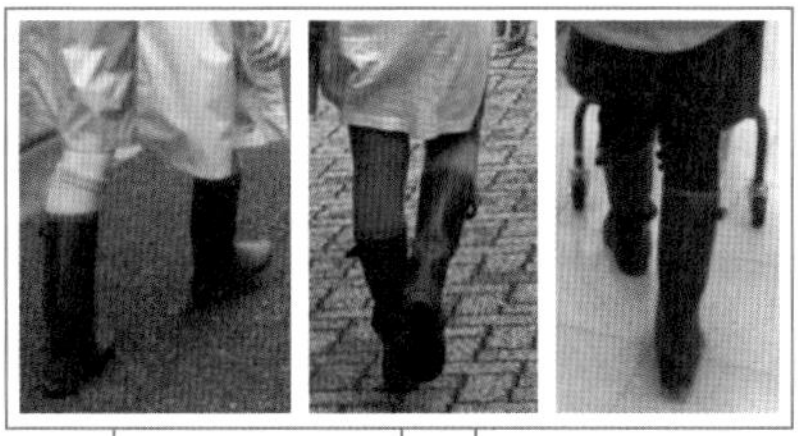

❷
AIGLE自由が丘店があったためか、調査日の2010年に自由が丘で最も目にしたレインブーツはAIGLEのものだった。

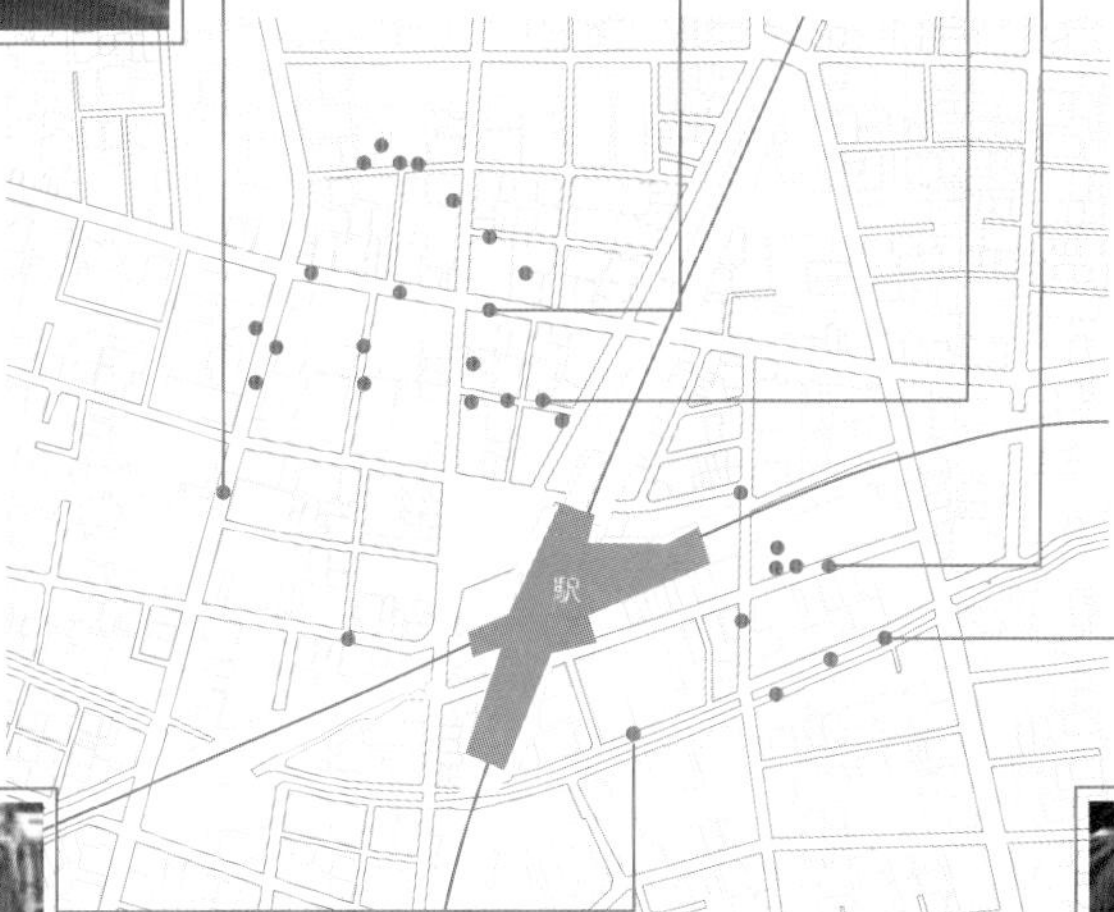

❸
レインブーツをはいた女性の多くが小さな子どもを連れていたのも印象に残った。この女性が履いていたのはDAFNAのレインブーツ。

❹
AIGLEに並んで人気があったHUNTERのレインブーツ。

▼おさんぽスタイルを見てみる（表参道・丸の内・自由が丘）

炎天下に咲く日傘の花

地球温暖化が進み、異常気象の頻発で日本の夏は熱帯並みの暑さだ。さらにオゾン層の破壊が進み、紫外線量も年々増加している。このような気候になる前から女性は日傘を愛用してきたが、最近では男性でも日傘をさす姿を見かける。機能面で重要な役割を果たす日傘だが、ファッションアイテムとして様々な素材や柄のものが販売されるようになってきた。バラエティーに富む色柄とりどりの日傘と、それをさして歩く人を表参道、丸の内、自由が丘で観察してみた（2020年調査）。

日傘をさす男性の割合は表参道1％、丸の内0％、自由が丘2％だった。男性の利用者が増えてきたとは言え、まだまだ比率は低い。男女含め、年齢層別にみると、表参道は20代が最も多かった。これは原宿から流れてきた人が多く含まれることが理由だと考えられるが、若い女性もしっかり日傘で日焼けを防止していることがわかる。素材や柄で見ると、自由が丘では無地の割合が最も多く、柄物やレースは少なくコンサバティブな印象だ。表参道ではレースと柄の割合が3地区で最も多く、丸の内はその中間だった。

一方で、色別で見ると丸の内が最も多様だった。柄やレースが多かった表参道では、色は白と黒がほとんどだった。柄の内訳を見てみると、3地区で共通して見られたのは、花柄、水玉、ボーダーだった。地区別にみると、自由が丘はチェック柄やしずく柄、表参道ではハート柄や果物柄、女の子の絵が入ったものや幾何学模様など、かなり派手なものも多く見られた。

まちに雨が降り出すと「傘の花が咲く」という昔ながらの表現がある。コンクリートジャングルの東京では、炎天下に多様な色や柄の熱帯植物のような日傘の花が咲いている。

表参道・丸の内・自由が丘　日傘観察（2020年）

日傘をさす人の年代

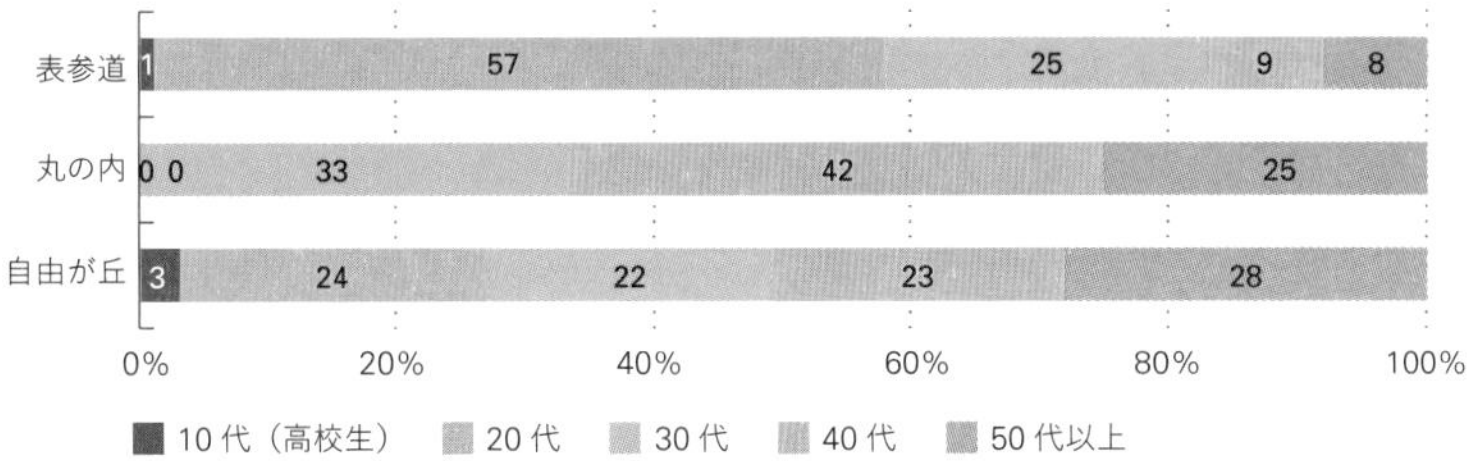

日傘の柄・素材

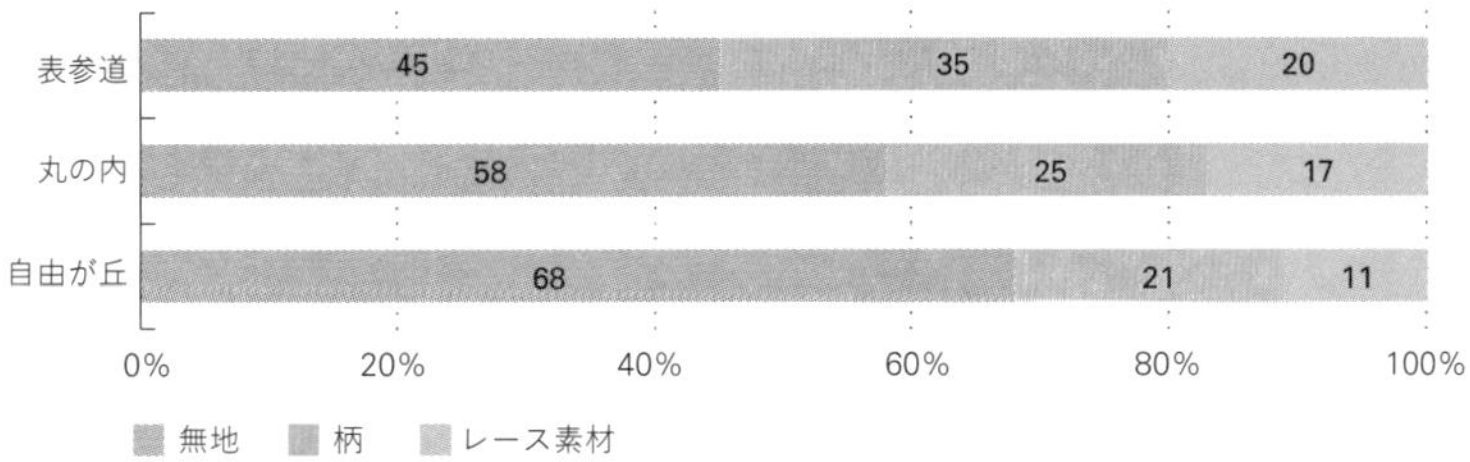

日傘の色

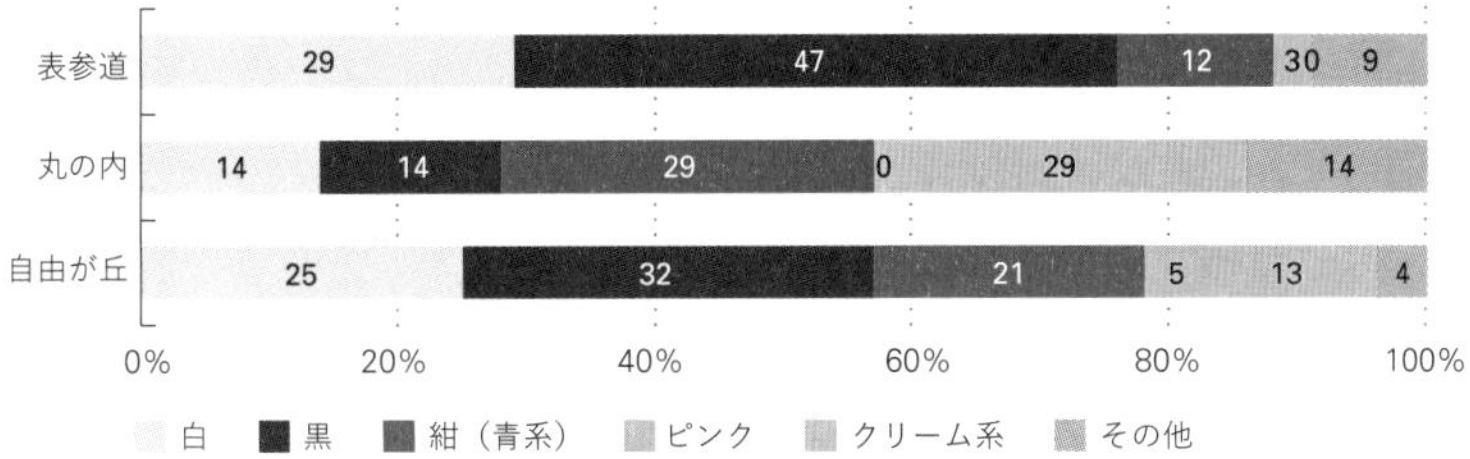

自由が丘

丸の内

表参道

4

まちの表情を見る

銀座中央通り、ニューヨーク5番街の違い　昼の景観

銀座中央通りでは1944年の東京大空襲で銀座一帯が焼失してしまったことから、現在の建物は戦後復興以降のものだ。ただ、その高さは戦前の法制度にもとづく31mのものが多かった。しかし、1998年の地区計画「銀座ルール」や2006年のその改訂によって〈56m＋工作物10m〉に高さ制限が緩和された。その結果、銀座中央通りはストリート全体で見れば、松屋、三越などのデパートを除き、間口の狭い中層のペンシルビルが多いが、スカイラインは高さ制限に従い揃ってきている。現在も多くの建物が建て替えられており、建て替えが完了する時点では、高さの揃った街並みが出現することになる。

ニューヨーク5番街は19世紀後半から20世紀後半まで様々な年代の建物が存在して

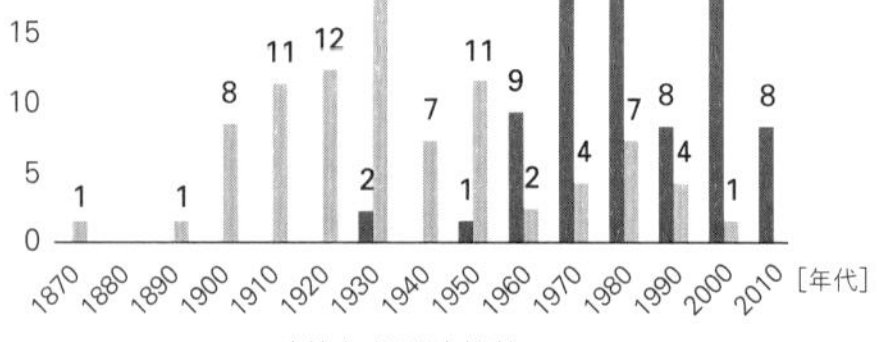

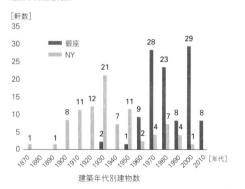

建築年代別建物数

いる。特に20世紀初頭のアール・デコと呼ばれる時代に造られた高層建築が最も多く残されている。その後、1916年に5番街ではアメリカで最初の総合的ゾーニングが制定された。それ以前の建物は、21階建てのペニンシュラホテルが最も高いが、施行後はロックフェラーセンター（1939年完成）のGEビルディング（高さ259m、70階建て）のように上層を下層よりも後退させるセットバックによるタワーの建設が行われた。また、1961年以降ではタワーの敷地面積に対する建築面積の割合を示す建蔽率が大きくなったことからセットバックせずに建設するタワーが増加し、時代の変化が新旧の建物をミックスさせ、立面、平面両面で凹凸のある都市空間が生まれてきた。

銀座中央通り

ニューヨーク
5番街

銀座中央通り、ニューヨーク5番街の違い　夜の景観

　夜の銀座とニューヨーク5番街を比較するのに、銀座中央通りの1丁目〜5丁目、5番街は48丁目〜58丁目をまち歩きしてみよう。

　二つのまちの夜で、大きく違うのは街灯の色だ。銀座の街灯は白色LEDの支柱も発光するデザインで、とても現代的だ。また、銀座ではファサード自体が発光する建築が多い。ティファニーやルイ・ヴィトンは夜間になると開口部の隙間から光が漏れる独特なデザインだ。ポーラやTASAKIはファサード全体が発光するし、シャネルはファサード全体が平面ディスプレイになっている。また、たくさんある開口部の大きい建築はファサードが発光しているようにも見える。銀座はビル

自体が広告塔になっている。

ニューヨーク5番街は銀座と違い、以前と変わらずオレンジ色のナトリウム灯がまちを照らしている。規制で広告や看板がないため、街路は薄暗い。だが、その暗い街並みの中に、ロックフェラーセンターの中心のGEビルディングやペニンシュラホテルなどのシンボリックな建物や歴史的建造物のファサードの外壁がライトアップされて、ランドマークの存在を強調させている。

ニューヨークは資本主義経済のセンターでありながら、都市のメインストリートの建物は都市文化を表現する歴史的な景観として扱い、一方で銀座は、建物すらも市場経済の道具として使っているということを知らされる。

表情を決めている建築の様式

まちの表情は、建築の高さの他に建築の使われる目的（用途）やスタイル（様式）によっても違ってくるので、この二つを銀座とニューヨーク5番街とで調べてみた（２０１４年）。

建築の用途について比べてみると、まず、銀座は商業と事務所混合ビルが圧倒的に多い。低層階を商業用途に当て、高層階をオフィスにしているビルだ。デパートなど商業ビル数も多く、商業に特化した街並みだ。一方、ニューヨーク5番街は、やはり商業・事務所混合が多く、商業ビルが次ぐものの、それ以外にも職住混合ビル、ホテル、教会などの建物があり、その中にはニューヨーク公共図書館や聖パトリック教会など民間の建物でないがゆえにシンボリックで様式の全く異なる歴史的建築が混ざり、街並みにリズムを生み出すランドマークとなっている。

建築の様式はファッションの流行と同じで、その時代を写し取るものだ。都市により流行は若干違うが、１９２０年以前は歴史主義、１９２１～45年は歴史主義とアール・デコ、１９４６～79年にかけてモダニズム、１９８０年以降はポストモダニズムから多様化の時代、と4区分することができる。銀座は戦災後に再建した建築がほとんどなので、歴史主義やアールデコはランドマークとなっている和光（ネオルネッサンス様式）などわずかだ。モダニズムとポストモダニズム以降の様式で街並みが続いている。逆に建物が保存されているニューヨークは、83棟のうち戦前の歴史主義の様式が約20%、アール・デコ様式が約50%を占め、そこに15%ほどのガラス張りのモダニズム様式が入り混じる。このように建築の様式だけで見ると、銀座よりニューヨークの方が多彩だが、銀座は建築のファサードを企業のブランドイメージに合わせた広告看板にしており、短命な広告看板が乱立する展示場のような街並みと言える。

銀座　ファサードの類型化

1945～(モダニズム)　　　1980～(ポストモダン以降)

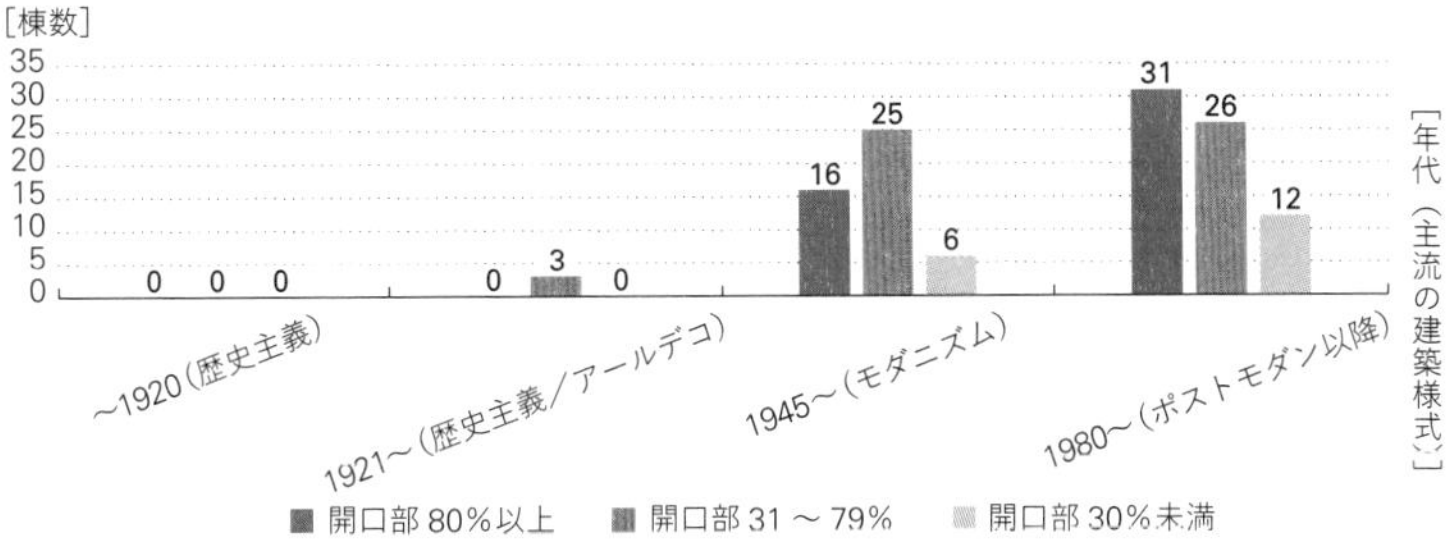

ニューヨーク5番街　ファサードの類型化

～1920(歴史主義)　　　1921～(アールデコ)　　　1945～(モダニズム)

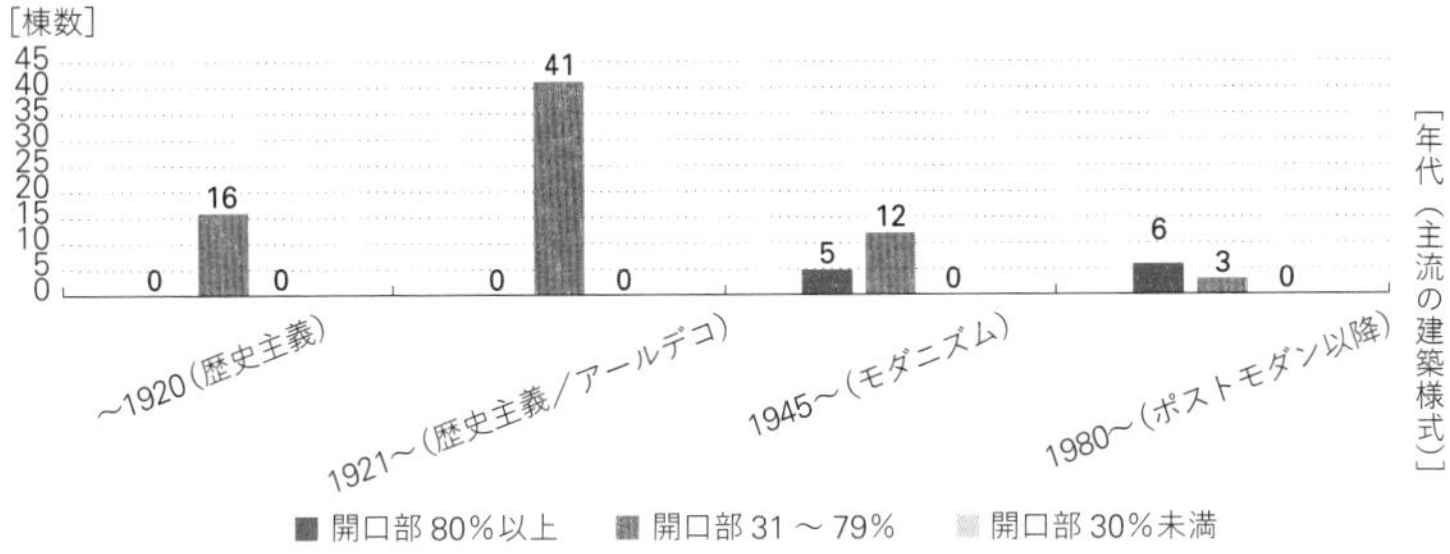

材料と色彩でも変わるまちの表情

建物ファサードの壁面の材料によっても景観の雰囲気は変わる。素材の種類を、カーテンウォールなどのガラス系、コンクリート、石材、タイルなどの石系、鉄やアルミなどの金属系と大別して、銀座とニューヨークの二つの通りを比較した(2014年調査)。銀座中央通りは1980年以降の建物が多く、最新の工業生産技術で造られていることから、材料も多様で、石系、ガラス系を中心に金属系も若干使用されている。ニューヨーク5番街では歴史的な建造物が多く、主にコンクリートなど石系材料が全体の9割近く、全体に統一感がある。そこに20世紀後半に建設されたガラス・カーテンウォールのモダニズム建築がアクセントとして挿入され、街並みにリズムが生み出されている。

ファサードの色彩については1~2階の低層部分ではなく、建物全体に多く面積を占める色彩を観察した。低層部はショーウィンドウもあり多彩すぎるからだ。銀座中央通りは建築様式がポストモダンから多様化した時代に建てられている。また、地元団体が作る「銀座ルール」によって「新しいミックスが作られることも都市の魅力」という考え方から、多様なデザインや表現が建物の色彩にも影響している。ニューヨーク5番街は歴史主義とアール・デコ様式が約70%を占めることから、石系のアイボリーやブラウン系の色彩が多くを占めている。15%ほどのモダニズム様式のガラス・ファサードは色彩統一による単調さにリズムを与えるアクセントになっている。

ファサード壁面材料の比較

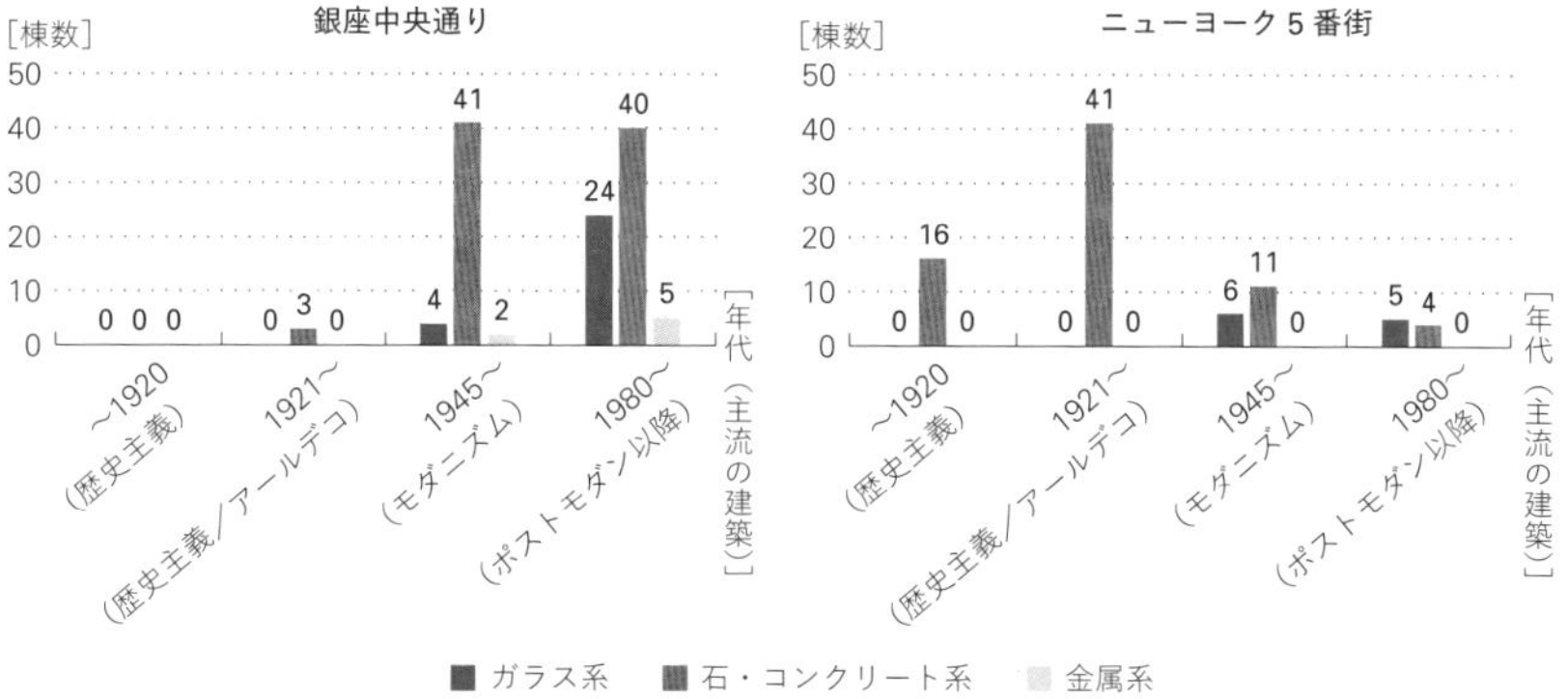

ファサード壁面材料の比較

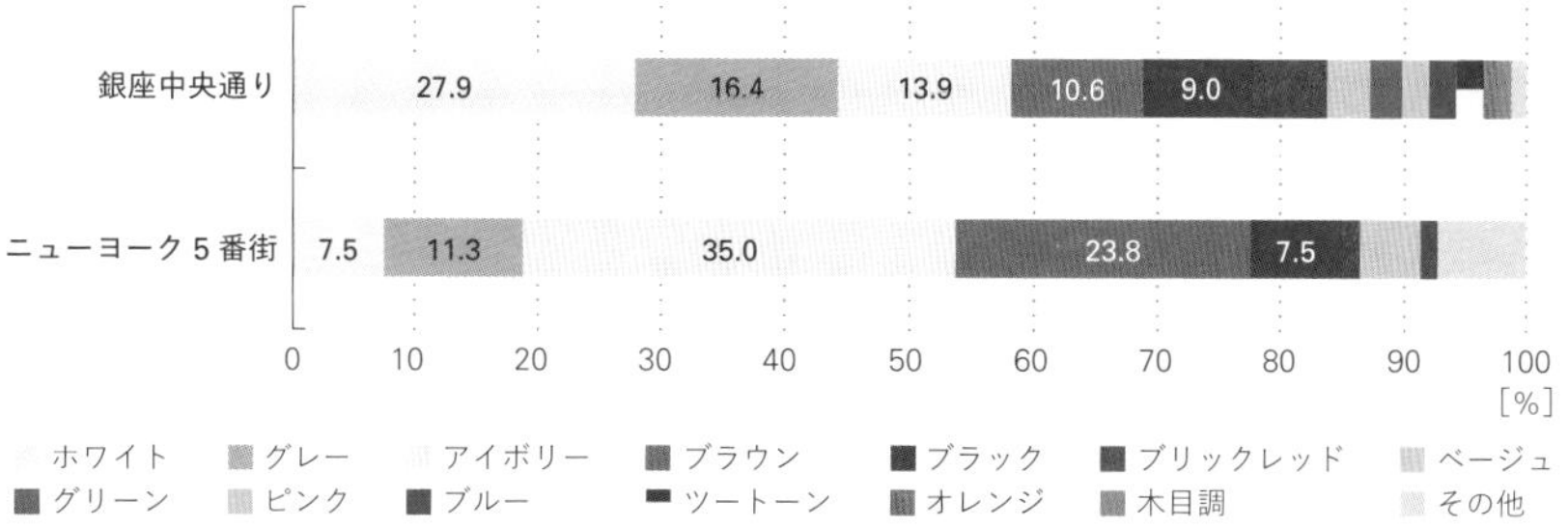

銀座中央通りの色彩立面図

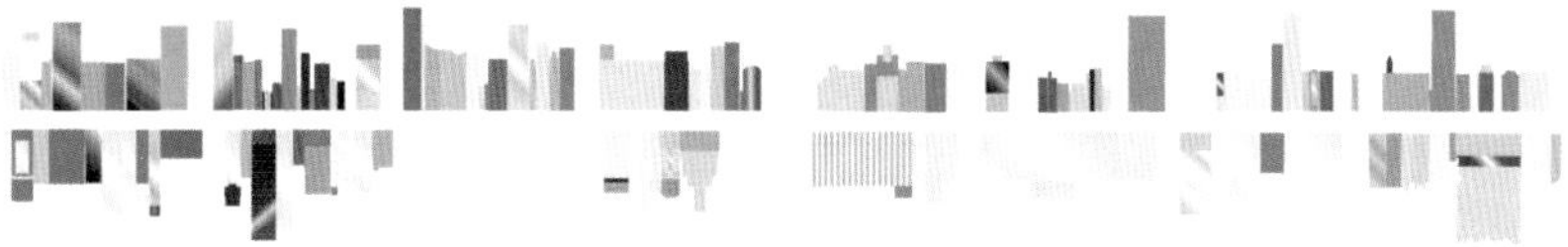

ニューヨーク5番街の色彩立面図

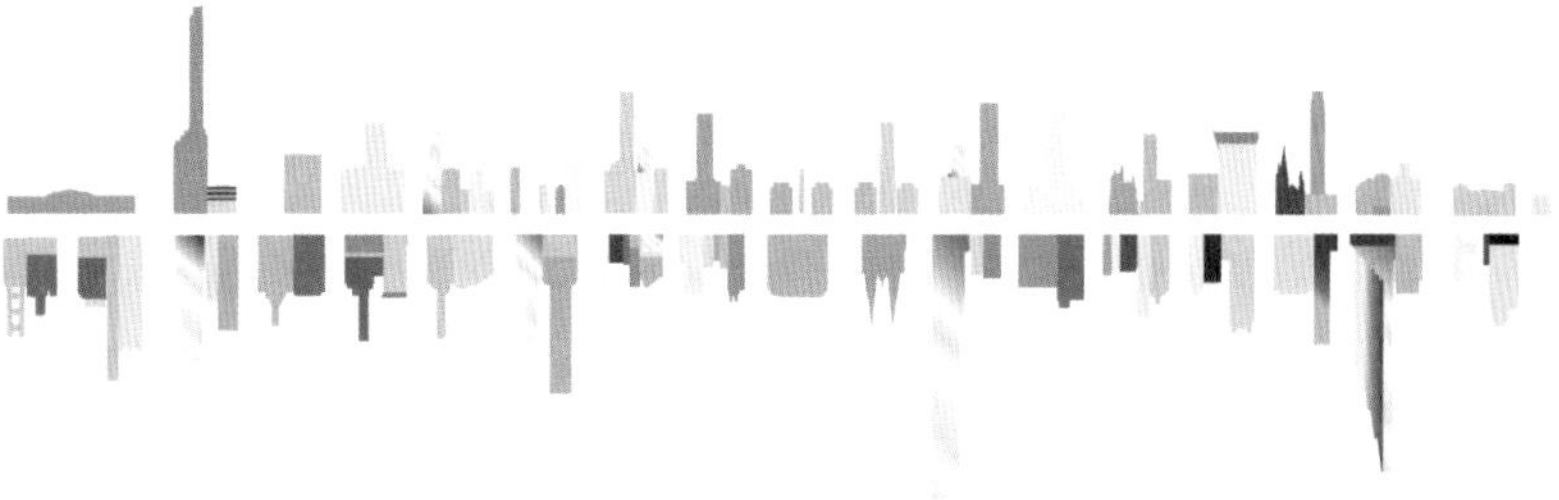

まちの広告　規制の美学 vs. カオスの美学

ニューヨークのタイムズスクウェアは巨大な看板群が例外的に許可されて観光名所になっているが、5番街など歴史的な地区は屋外広告物については厳しく取り締まられている。2階以上は看板の設置が禁止されて星条旗を掲げる場所となっており、改装中の店舗に限って工事部分に大々的な広告が許されている。この規制がストリートに統一的な秩序を生み出し、また、建築工事がもたらす変化を街並みの美学として称賛する人も多い。

しかし、アジアの都市は景観に対する制限は少なく、派手な広告で溢れていることが多い。香港の看板の乱立は一種の文化として観光名所となっている。東京は、欧米人の目からは無秩序なまちと見られがちだが、まちの広告物に対しては東京都屋外広告物条例によるコントロールがなされている。外壁から突出する広告物は、建物から1・5m以下、高さは歩道上から3・5m以上で壁面の上端までと規制され、夜の銀座中央通りに見られるように縦長の抑制された突出看板が色とりどりに連なり、欧米にはない都市美と言える。また銀座は、建築デザイン自体に欧米のような規制がないことから、企業がファサード自体にブランドイメージを託した看板の役割を持たせ競争し合う広告塔のまちとなっている。ここでは建築はプロモーションのツールなのだ。フランスの建築家ジャン・ヌーヴェルとかつて対談した時に、彼は「ヨーロッパの既存の手法には限界が来ており」「あらゆるものが混合した形で出てくるのが、20世紀のアーバニズム」と語ってくれた。カオス（混沌）の美学のモデルとして銀座のまちはあるのかもしれない。

銀座中央通り

突出看板の連なり

中央通りのプロモーション建築

ニューヨーク5番街

改装中に限り大型広告物が許される

屋外広告物が規制される歴史的地区としての5番街の建築

過去の風景は忘れ去られる

表参道の並木道を散歩すると、北側には表参道ヒルズのガラス張りのファサードが延々と続く。表情が同じ顔立ちの現在の建築は、なんとなく退屈だ。表参道ヒルズが誕生する前、そこが違った風景だったことを知る人は、今の20代の世代にはいないだろう。過去の風景は、その時生きていた人の脳裏には記憶されていくが、それを見たことのない世代が増えるにつれ、社会としては忘れ去られていくものだ。

表参道ヒルズが建っている場所には、２００３年までは関東大震災で焼け出された人たちへの住宅供給を目的に設立された同潤会の青山アパートが建っていた。この建物は１９２６〜27年に建設されたもので、3階建てが10棟あった。表参道に面した住戸の多くは、次第に住宅から店舗に変化していき、ベランダだった部分を店舗が各自で出窓やショーウィンドウ風に改造したことから、変化に富んだファサードとなっていった。その多様性が、単調であるはずの集合住宅のファサードを賑わせ、壁面を覆うツタの緑とあいまって、散策する人たちに心地よい都市空間を提供していた。

当時は、表参道のランドマークとしての役割も果たしていた青山アパートだったが、築75年を超え老朽化も著しくなり、２００３年に解体されてしまった。この場所の再開発を担った森ビルは、建築家・安藤忠雄に設計を依頼し、ガラス張りの長いファサードの商業ビルを建設し、表参道ヒルズと名付けた。単調なファサードが続くこの施設も、東端には古めかしい武骨な建物が配置されている。これは、近代建築の遺産とも言える同潤会青山アパートの一部を再現して建設された「同潤館」である。部材も再利用しており、他の同潤会アパートが東京から姿を消した今、同潤会の建築空間を記録する施設である。

同潤会アパートメントの頃

表参道ヒルズの今

工事現場の未来はどうなる?

工事現場があると、「完成すると何になるんだろう?」と楽しみなものだ。だけど、その工事が延々と続き、そのために通路が変更になり、しかも上下移動まで変わってくると、何が何だかわからず迷路に迷い込んだ気分になってしまう。今の渋谷が、まさにそんな場所だ。

2012年4月に「渋谷ヒカリエ」が開業し、2013年3月に東急東横線が地下に潜って東京メトロ副都心線と結合した頃から、渋谷は迷路のようになっていった。訪れるたびに姿を変え、まるで初めて都会に出てきた田舎者のように途方に暮れてしまう。2027年度に渋谷駅周辺開発の最後の施設が完成するまで、まだまだこの状態は続きそうなので、開発に対して多少の知識は持っておきたい。

この開発は、新宿などに比べて渋谷にはオフィスビルが少なく、せっかく生まれ育つIT産業にオフィスを提供できないという悩みから始まったようだ。開発はここ数年間で急速に進み、駅周辺には4棟の高層ビルが建ち上がっている。今後、さらに3つのビルが建設されていくようだ。予定では2023年度に、国道246号を挟んだエリアに「渋谷駅桜丘口地区」が竣工し、2024年度には『渋谷二丁目17地区』が開業する。2027年度に最後に残った「渋谷スクランブルスクエア中央棟・西棟」が完成する。完成図で見る限り、ハチ公広場は建物から庇が出て、雨の日はしのげるようになりそうだ。

渋谷の開発は、対象地域の中にたくさんの駅を含んでいることと、それらが渋谷の谷地形が災いして高さが異なったところにあることから、乗り換えをするのに上下移動、水平移動をまるで立体迷路のようにしなくてはならないという宿命にあるが、完成後はスムーズに移動できるようにしてほしいものだ。

渋谷駅周辺地区の現在（2020年3月 Google Map）

渋谷駅周辺動線・立面図（完成イメージ）© 東急株式会社

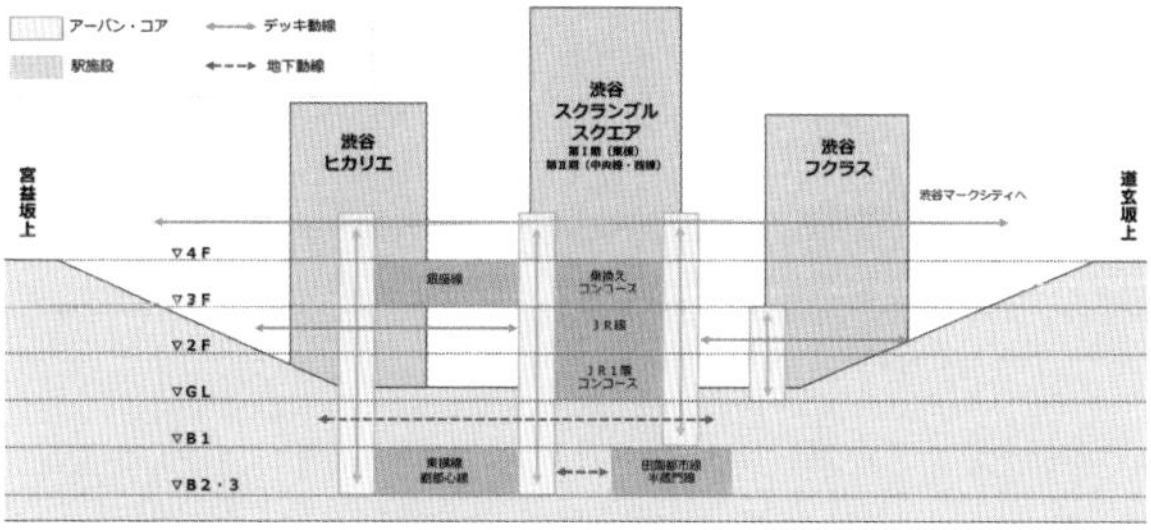

渋谷駅周辺完成イメージ © 渋谷駅前エリアマネジメント

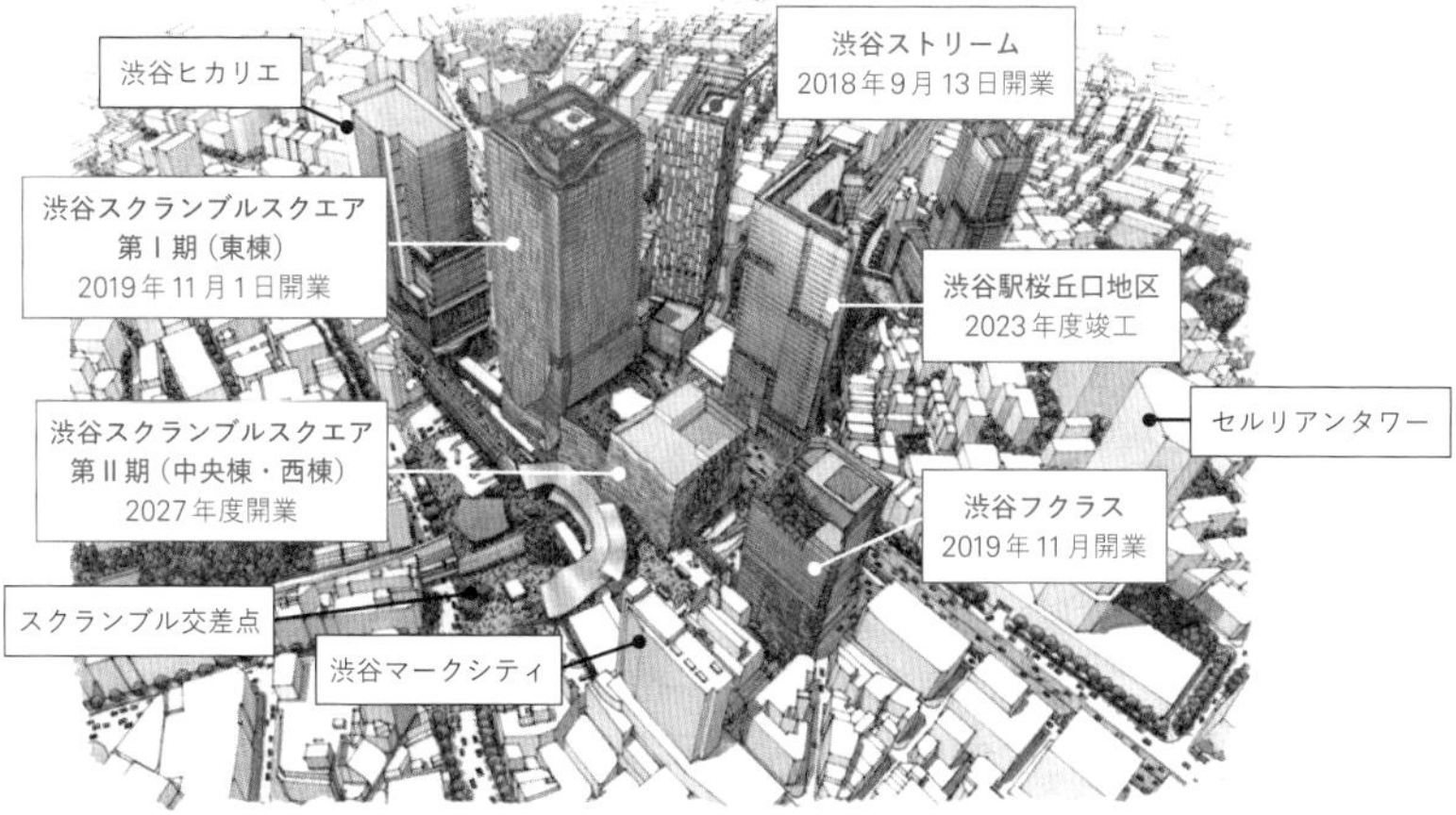

出所）東急株式会社「渋谷再開発情報サイト」
https://www.tokyu.co.jp/shibuya-redevelopment/index.html

昔を甦らせたまち

東京国際フォーラムの斜め向かいに煉瓦造りの建物がある。中は三菱一号館美術館となっていて、中庭はカフェやレストランも並ぶ広場となっている。この建物は明治の建築物の二代目だ。

一代目の三菱一号館は、1894（明治27）年に当時の明治政府の建築顧問だったジョサイア・コンドルによって設計された。コンドルは、東京大学工学部の前身の工部大学校の建築学教授として来日し、東京駅を設計した辰野金吾など日本人建築家を育て、明治以後の日本建築界の基礎を築いた人物だ。

初代三菱一号館の周辺は、教え子たちによって次々と煉瓦造りのオフィスビルが建設され、「一丁倫《いっちょうろん》敦《どん》」と呼ばれるようになっていった。しかし、戦後の高度成長期になると新しい大型のオフィスビルが必要となり、煉瓦の建物は姿を消していった。最後に残された三菱一号館は歴史遺産として保存が求められたが、耐久力に限界が来ており、1968（昭和43）年に惜しまれながら解体され、地下4階・地上15階建の高層建築に建て替えられた。

さらにこの一帯が再開発され超高層ビルに建て替えることになり、その際、所有者の三菱地所はかつての煉瓦造りの建物を復元し、ガラス張りの超高層ビル群の中に自分たちが歩んできた歴史を甦らせることを考えた。低層の三菱一号館の上部の余剰容積と文化施設を建設する時に優遇措置として提供される割増しの容積率を、超高層建築の丸の内パークビルディングに一体として積み増しして開発を行っていった。残されていたコンドルによる図面などをもとに設計が行われ、当初の外装・構造・材質を可能な限り再現した二代目・三菱一号館が2009年に完成し、明治の都市景観を甦らせるとともに美術館として丸の内の文化活動の拠点となった。

ジョサイア・コンドルによる三菱一号館と「一丁倫敦」の街並み

出典）三菱地所株式会社社史編纂室編『丸の内百年のあゆみ：三菱地所社史』（三菱地所、1993年、上巻p.10）

コンドルの設計図などをもとに復元された二代目・三菱一号館

吉祥寺・下北沢・自由が丘の色彩

▼まちのお化粧方法（吉祥寺・下北沢・自由が丘）

まちには様々な色が溢れている。視覚から多くの情報を得る人間にとって、まちに魅力を感じる際に色彩は重要な要因だ。国や地域などによってそれぞれの個性があるが、商業市街地では店舗が密集するため、より目立つ色を使用して集客しようとする店も多く、まちの色彩に大きな影響を与えている。ここでは吉祥寺、下北沢、自由が丘の建物色彩を比較した。具体的にはストリートの建物を立面図に描き、ベースカラーとアクセントカラーを抽出・図化してその特徴を探った。

吉祥寺はベースカラーが白系の建物が多く全体的に落ち着いた印象となっている。一方、下北沢は白系以外のベースカラーが多く、そこにさらに派手なアクセントカラーが配された建物が多い。自由が丘は吉祥寺と下北沢の中間という感じで、クリーム色など白ではないが落ち着いたベースカラーに、赤などの鮮やかなアクセントカラーの建物が多かった。アクセントカラーは建物自体への着色だけではない。吉祥寺と自由が丘ではドアやオーニングがアクセントカラーになっている建物が多いのに対し、下北沢は看板がその役割を担っていて、より雑多な印象を与えている。ファッションに例えるなら、吉祥寺は白いブラウスで清楚な感じ、下北沢は派手目のニットに柄物のボトムス、さらにはジャラジャラとアクセサリーをつけて自己主張の強い感じ、自由が丘はナチュラルカラーのワンピースにビビットなネックレスでワンポイント利かせた感じといったところだろうか。

吉祥寺は井の頭公園を擁する自然豊かな街というイメージがあるので、清楚なイメージとは若干異なるが、下北沢は中小の劇場や古着屋も多い、若者文化の街というイメージがあり、街の色彩もそのキャラクターとピタリと一致しているのが興味深い。

吉祥寺　中道通り（約317m）

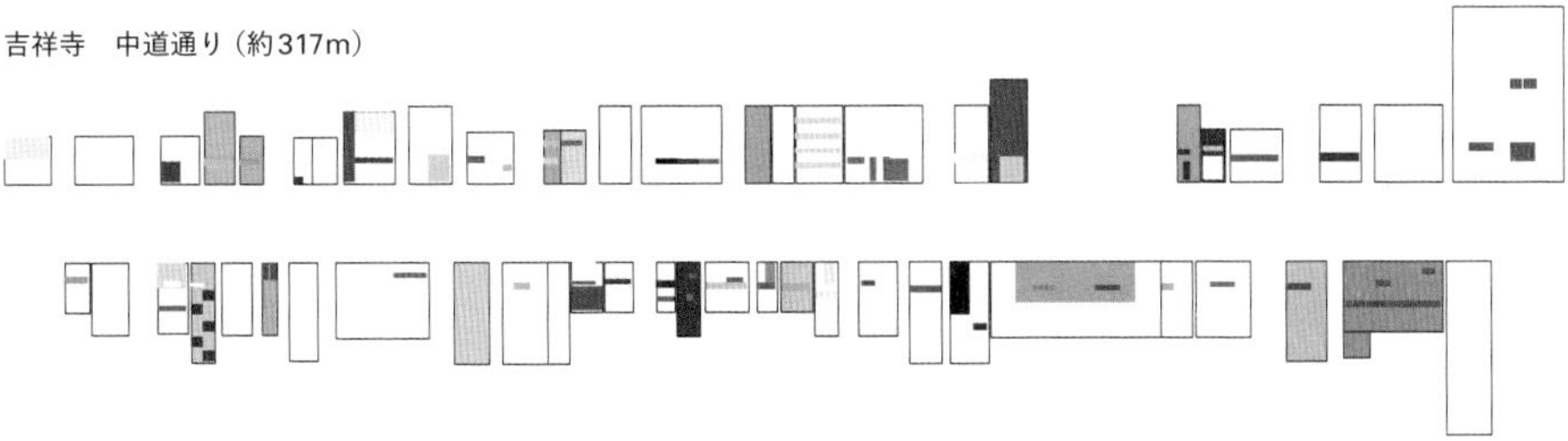

下北沢　南口商店街（約245 m）

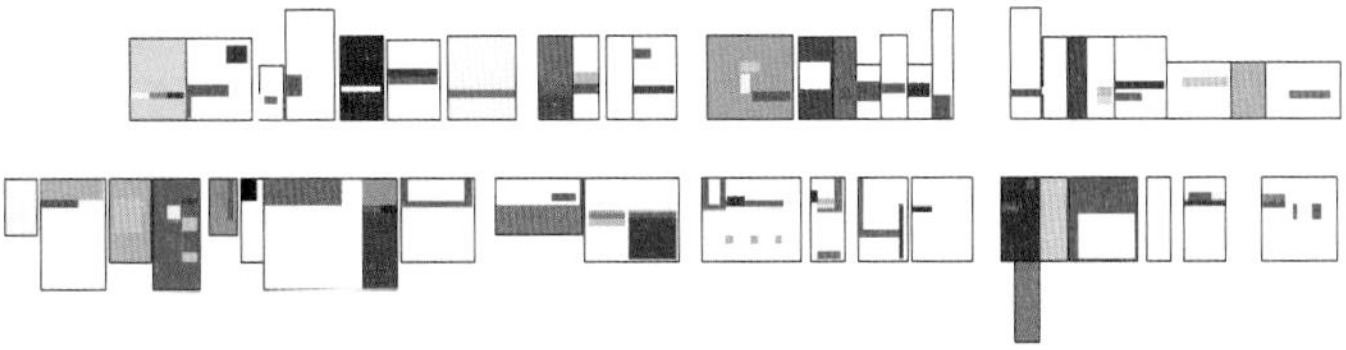

自由が丘　サンセットアレイ（約250m）

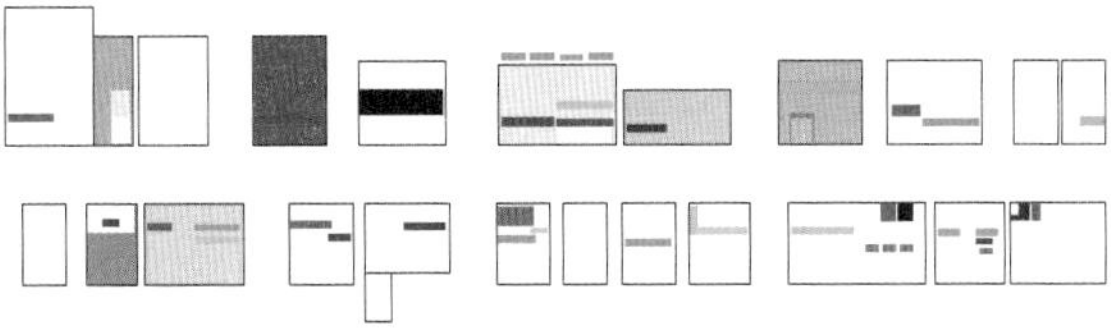

吉祥寺

下北沢

自由が丘

街並みを作るのは建物だけじゃない

都市空間は、建物、街路、自然、広告物などの要素で構成されている。特に日本の商業市街地では、個々の建築は看板やサインなどの付属物や商品の溢れ出しに覆い隠され、建物そのもののデザインはあまり表に出ず、空間構成に与える影響も少ない。そのため、付属物の構成が変われば、街並みの印象も変わる。そのため、商業市街地の空間を考えるためには、建物以外の要素に着目することが大事になってくる。

ここでは、看板などの広告物、商品、街路樹や植木鉢などの緑、ストリート・ファニチャーを非建築要素と定義して、自由が丘と代官山を対象に360度カメラで10mおきに街路を撮影し、そこに映り込んだ非建築要素の面積と構成を集計した（2016年調査）。そして、非建築要素の組み合わせによって生まれるその「場」の雰囲気を6種類に分類し、その分布を両地区で比較した。

自由が丘と言えば九品仏川緑道の豊かで落ち着いた空間が連想されがちだが、古き良き昭和の顔を残す飲食店街「美観街」のように狭い道に看板が乱立する雑然とした空間や、店舗からの商品の溢れ出しが目立つ空間など、エリアや通りによって特徴の異なるバラエティーに富んだ構成になっている。まちとしての統一感はないが、それもまた魅力の一つと言えるだろう。一方で、代官山には街路樹など緑の要素が全域に点在して、まちに統一感がある。また、八幡通りや旧山手通りにはガラス張りの整然とした空間が線状に続いている。これは大通り沿いに商業施設ができ、1階部分にアパレルや美容関係の店が軒を連ねているからだろう。また、住宅と商業が混在しているが、街路樹などの緑が調和の役目を果たし、落ち着いた街並みとなっている。

自由が丘と代官山　場の雰囲気比較（2016年）

自由が丘・美観街

代官山・旧山手通り

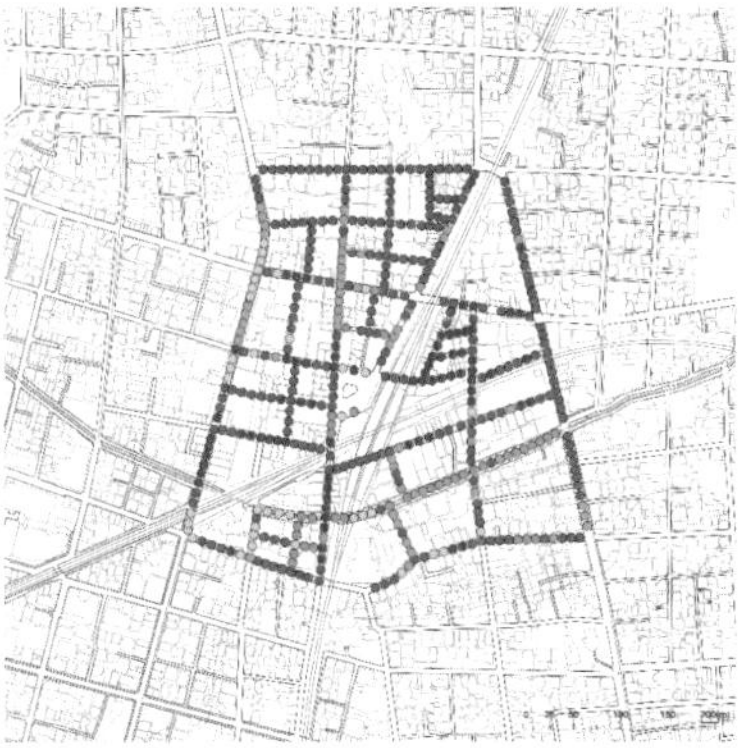

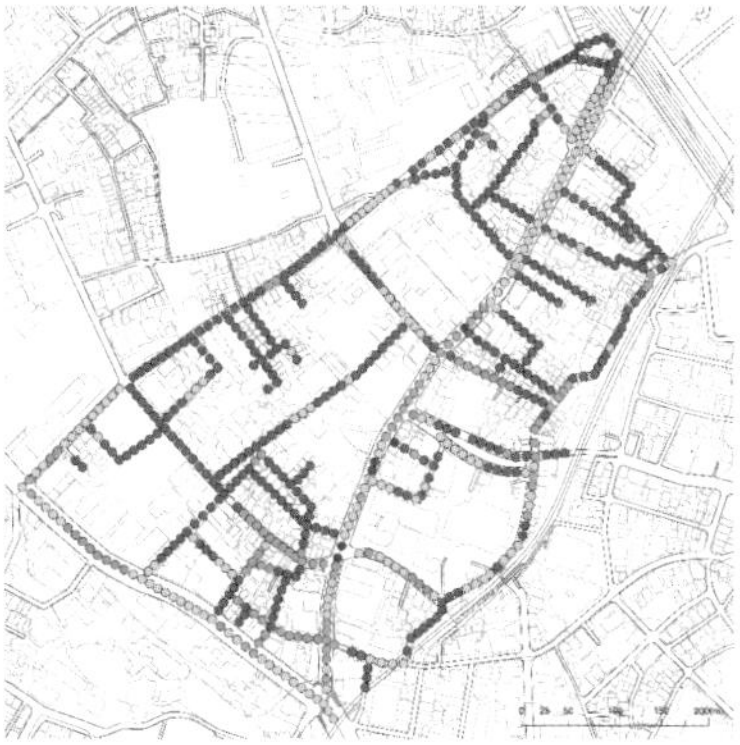

● 商品がたくさん溢れ出した空間　● 緑があり自然と調和した空間　● ガラス張りで整然とした空間
● 住宅街　● 看板が表出した雑然とした空間　● 緑とベンチがあるゆったりした空間

自由が丘（461スポット）

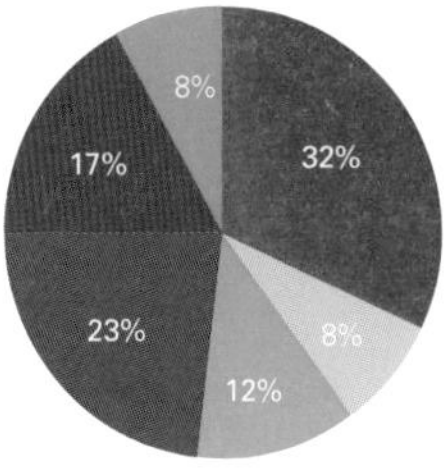

代官山（662スポット）

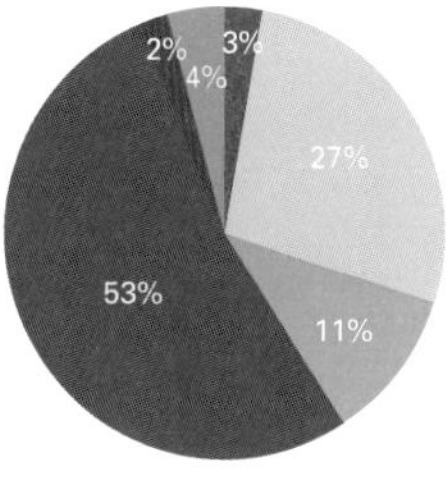

ユニーク看板の競演

日本の商業市街地では、建物の大部分は看板に覆われていると言っても過言ではない。建物で表出している部分がほとんど看板なので「看板建築」という言葉もあるくらいだ。看板の特徴を探ることは、まちの表情を探ることにもつながる。ここでは若者のまち下北沢の看板１０５件について、使用している色数やデザインを中心に観察した（２０１３年調査）。

下北沢の看板の色数は2色が33％と最も多く、３色が25％、４色が25％と多色使いもかなりのシェアを占めていた。同じような規模の市街地である自由が丘でも１０２件を対象に調査したところ、1色と2色で合わせて63％を占め、４色は11％と少なく対照的な結果となった。一般的に看板は地の色と文字やマークなどの色があるので、２色というのは最低色数に近い。１色の看板がわずかに見られるが、これは「チャンネル文字」と呼ばれるもので、文字やマークなどの形状が立体的に浮き出てそれが壁面に直接貼り付けられているケースだ。

看板は通行者に店の存在を認識させ、店の業態やサービスを紹介する役割を果たしているので、埋没してしまっては意味がない。そのため、商業集積密度が高い場所では競うように看板でアピールすることになり、色数を含めて派手になっていくものだが、下北沢は全体的にその傾向が強い。次に個別の看板のデザインを観察すると、黒板看板が密集するエリアや、ドラム缶の上に看板を載せてアピールする店、12色のパステルカラーでアピールする店、看板に顔穴が空けられた店など、様々なユニーク看板を見つけることができた。各店舗の顔である看板が、時に店そのものよりも目立つほどにそれぞれが主張し合いながら、混沌とした都市空間を演出している。

学生が作成した下北沢のユニーク看板マップ（2013年）

看板に使われる色数の割合

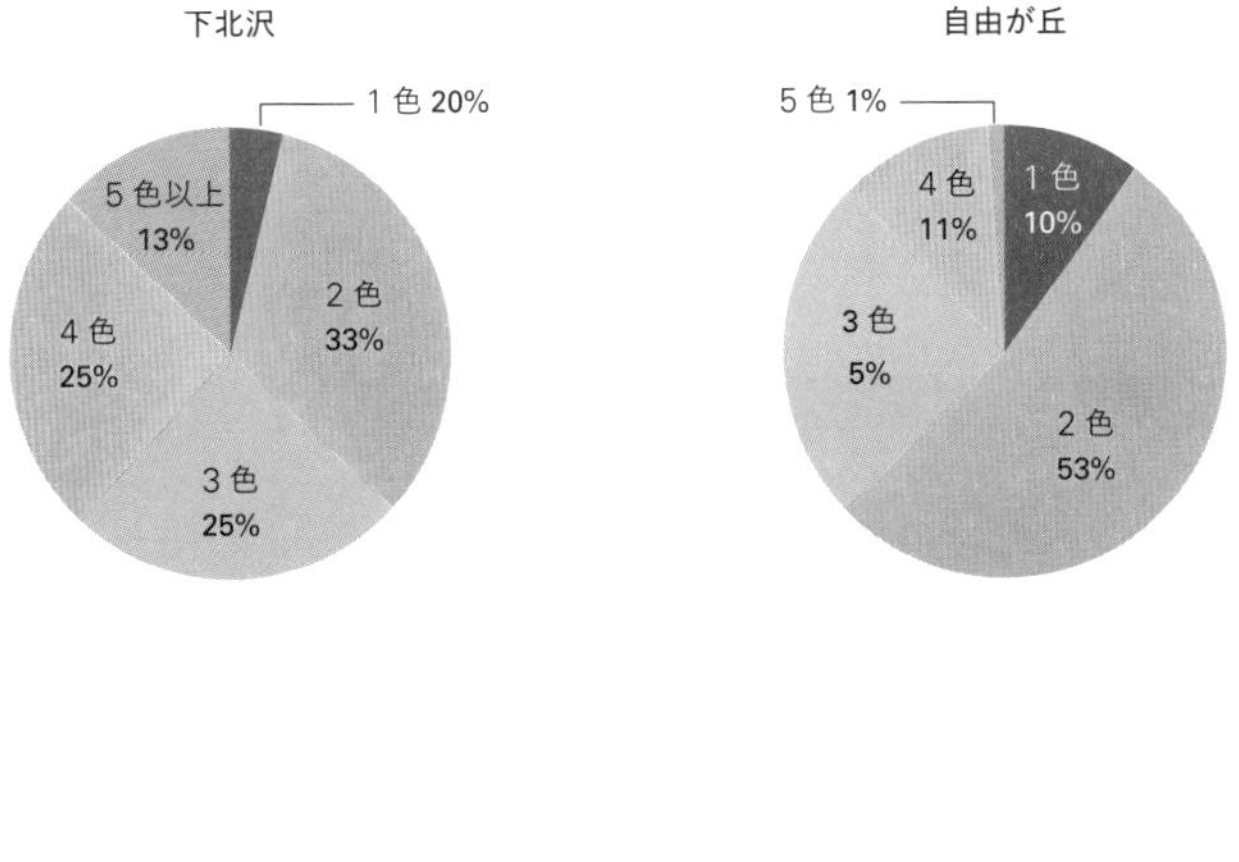

外国語看板

自由が丘は「女性の街」や「スイーツの街」というブランドイメージが定着している。実際に、洋菓子のモンブラン発祥の地でもあり、多くの有名洋菓子店が立地している。まちの雰囲気作りも、女性をターゲットとしたものが多い。駅南口を出てすぐの通称「とうきゅう通り」は、1982年に「マリ・クレール通り」に改称された。これは、フランスのファッション雑誌『マリ・クレール』の日本版創刊プロモーションの連動企画として行われた。他にも自由が丘には、メイプル通りやサンセットエリア、カトレア通り、ヒルサイドストリートなど、横文字の通り名が多い。このような背景もあり、各個店も外国、特に欧米をイメージさせる店名や看板が多くなっている。

2014年に調査した全773店舗のうち、約4割が外国語の看板だった。その内訳は、英語が多いことは当然として、他の地域ではあまり見られないフランス語の看板もかなりあった。業種別にみると、ファッション関係や美容関係に外国語看板の比率が高い。地理的分布で見ると、意外にも先ほど紹介したマリ・クレール通りはそれほど外国語看板の割合は高くなく、地区南側の九品仏川緑道と地区北西のサンセットエリアでその比率が高かった。九品仏川緑道は石畳の街路にベンチが配された歩行者中心街路で、高感度なアパレルショップが立ち並んでいる。サンセットエリアも同様に石畳で、インテリア雑貨を扱う店などが集積したエリアだ。どちらも、どこか異国情緒の漂う街路整備がなされたエリアである。そのような街路環境のエリアにはその雰囲気に相応しい業種が集まり、その店舗の看板がさらに洋風のまちの雰囲気作りやブランドイメージ向上に貢献していると言える。

自由が丘773店舗の看板は何語で書かれているか？（2014年）

※棒グラフは通りに10mおきに設定した仮想点。この点から半径30m以内に含まれる看板に書かれている言語数を積み上げている。

自由が丘の看板　主要3言語の業種分類

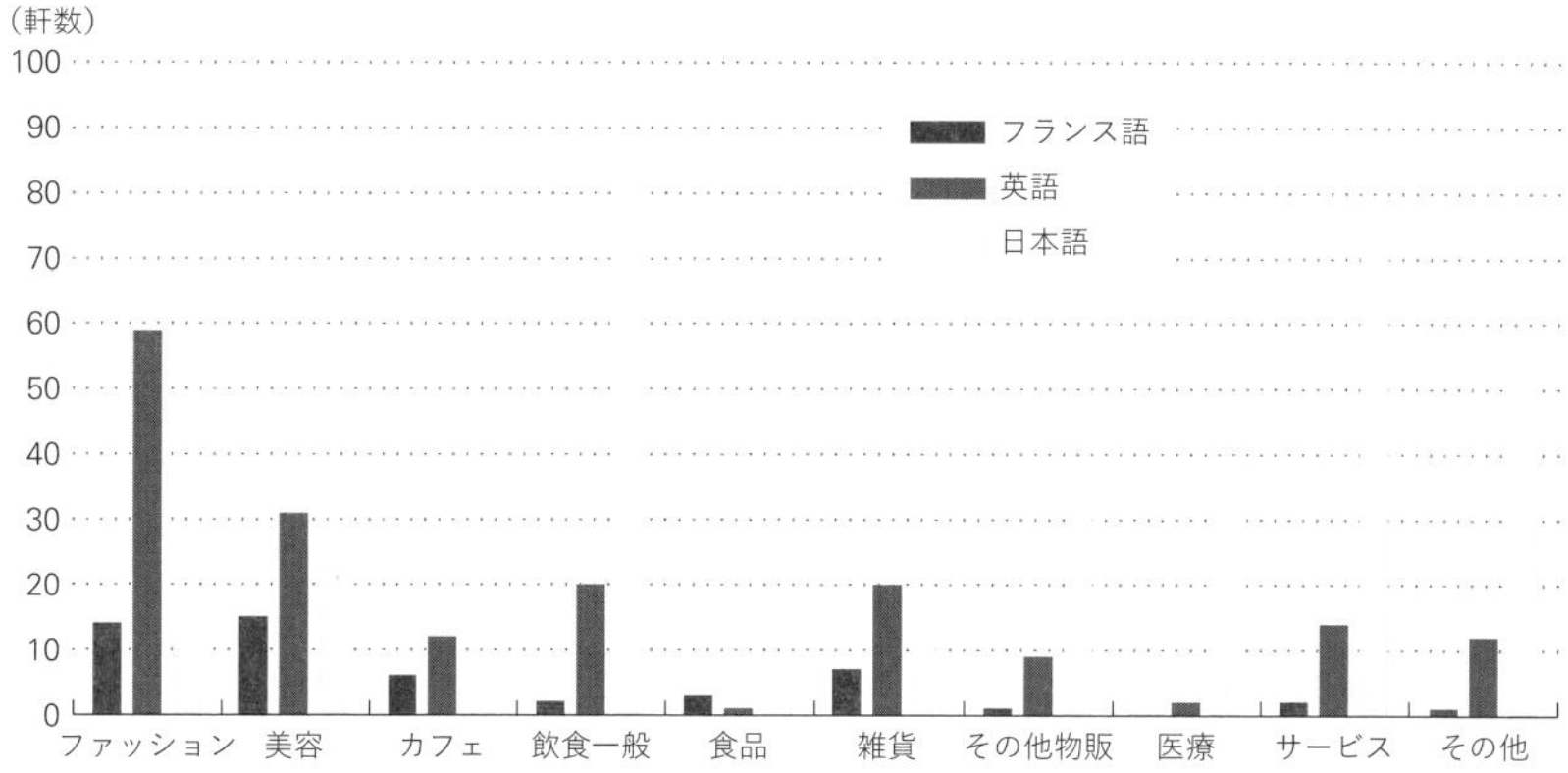

看板に描かれた人間

商業地には様々な看板が溢れているが、中には人の姿が描かれている看板もある。人が多く訪れることでまちが賑わうように、看板もただ大きくしたり派手な色を使って目立たせるだけでなく、そこに人を描くことで賑わいに準ずる効果を生むのだろうか？ 美容室、アパレルショップ、雑貨店、飲食店（食品販売含む）の4つの業種ごとに自由が丘の看板を観察し、そこに描かれている「人」の特徴を、商品、イメージ、安心、親しみの4つに分けて、受け取る印象を考えてみた（2016年調査）。

美容室は4業種の中で最も数が多く、店頭にカットモデルの顔写真を掲げているケースが目立った。ヘアスタイルは美容室の商品とも言え、商品のイメージ写真を並べていることに等しい。アパレルショップは全身を描いた看板が多く、服を際立たせる工夫がされている。実際の商品を着用したモデル写真ではなく、店の世界観を表現するイメージ写真やイラストで親しみやすさを演出している事例も見られた。雑貨店は一番少なく、イメージ系のもの、親しみを意識させるものに分かれた。飲食店ではシェフ自らの写真やイラストを掲げる店など、安心感や親しみを意識させるものが多い。パティシエの等身大の全身写真を店先に置いている店もあった。

美容室やアパレルショップの看板に見られるようなモデルの写真は洗練されたイメージを、飲食店看板のユーモラスなイラストやシェフの笑顔は親しみのある和やかな雰囲気を、それぞれまちに与えてくれる。看板は店名やサービス内容を伝えるだけでなく、そこに「人」が描かれることで奥行きのある表情をまちに加えてくれる。

人が描かれた看板分布図（2016年）

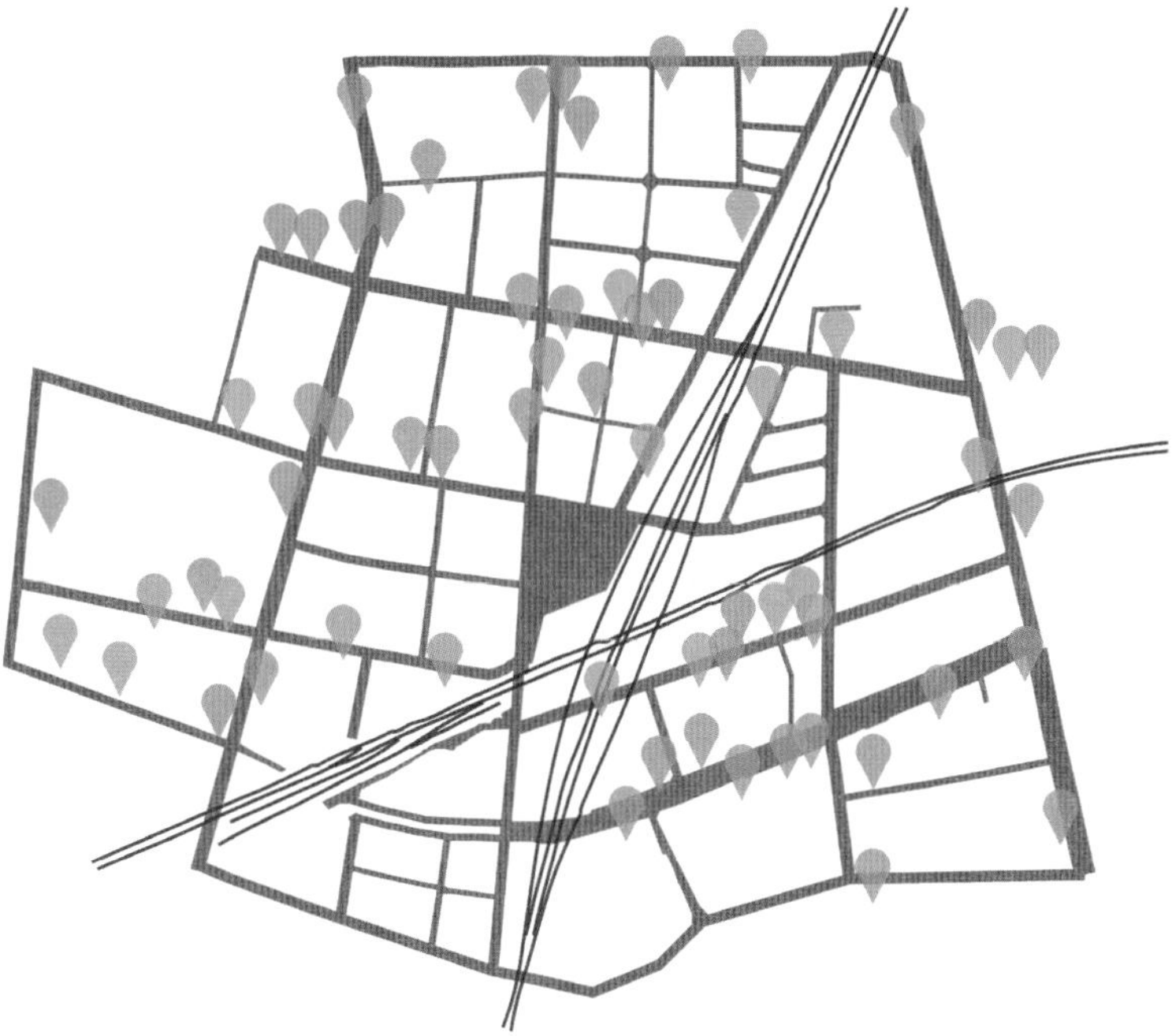

美容室

店頭に顔写真が使われている。また、昔ながらのお店が残っていた。

アパレルショップ

顔が大きく使われているものは少なく、体全体を写した写真を多く使っている。

雑貨店

店頭には文字だけの看板、または何も置かない店が多く見られたが、顔写真を貼り出したり、目立つ商品を置いていた。

飲食店

写真を使う店舗が多い中、イラストや人がモチーフの看板、目印を使っている店がいくつか見られた。

シンプルなドア&個性的なドア

ドアは、建物の内外を接続するという機能的な役割だけではなく、その色や本体およびドア枠やドアノブの装飾など個性が発揮されやすく、建物の表情を決定づけるうえ、街並みの中でもアクセントとしての影響力が強い。この調査では自由が丘にあるショップのドアを、装飾の排除されたシンプルなタイプと装飾された個性的なタイプに二分してプロットしている。その結果、駅から半径200m以内はシンプルなドアが多く、200m以遠では個性的なドアの比率が高くなっていることがわかった（2011年調査）。シンプルなドアは、自動ドアなどのガラスドアや無地の鉄扉など単色のものが中心で、主に商業施設やチェーン店に多い。シンプルなドアを持つショップは、建物自体のデザイン性も低い傾向にある。駅近で人通りが多くごちゃごちゃした空間で、味気ないドアの並びは、「おしゃれな街」という自由が丘のイメージを崩してしまっている。

一方で個性的なタイプは、ドアに絵が描かれていたり、商品を貼り付けていたり、ビビットな色使いだったりと様々だ。おとぎの国の入り口のような独特の世界観を演出しているドアもあった。これらの主な業種は雑貨店やカフェで、個人経営のこぢんまりとした店がほとんどだった。ドアだけでなく、建物自体のデザイン性も高い。人通りは少ないが、お店の個性が表出した自由が丘らしい空間を生み出している。

駅周辺は地価が高く、チェーン店など資本力のある店舗が中心となるため地区の個性が出にくい。駅から離れることで、その土地ならではの店舗が出店しやすくなり、ドアを含む細部の空間デザインにこだわりを持った店が多くなるのだろう。ドアのデザインを通して見るだけでも、エリアの性格やまちのブランドイメージの手がかりを得ることができる。

自由が丘　シンプルなドアと個性的なドア（2011年）

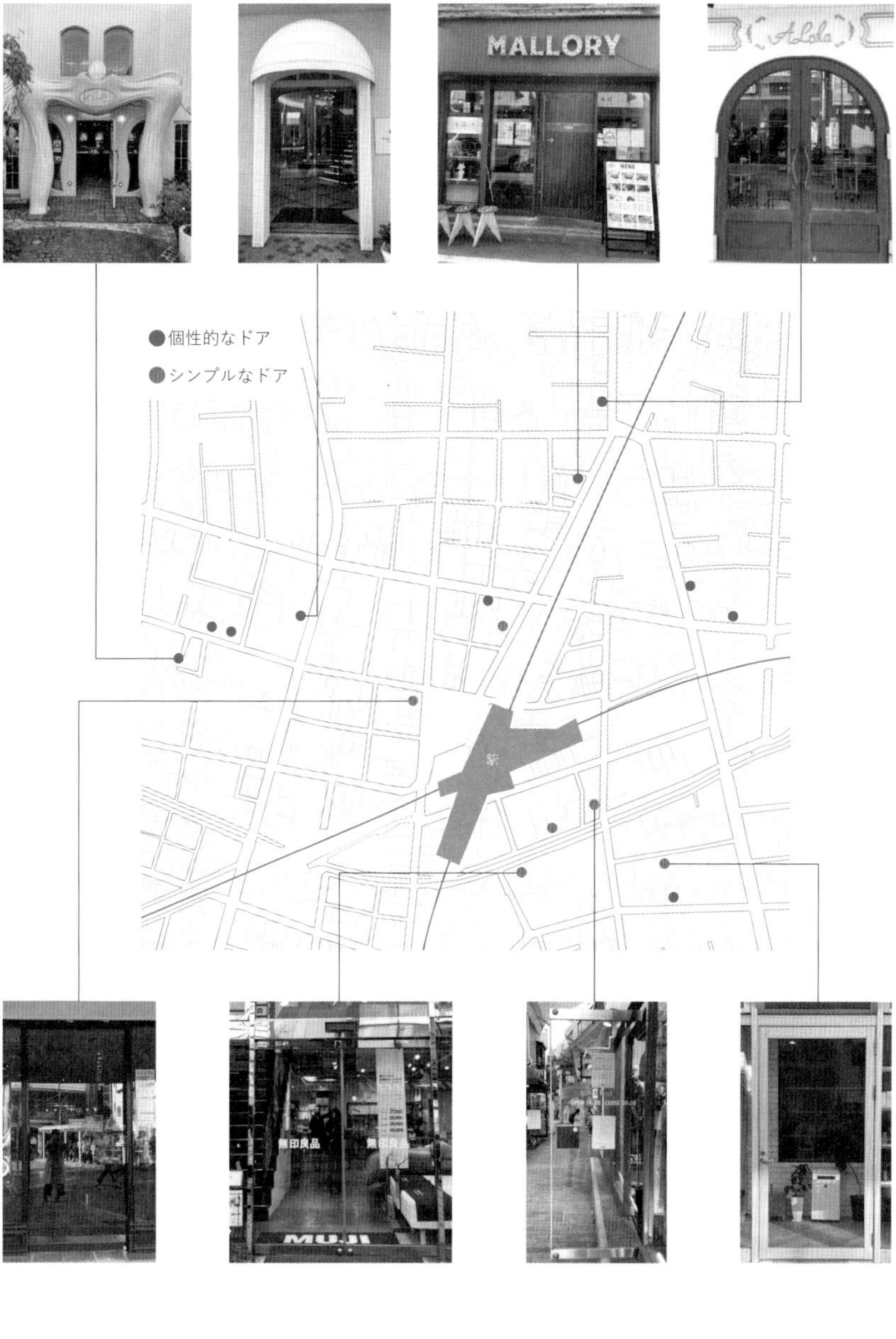

ドアの開閉

ドアはお店とまちとの接点だ。ドアが開いているお店は常時まちとつながっている。一方ドアが閉まっていると、お店に入るのに「ドアを開ける」という行為が必要になり、来街者の心理からすると入店へのハードルが少し上がる。

自由が丘でドアが開いている店舗と閉まっている店舗を調査したところ、通りによってその比率はまちまちだが、ドアの空いている店舗の方が圧倒的に多かった。中にはドアそのものがない開放的な店もあった。このような違いは、通りの幅員や車両通行量など、街路の環境条件に大きく影響されるようだ。車両がほとんど進入しない九品仏川緑道やサンセットアレイでは開いている店舗の割合が高く、それらのお店はドア周りに商品をディスプレイして外とのつながりを演出していた。一方、道路幅員が広い学園通りやすずかけ通りは車両通行量が多く、そのスピードも速い。その上、建物が道路ぎりぎりに建っているため、ドアが閉まっている店舗の割合が高い。ドア周りに商品の陳列できるスペースも少なく、演出の余地も限られている。

車両通行量の多い街路空間では店舗も閉鎖的になり、道路と店舗の境界がはっきりしてしまうが、遊歩道のような車両の進入しないゆったりした街路空間なら店舗側もドアを開けておきやすく、歩行者とお店との距離が近くなり街路とお店に一体感が生まれる。オープンモール型のショッピングセンターは歩きやすい街路に開放的な店舗を配置してこういった空間を人工的に作り出しているわけだが、自由が丘はそれが自然に実現している通りが多い。

自由が丘　店舗ドアの開閉調査（2019年）

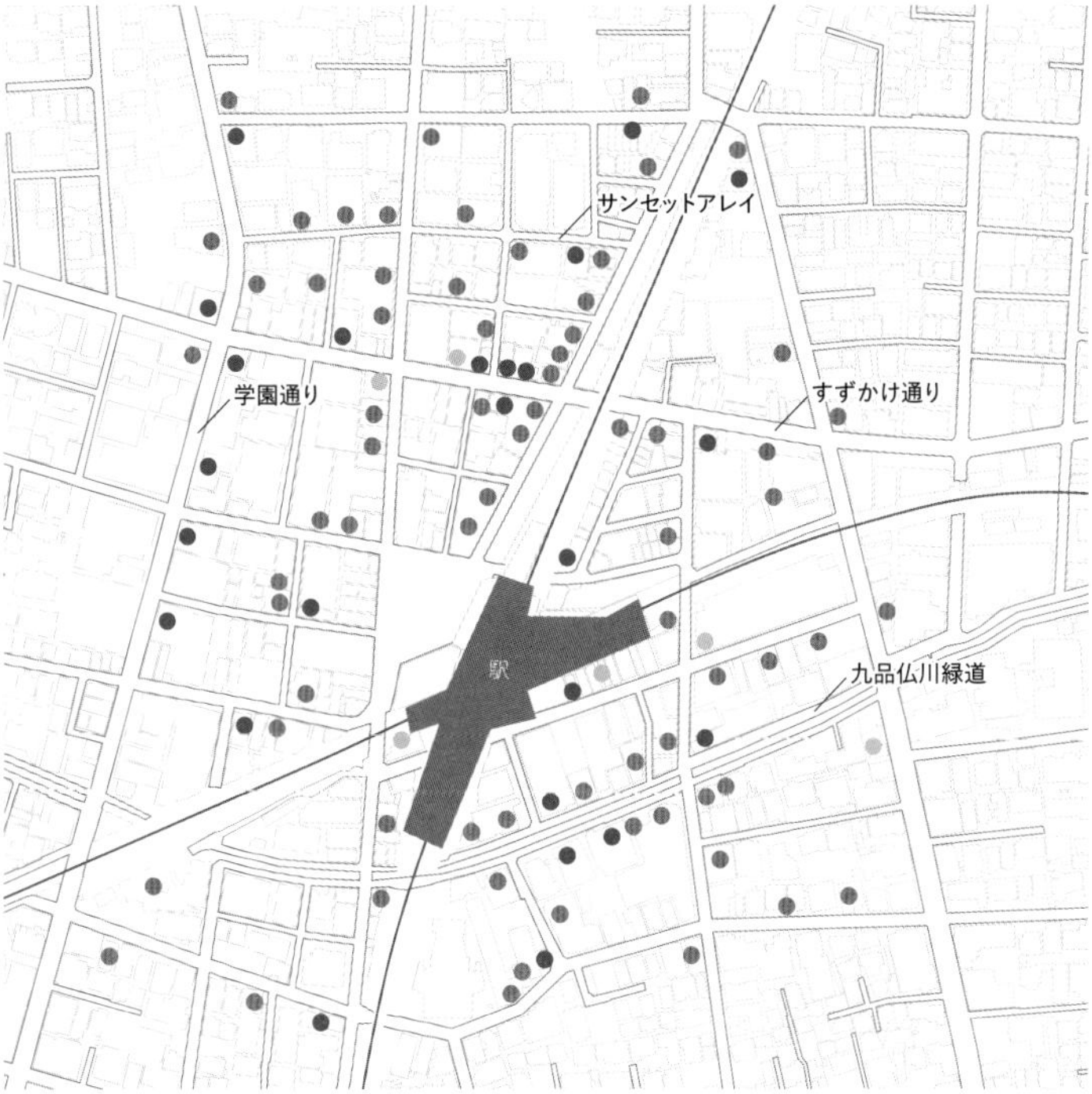

●ドアが開いている店舗　●ドアが開いてない店舗

●ドアがない店舗＝仕切りがなく通りと直接つながっている店。テイクアウト専門店なども含む

エリア別　ドアが開いている店舗と開いてない店舗

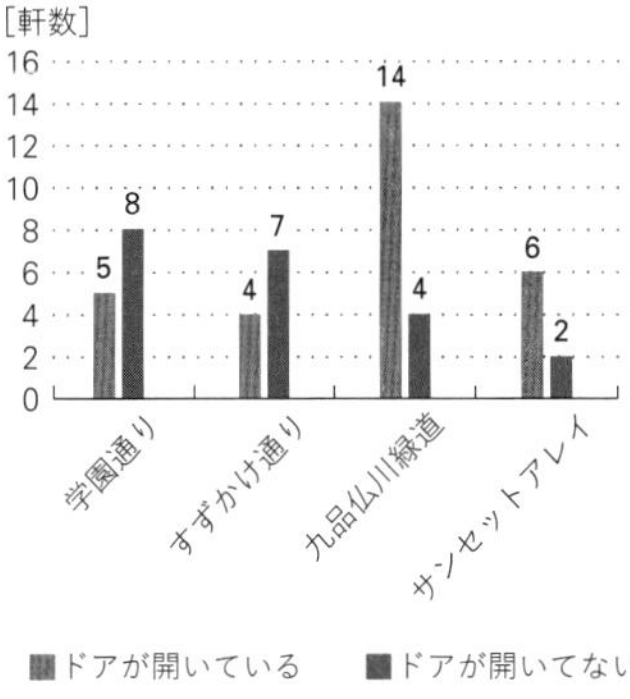

■ドアが開いている　■ドアが開いてない

エリア別　車両進入数と歩行者数

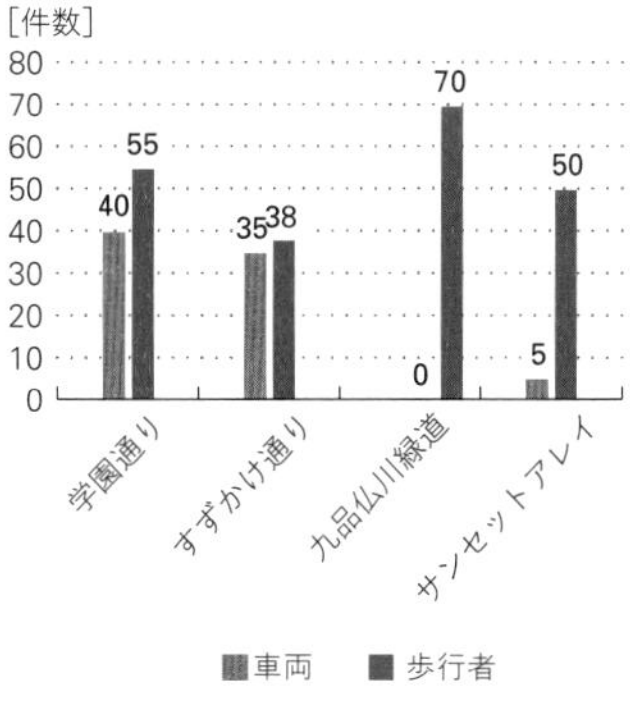

■車両　■歩行者

オーニングは何に役立つの？

オーニングとは厚手のテント生地で作った庇のようなもので、パリのカフェなどによく見られる。オーニングが街並みや店舗にどんな効果をもたらすのか、自由が丘で観察した（2019年調査）。

まず、オーニングを設置した店舗が固まっているエリアがサンセットアレイ、ひかり街、九品仏川緑道とマリ・クレール通りをつなぐ栗の木通りで見られた。これらのエリアでは隣同士の店が意識し合ってか、高さの揃ったオーニングを設置しており、異なる店舗の集積であっても景観が統一されている。それだけでなく、2階以上への視界の広がりが防がれて、より1階の店舗に視線が集まる効果もあるようだ。さらに、オーニングの下は商品を陳列するのにもってこいの場所で、客は店の中に入らずに商品を手に取ることができるし、販売スペースの拡大にもなっている。また、オーニングに店名やロゴを入れれば看板代わりになる。オーニングの形態や色彩に大胆なデザインを採用することで、店舗を華やかに引き立てる役割もあった。カフェなどの飲食店舗では、オーニングがあれば雨の日や日差しが強い日でも外の空間で飲食を楽しむことができる。商品の陳列と同様に、店先で客に飲食させることによって、店舗の提供する料理などを通行人に宣伝する効果があるし、まちの賑わいにも寄与している。

このように、オーニングを設置すれば、日除けや販売スペースの拡大などの機能的効果だけではなく、その下に賑わいが生まれ、都市空間が演出される。個々の建築をデザインコードで統一させることは日本では難しいが、オーニングの設置はバラバラな建物に一定の統一感とドレスアップ効果をもたらす有益なエレメントだと言えるだろう。

自由が丘　オーニングが取り付けられている物販店と飲食店の分布（2019年）

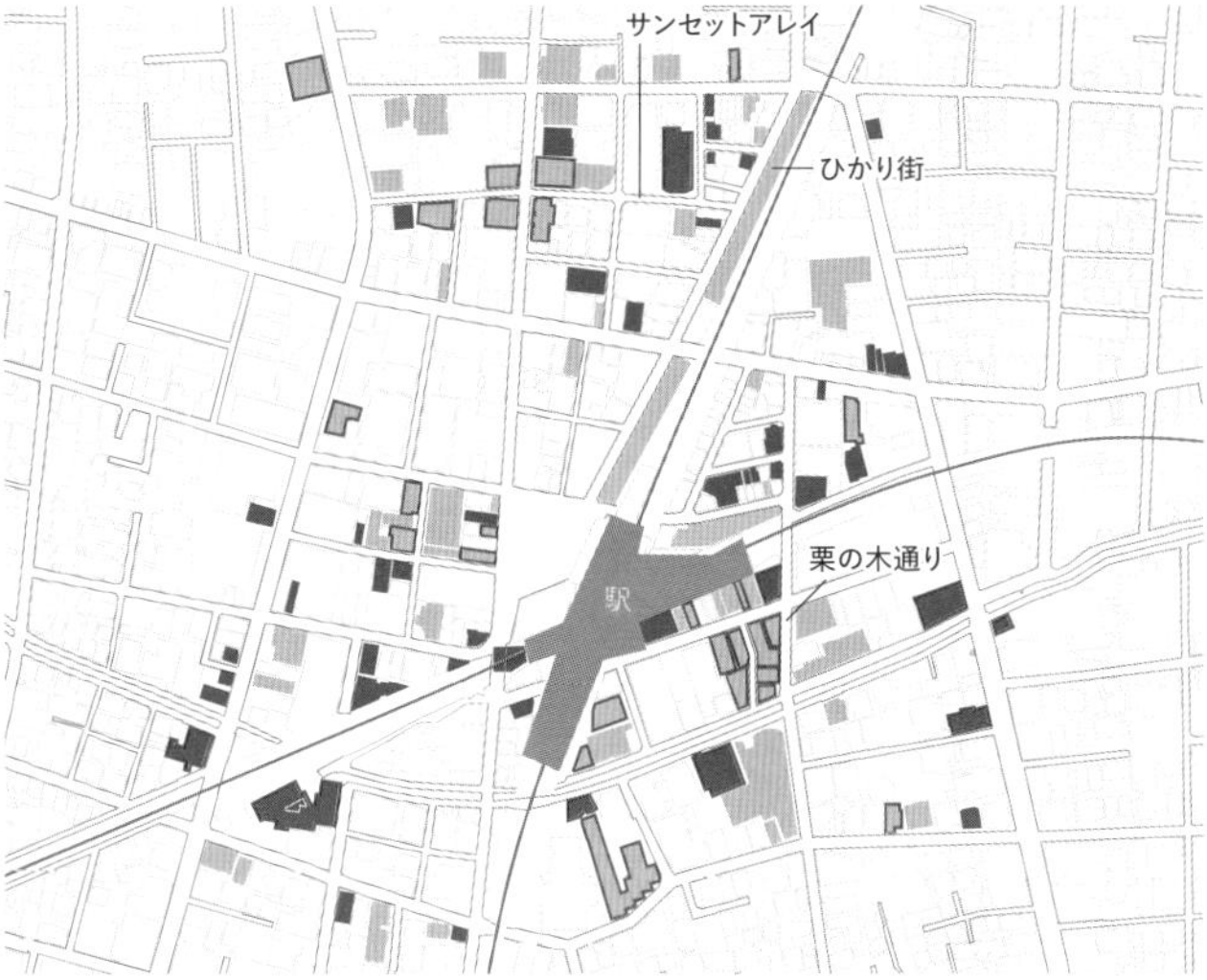

飲食店　飲食店でオープンスペースとして利用

物販店　物販店で店舗スペースを拡大

オーニングの活用例

販売スペースの拡大

看板の代わり

お店のドレスアップ

オープンスペースの利用

チラ見する店、入る店

まちを歩いていると、目的がなくても、ちょっと立ち寄ってみたいと感じる店がある。こう思わせるのは、店の第一印象を作り出す店構え（＝ファサード）にその理由が隠されているのではないだろうか？ここでは自由が丘の店舗を対象に、ファサードにどんな工夫が施されているか、また、その前を通過する来街者が店構えに対してどのように反応したか、どのように惹き付けているのかを観察した（2019年）。

ファサードの工夫には、ガラス張りにして店内の様子やショーウィンドウの商品を見えるようにするもの、店頭に商品を陳列してアピールするもの、看板のデザインを印象的にするもの、音やにおいが店外に漏れ出るようにするもの、また、建物の造形や色彩に工夫を施すものなどが見られた。来街者の行動は、店舗の前の通過者数が場所により異なるので一概には比較できないが、平均をとると、ガラス張りの店舗はチラ見した人の数に対して入店した人の割合が高かった。ガラス張りの店舗はシンプルな外観で主張は強くないが、足を止めて外から店内の様子を眺める人が多かった。だからこそ店側は店内の工夫が必要となるだろう。印象的な大きな看板を置いた店舗は、狙い通りその看板を眺めている人も一定数いた。看板に書かれたメニューや値段を見ることで店のことが分かり、入りやすくなる。商品の溢れ出しがある店舗は気軽に手に取れる商品が外にあることで、初めは興味がなかった店でも、思わず商品を手に取ってしまい、さらに店の中の商品にも興味がわいてくる。実際、溢れ出しを見てから店の中に入る人は多く見られた。

これらの工夫をしている店はインテリア雑貨店などがひしめくサンセットエリアに多く分布しており、この地区を歩きながら店やその商品に目移りするような魅力的な場所にしている。

自由が丘　工夫された店舗のファサード（2019年）

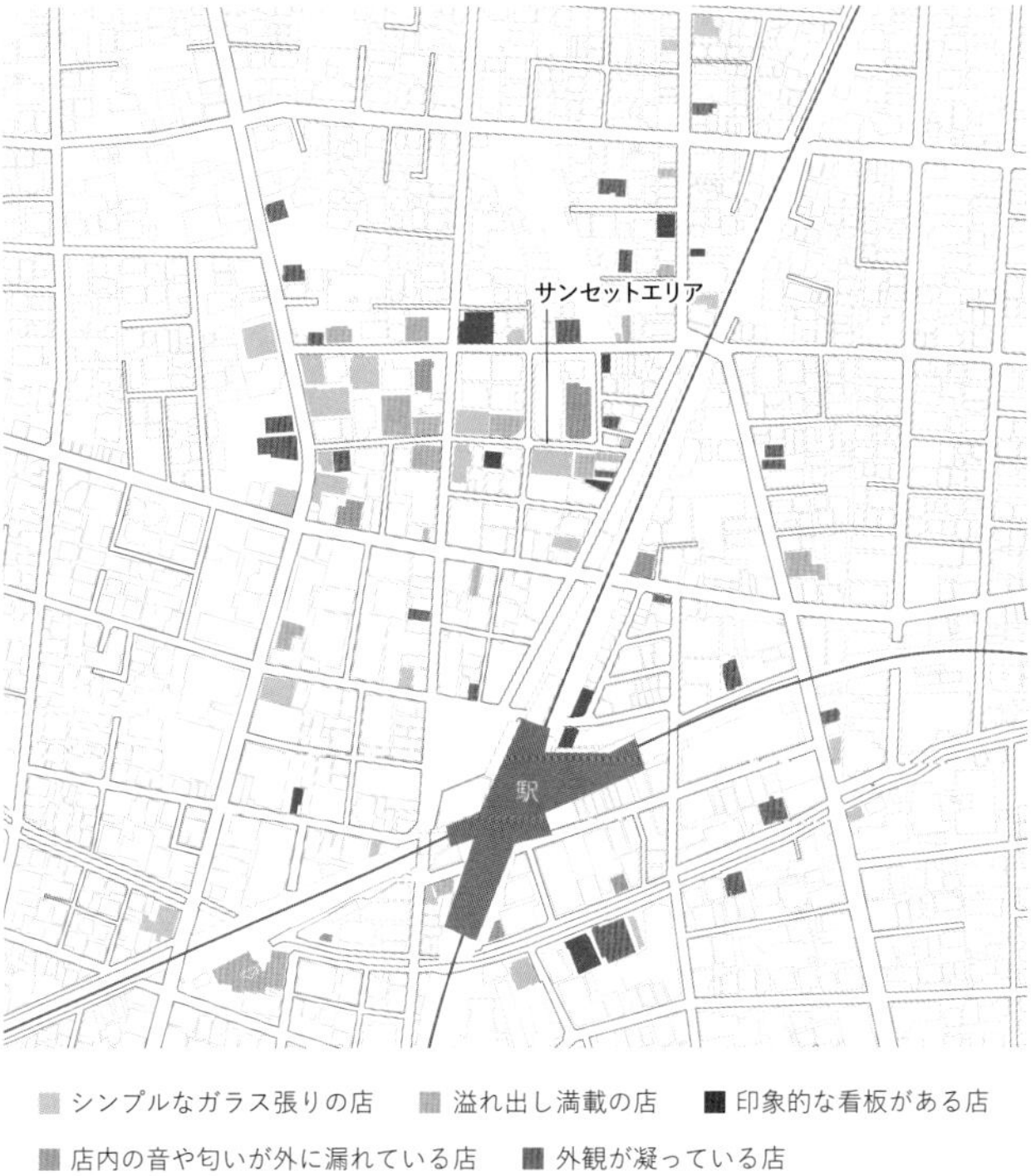

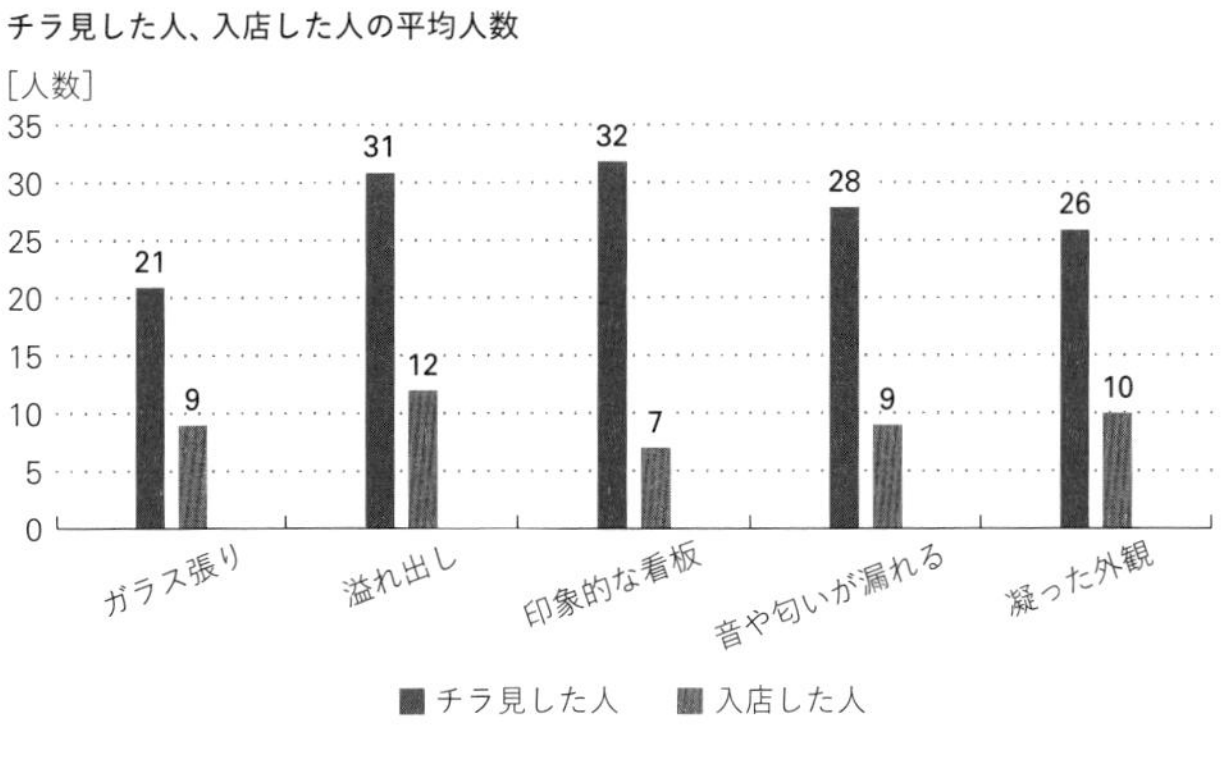

横浜中華街の化粧方法

横浜中華街は、世界各地にある中華街の中でも規模が大きい。戦後、店舗数が減少したものの、次第に観光地として人気が出て1989年に390店になり、その後500店台後半まで増加、地下鉄みなとみらい線が開通してさらに多くの人々が訪れるようになった現在では632店が軒を並べている。

中華街は4つの大きな門に囲まれ、さらにその中心部は、小さめの4つの門に囲まれている。この内側の門の中がもともとの中華街だが、今では、この中から地下鉄駅のある東側にはみ出すように中華風の店が立ち並んでいる。まちに入るとここは日本ではなく、中国に来たような気持ちになる。なぜだろう？観察してみると、お店の建物や看板などが、日本のまちには見られない極彩色のもので飾られていることに気が付く。装飾もいろんな種類のものが多い。この中国風の装飾は、中華街のどこでも同じなのか、それとも通りによって違うのかが気になった。そこでどのように建物が装飾されているかを調べてみると、建物ファサードに装飾看板、装飾柱、装飾門、装飾壁、屋根（入母屋屋根、寄棟屋根）、花窓、小物装飾があるのか否かが中国風かどうかを決めているようだ。

装飾の有無を場所別にみてみると、中華街内で最も歴史のある中華街大通りは、花窓を含み総数192個にも及ぶ装飾が見受けられ、西側の善隣門近くに装飾が集中している（2014年調査）。香港路では看板を複数個設置して空間を演出しているのが特徴となっている。また、2004年に地下鉄が開通して以降に商業が発展した南門シルクロードについては、装飾柱が好んで使用されている傾向があるものの、全体的に見て中国的意匠を設置した店舗は少なかった。こうしたことから、ストリートにより装飾の傾向が異なり、老舗の店舗ほど積極的に装飾による演出を行っている様子が見られる。

中華街大通りの中国風装飾の建物

装飾看板で賑わう香港路

横浜中華街　装飾複合分布（2014年）

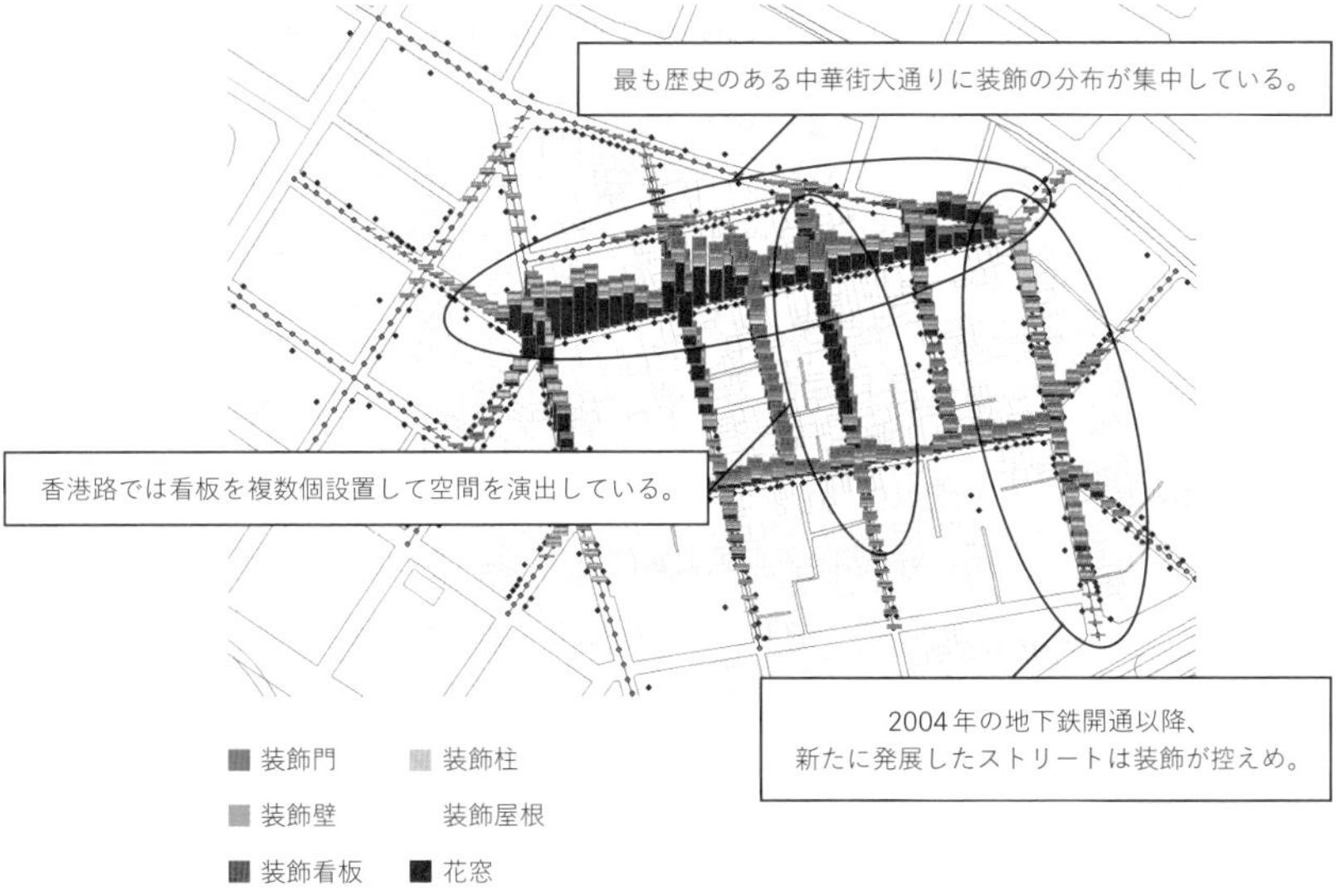

図の見方：ストリートに棒グラフで色別の装飾の種類の多さが示されている。

シンガポール・チャイナタウンのファサードスタイル比較

シンガポールの国民の約3分の2は中国系の人たちだ。都心にはチャイナタウンがあり、歴史を残すため保存地区が指定され、昔の街並みを残している。中国の人たちは年月をかけてシンガポールにやってきて商売を行うためのショップハウスを造り、独特の街並みを生み出していった。その建物のファサードデザインには時期ごとに異なった様式があり、建築保存を担当する都市開発庁は4つに分類している。

初期様式（Early Style：1840～1900年）は最もシンプルなデザインで、長方形の窓や扉が木製の枠組みで取り付けられた素朴なもので2階建てが多い。後期様式（Late Style：1900～40年）はショップハウス黄金時代とも言える様式で、高さも3階建てとなり、色彩豊かな装飾的外観を持つ。細かな彫刻が施され、どの階もファサードに

ニール通りの街並み

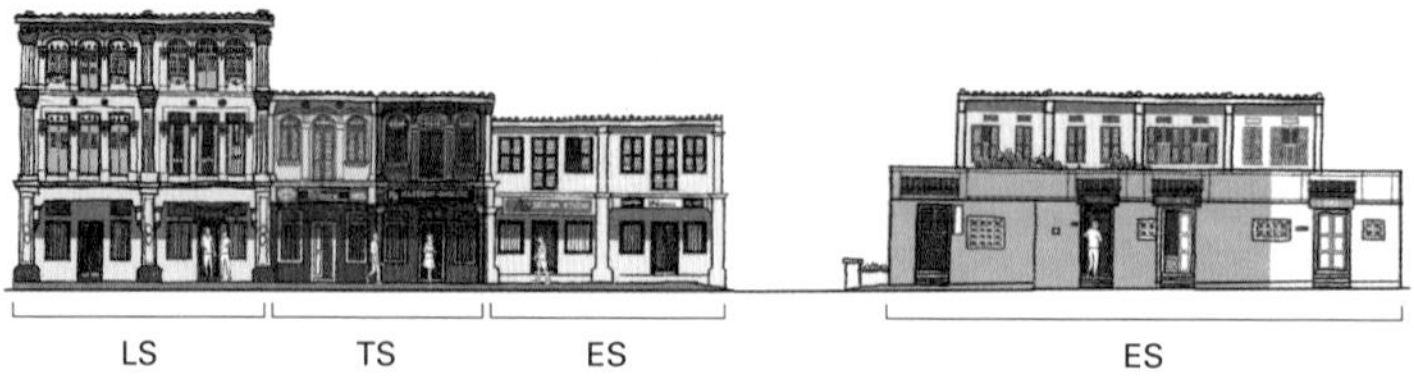

窓や扉が3連で配置されている。アール・デコ様式（Art Deco Style：1930〜60年）は、歴史的なモチーフを組み合わせたり、現代につながる合理的なデザインだったりして、階高も高い立面構成となっている。初期様式と後期様式、後期様式とアール・デコ様式の間に過渡的様式（Transitional Style）がある。第一次（1900年代初期）は、装飾が増えていく過程のもので、第二次（1930年代後半）は後期様式の過剰な装飾への反動から装飾が減っていく時代のものだ。

ニール通りには、初期様式のショップハウスと住宅用の建物、第一次過渡的様式と後期様式のショップハウスが立ち並んでいる。サウス・ブリッジ通りには、初期様式、過渡的様式、アール・デコ様式のものが並ぶ。どちらも異なる様式の組み合わせが美しい景観を醸し出している。

ES：初期様式（Early Style：1840 〜 1900年）
LS：後期様式（Late Style：1900 〜 1940年）
ADS：アールデコ様式（Art Deco Style：1930 〜 1960年）
TS：過渡的様式（Transitional Style：第1次1900年代初期、第2次1930年代後半）

サウス・ブリッジ通りの街並み

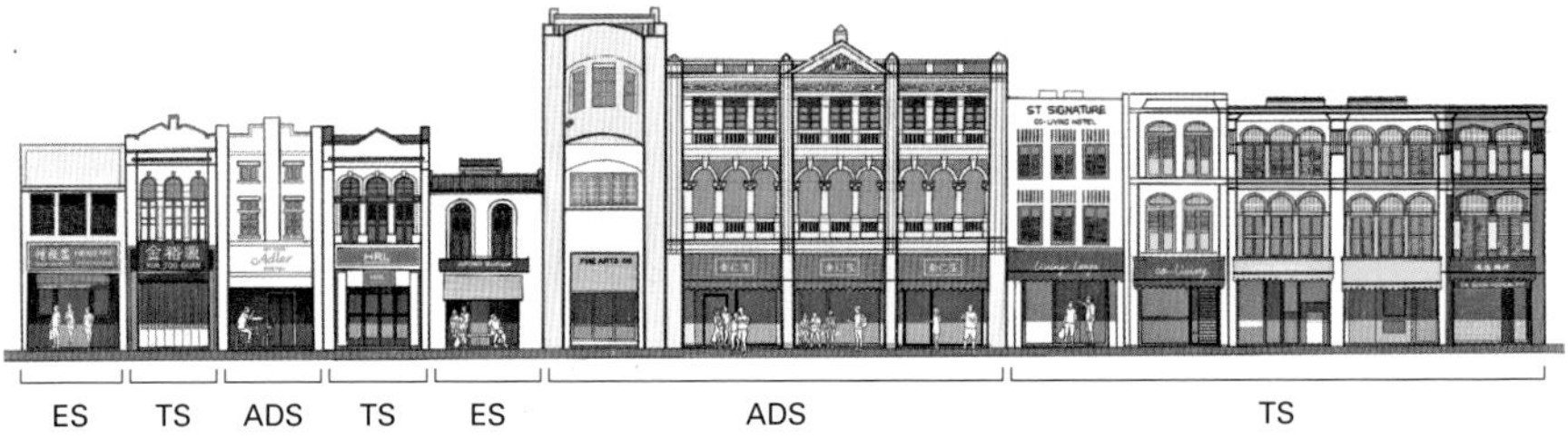

ショップハウスの色彩とその背景

▼中華スタイルのお化粧法（シンガポール）

シンガポールのチャイナタウンでは、パステルカラーの街並みなどカラフルな都市景観に観光客は魅了される。チャイナタウンの中でテンプル・ストリートは、ここにヒンドゥー教のスリ・マリアマン寺院があることから名前が付いた。アンシャンヒル・ロードは、そこに住んでいたマレー商人の名前に因んで命名された。この二つの場所のショップハウスの色彩を調べるに当たって、一つの建物をメインカラー（建物の大部分を占める外壁の色）とアクセントカラー（窓枠に施された目を引く色）の2点でその色彩的特徴を調べてみた（2014年）。

メインカラーについては、両ストリートともに白（無彩色）、パステルカラーの順に多く共通しており、ストリート別の特色は見られなかった。しかし、アクセントカラーについては両ストリートともに鮮やかな色が多く使われている中で、テンプル・ストリートは赤色が目立った。ここに位置するスリ・マリアマン寺院はヒンドゥー教の寺院であり、ヒンドゥー教は美と幸運の色である赤色を宗教色としているし、中国人も赤色は縁起のよい色として好んでいるのがその理由と思われる。また、アンシャンヒル・ロードは緑色が目立っているのが特徴だが、理由として、イスラム教では緑色が高貴な色であり、華僑とマレー人の子孫「プラナカン」と呼ばれるイスラム教徒のマレー民族独自文化の色として多く使用されていると思われる。こうしたショップハウスの色彩に関しては、パステル調の色合いを守り、原色は部分的な装飾に限るなど、URA（都市再開発庁）が詳細な規定を設け、歴史的な街並み作りを行っている。

ショップハウスの色彩ダイヤグラム（2014年）

注）上部の色彩＝アクセントカラー／下部の色彩＝メインカラー

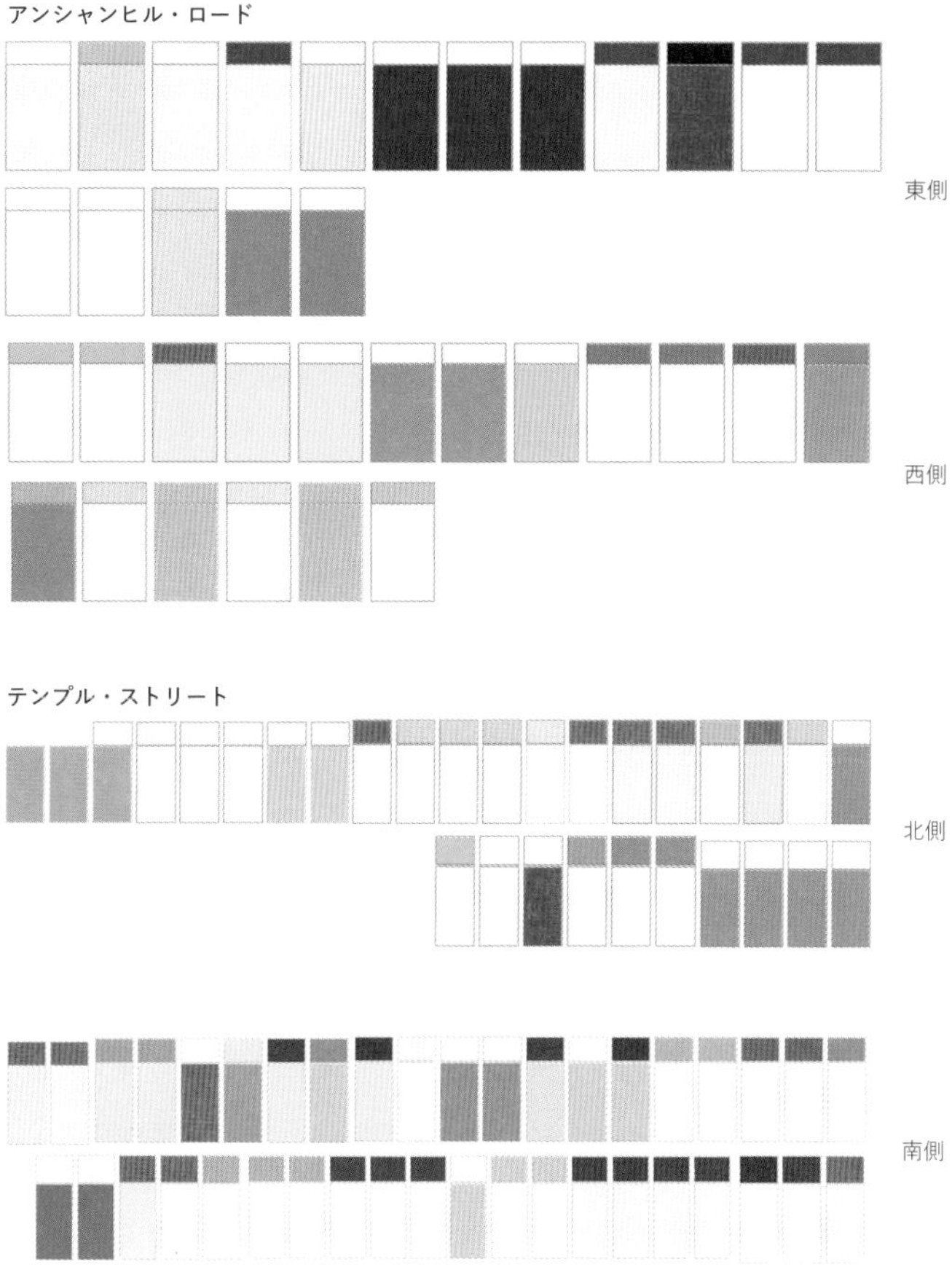

ショップハウスの色彩ダイヤグラム（2014年）

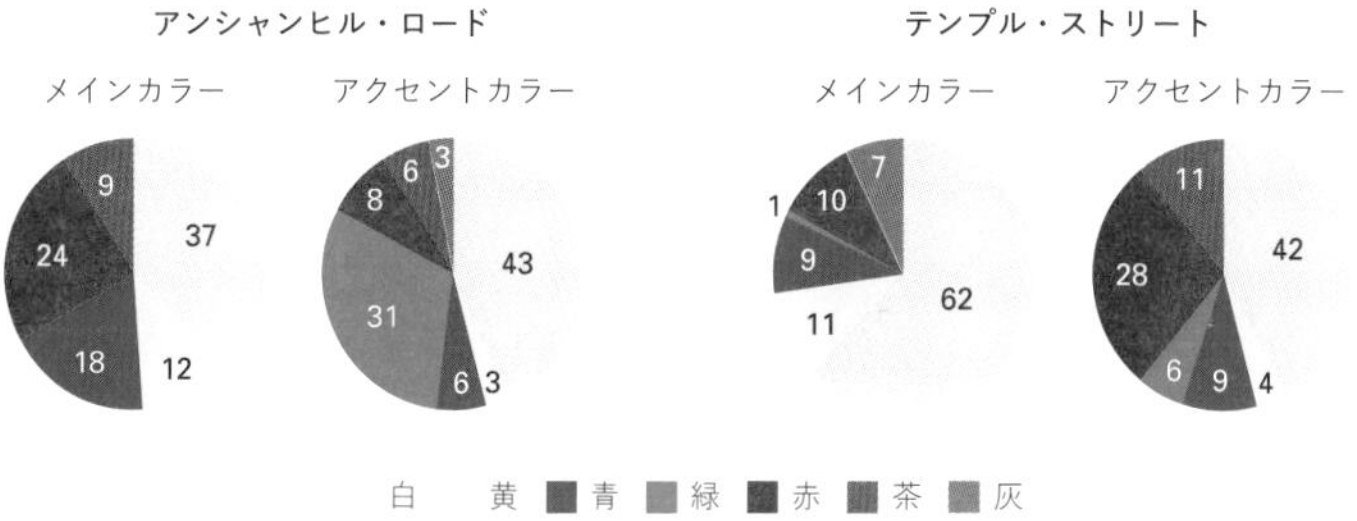

看板　大通りと路地の違い

看板はまず目に入る〝店の顔〟である。パリのカルチェラタンを歩いていると、大通りと路地では店の顔が異なるように感じられる。ここでは、看板の設置方法・デザイン・照明の当て方の3つの視点から、店の顔としての看板の掲げ方の大通りと路地での違いを調査した（2012年）。

道幅の広い大通りでは、遠くから見て何の店かわかるように、メイン看板が店の正面に大きく設置されている。大きくシンプルな書体で店名が書かれ、遠くから見ても一目でわかるようなデザインになっていた。また、袖看板（建物の壁や柱から道路側に突き出して設置された看板）も無駄な装飾はなく、店名だけを書いたシンプルなものが多く、全体的にデザイン性よりも見やすさを重視している印象だ。店の規模も大きいため、通りに面してショーウィンドウが作られ、商品が大々的に宣伝されていた。

一方、道幅の狭い路地では看板との距離が近く、商品を飾るショーウィンドウも小さいので、歩いていてすぐに何の店かわかるように業種の内容をモチーフにした袖看板が多く見られた。また、歩行者との距離が近い置き看板を設置している店舗が多かった。店舗によってはただの平面的な置き看板ではなく、3次元の等身大の女性像とセットになったものなど、装飾的に凝ったデザインが施されているものもあった。

また、大通りでは照明を使用している店はほとんどなかったが、路地では半分以上の店が使用していた。これは、大通りにはアパレル店やカフェなど昼の営業がメインの店が多いのに対して、路地は飲食店やバーなど夜の営業をメインとした店が中心となっているためだ。また、狭い路地には街灯がほとんどないので、看板照明は夜のまちのライトアップの役割も果たしていた。

路地で見つけた個性的な看板

等身大の女性像が看板を支える

袋に入ったフランスパンを立体的に表現している

大通りの風景

メイン看板が店の正面に大きく設置される

赤や黒を基調としたオーニングが多く見られる

看板の設置方法

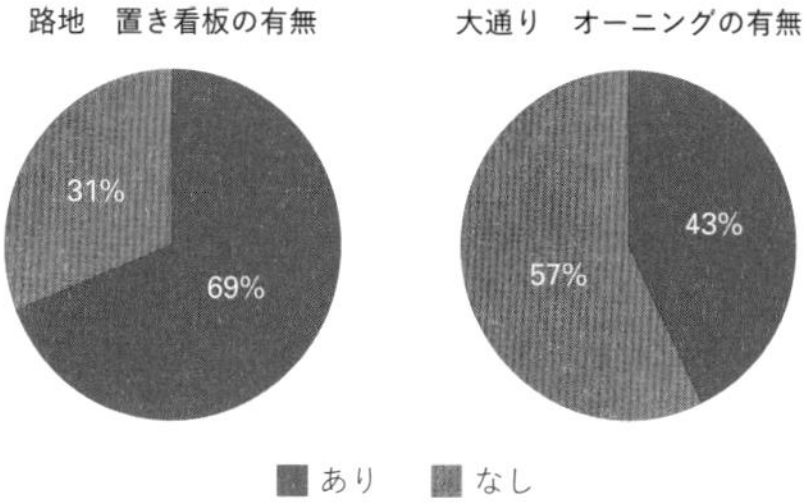

モチーフ付きのドア

パリの建物は素材がライムストーン（石灰石）で統一されている。その中で、ドアの多様なデザインが街並みのアクセントになっている。そのサイズの大小から、長方形や円形アーチといった形状の違い、レッドやグリーンなどビビッドな色が使われていたり、木製ドアに鋲が打たれていたり、鋳鉄とガラスを組み合わせたりと、バリエーションは豊富だ。ドアの素材は、古くは木製が主流だったが、鉄の加工技術が発達すると鉄製の装飾とガラスと組み合わされてデザインの幅が広がった。装飾のモチーフも見逃せない。ドアノッカー一つとっても、シンプルな金具だけのものから、ライオンや鶏などの動物、植物、神話に登場する空想の生き物をモチーフとしたものもある。ドアノブは装飾された接合部で横材を支持しているタイプが多く、この接合部にも動物の顔や植物などをモチーフとした装飾が施されていることが多い。

ドア本体だけでなく、周囲の壁にも目を向けてみよう。そこにも様々な装飾が見つかるはずだ。紋章のようなものから、動物や植物、マスカロン（怪人面）や男像女人像が彫刻として施されている。19世紀末から起こった美術運動アール・ヌーボーの時代のドアは、鉄と木とガラスが組み合わされ複雑な装飾がドア本体にも施されているだけでなく、ドア周りにも花や植物などの有機的なモチーフによる豪華な装飾が散りばめられ、建具ではなく芸術作品のようなドアとなっていた。

日本のドアはドアノブなども含めてユニバーサルデザインと機能性を意識したシンプルなものが多いのに対し、パリではこのように多様な装飾が施されていて、その装飾やモチーフに時代性を感じることもできる。

パリの街並みを彩るドアのデザイン

大通りには大きめのドアが多い

小道に入るとドアも小さくなる

シンプルな木製のドア

鉄格子とガラス窓でできたドア

ドアの上の装飾

紋章のようなものと、モチーフを象った装飾に大別できる。図はライオンの顔がモチーフ

絵になるバルコニーの装飾

パリの街並みは、19世紀のセーヌ県知事ジョルジュ＝オスマンの大改造以来、厳格に統一されている。高さや色、パリで豊富に手に入るライムストーン（石灰石）を素材として使うことなどが規定されただけでなく、バルコニーの位置も決められており、通りによっては連続するバルコニーを設けなくてはならない階も定められている。しかし、バルコニーの鉄柵のデザインまでは統一されておらず、様々な個性的なデザインが観察できる。サンジェルマン大通り沿いに建つ建物のバルコニーを観察してみると、植物をモチーフにした曲線を基調にしたもの、直線を基調にしたものなど様々だ。

オスマンの時代の建物は、高さは通りの幅員などに応じて規定が異なるが、原則として1階は店舗や事務所が入居し、3階に最も裕福な者が住むと言われている。地上の喧騒から程よく離れ、当時はエレベーターもないのでアクセス面でもちょうどよい階だったからららしい。そのため、3階は天井が高く造られ、大きな窓と精巧な石細工の装飾と美しいデザインのバルコニーが付けられた。4、5階は3階に次いで裕福な者が住む。6階になるとより低い層の者が住み、バルコニーのデザインは簡素になる。最上階は天井が削られて屋根窓が付けられており、使用人などが住む屋根裏部屋のような扱いだった。

現在でもパリのアパルトマンは景観を守るため、管理組合の規定で通り沿いのバルコニーに洗濯物を干すことが禁止されているところがほとんどだ。一方でバルコニーにプランターなどを置いて花を飾る家は多い。白くどこまでも統一された建物に対して、バルコニーのデザインと住人が思い思いに飾る花の色彩がアクセントになって、シンプルだが飽きない美しい街並みを形成している。

サンジェルマン大通りを彩るバルコニーの鉄柵デザイン

花・植物をモチーフにした曲線系デザイン

シンプル直線系デザイン

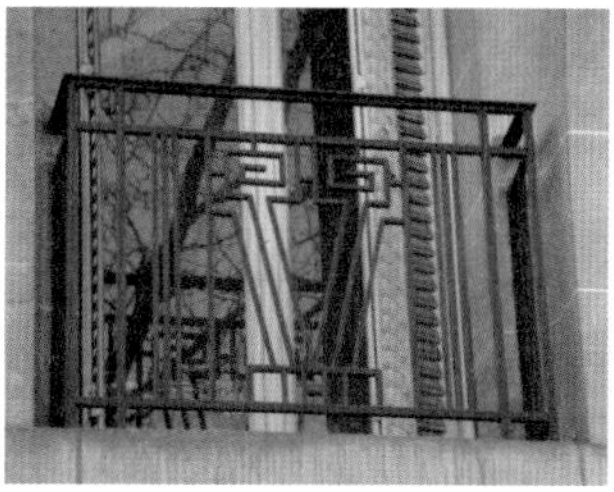

シンプル曲線系デザイン

植物をモチーフにしたバルコニー

カフェの籐椅子

パリのカフェやビストロのテラス席が作り出す豊かな都市景観において、籐製の椅子は欠かせない要素だ。籐（ラタン）は軽く持ち運びしやすい上に、丈夫で機能性にも優れている。店によってデザインや色のバリエーションが豊かで、椅子だけに注目してまち歩きするのも楽しい。一人がけだけでなく、数人がけのベンチのような椅子や、通り側に配置される背もたれのないスツールも籐で出来ている場合がある。籐椅子に合わせるテーブルは、天板が円形で大理石の小さなタイプが定番だ。

籐椅子メーカーで最高級ブランドと言えば「メゾン・ドリュッケー（Maison Drucker）」で、１８８５年に創業された歴史あるメーカーだ。オリジナルデザインでの注文が可能で、いくつもの一流カフェが採用している。サンジェルマン教会の向かいにある有名なカフェ「ドゥ・マゴ」の籐椅子もメゾン・ドリュッケー製で、ベージュを基調にしつつオーニングの基調色であるグリーンが差し色に使われており、シンプルだが気品あるデザインだ。１ブロック隣の「ドゥ・マゴ」に並ぶ有名店「カフェ・ド・フロール」も同じくドリュッケーの籐椅子を採用しており、ダークグリーンの縁にえんじ色の背もたれと座面で、テーブルの天板を同じダークグリーンであつらえている。オーニングの色が白で明るい分、「ドゥ・マゴ」よりファニチャーは暗めの配色になっている。最近ではプラスチックやスチール製の椅子を出すカフェも増えてきた。これらの素材はメンテナンスが楽で扱いやすいが、どこにでもあるありふれた椅子はパリらしさを感じさせず、どこか味気ない。店のブランドや味、サービスもさることながら、テラスに出すファニチャーからその店の格や個性を読み取ってみるのも面白いのではないだろうか。

参考：FIGARO　https://madamefigaro.jp/paris/series/paris-deco/160914-news.html

カップル用に並べられた籐椅子と円形テーブル

パリ　オープンカフェの様々な籐椅子

▼パリ、ロンドンのお化粧、どちらが上手？

ショップのファサード

パリとロンドンのショッピングストリートの街並みはどのように演出されているのだろうか。パリを代表するショッピングエリアであり、高級ブランドも軒を連ねるサンジェルマン・デ・プレのサンジェルマン大通りと、ロンドン北西部の高級住宅街であり商業と住宅が混在したエリアであるノッティング・ヒルのポートベロー・ロードを取り上げ、両ストリートのそれぞれ約100店舗を対象に、開口の大きさ、ガラスなどの透過性、オーニングの有無に着目して分類・比較した（2014年調査）。

両ストリートともに、開口部の大きいBタイプが多い（サンジェルマン大通り74%、ポートベロー・ロード63%）ことは共通しているが、ポートベロー・ロードにはサンジェルマン大通りには見られなかったA1タイプ（開口部オープン・オーニングあり）が9%、C1タイプ（小さな開口部・透過性あり・オーニングあり）が14%と一定数あること、逆にサンジェルマン大通りにはポートベロー・ロードにはないC4タイプ（小さな開口部・透過性なし・オーニングなし）が6%あるという違いが見られた。

両ストリートの業種構成は似ており、雑貨店の比率のみサンジェルマン大通り7%、ポートベロー・ロード22%と異なっているのだが、A1・C1ともに雑貨店などに多く、A1は全開にしてオーニングを出し商品をびっしりと陳列させた店構え、C1はオーニングの下から店内の商品を覗き込めるようになっているものが多い。このように業種構成の違いである雑貨店の比率がファサードのタイプにも影響しているようだ。

サンジェルマン・デ・プレ

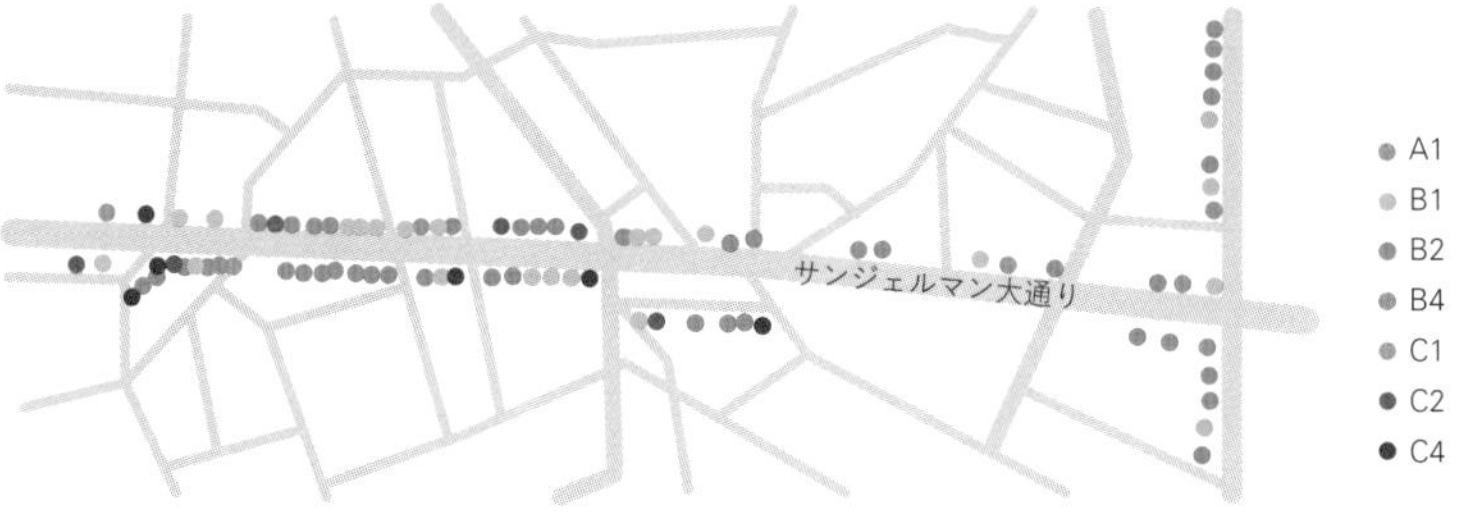

ノッティング・ヒル

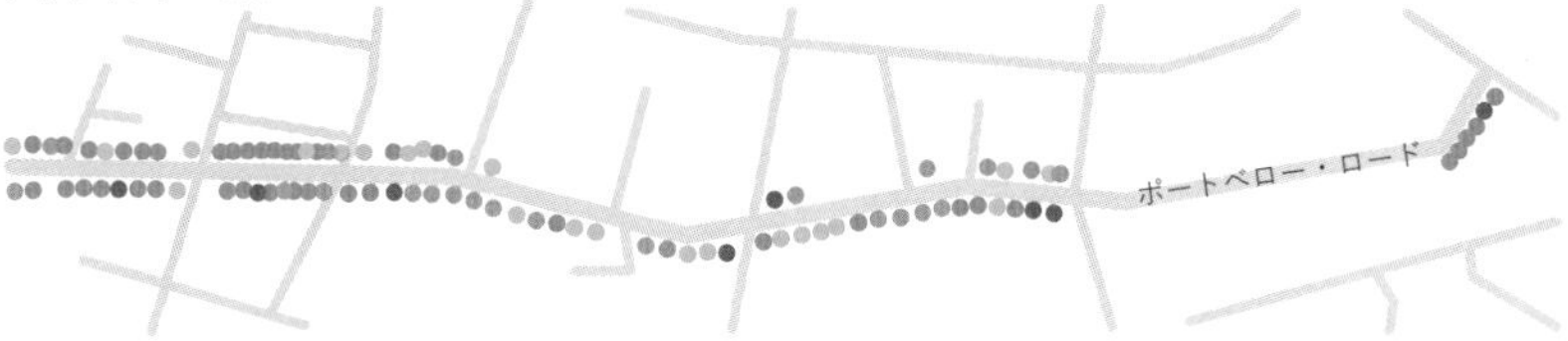

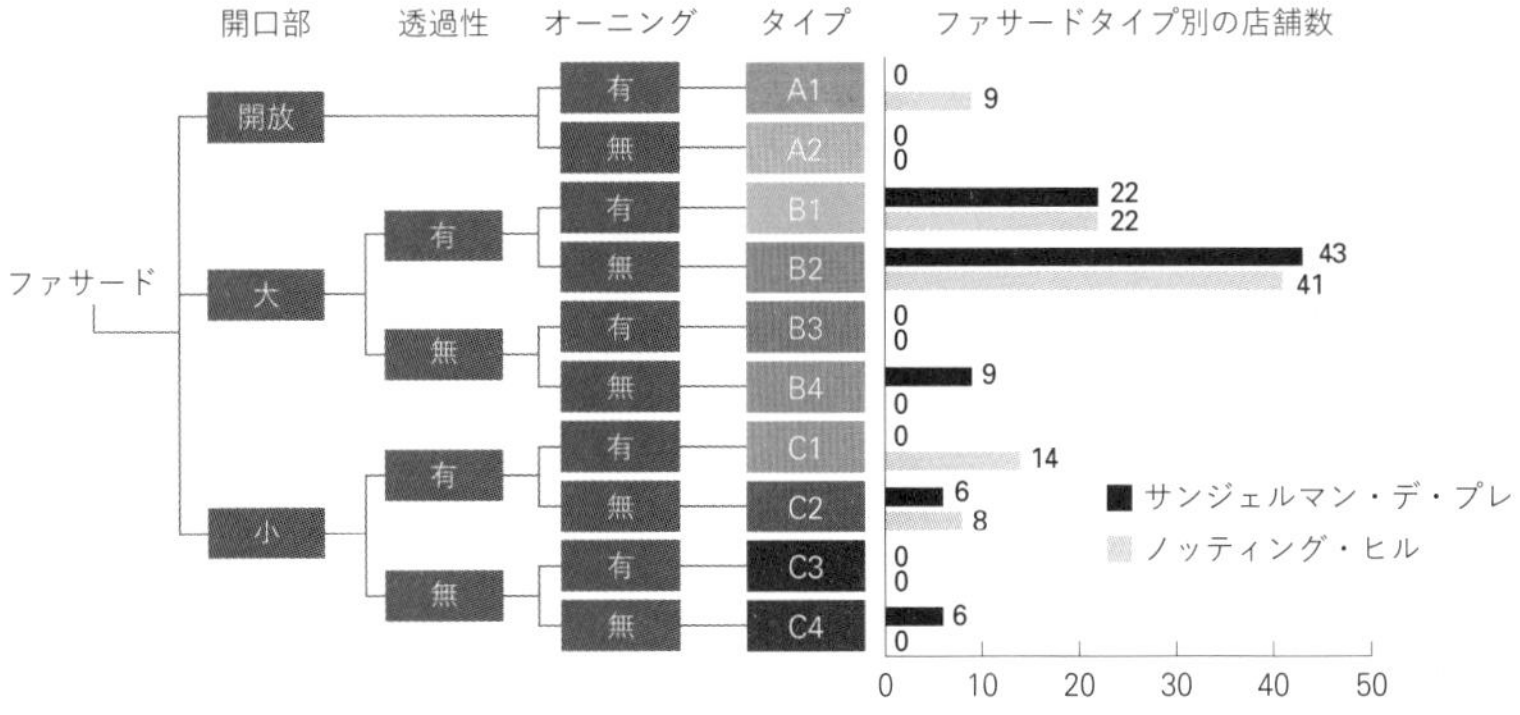

閉鎖的なC4タイプ

雑貨店に見られるC1タイプ

オープンカフェのテーブル配置

オープンカフェの席は、店舗内の活動が通りに表出した姿であり、店先に商品を並べる「溢れ出し」の一種だと言える。このオープンカフェの席の配置は、通りの雰囲気に少なからず影響を与えている。そこに人が滞留することで視覚的な賑わいが生まれるし、話し声による聴覚的な賑わい、コーヒーや食べ物のにおいなどによる嗅覚的な賑わいも生まれるからだ。

席の配置タイプを、通りに向かって横並びに席が並ぶ「横並び型」と、テーブルを介して席が向かい合う「向き合い型」、これら以外のベンチやアイランド型などの「その他」に分類し、パリのサンジェルマン・デ・プレと、ロンドンのノッティング・ヒルで観察した（2014年調査）。サンジェルマン・デ・プレの3つの街路では、サン＝ブノワ通りは「横並び型」が大多数で、ビュシ通りとマビロン通りでは「向き合い型」が多かった。サン＝ブノワ通りは幅員が狭く、店舗の規模が小さいことが関連していると考えられる。ノッティング・ヒル地区はポートベロー・ロードとそれ以外で調査したが、「横並び型」と「向き合い型」は同程度の比率であった。「横並び型」は通行人からカフェを楽しむ人の表情などが目に入り、楽しげな賑わいを感じやすし、カフェ利用者からも通りを行き交う人の姿を観察でき、相互のつながりがある席配置だ。一方で「向き合い型」はペアで顔を向けて座るので、そこには通行者とは別世界が生まれる。

また、席の密度をパリとロンドンで比較すると、サンジェルマン・デ・プレは密度が高く、オープンカフェの需要の高さが感じられる。一方でノッティング・ヒルは余裕がある配置で、テーブルや椅子が店先の演出ツールとしての役割をより強く果たしている。

サンジェルマン・デ・プレ

ビュシ通りのオープンカフェ　席の配置

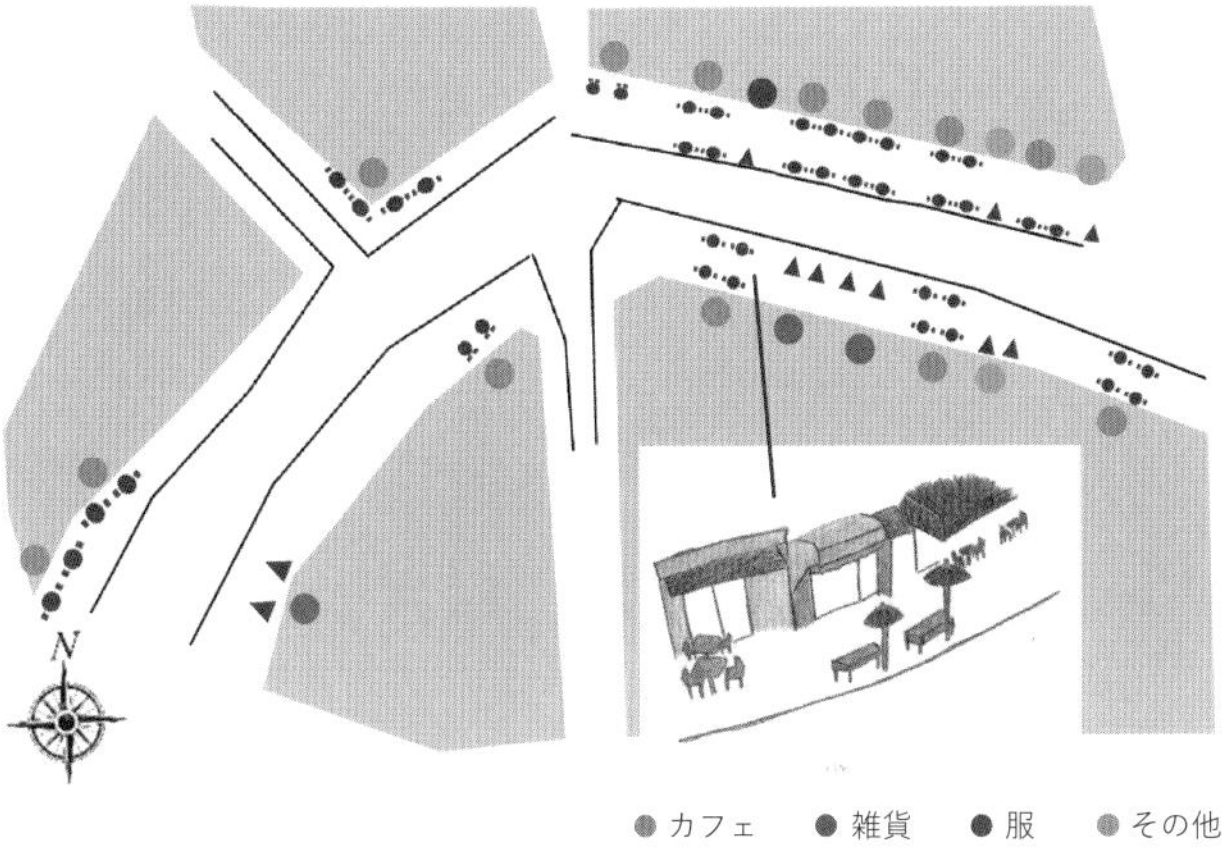

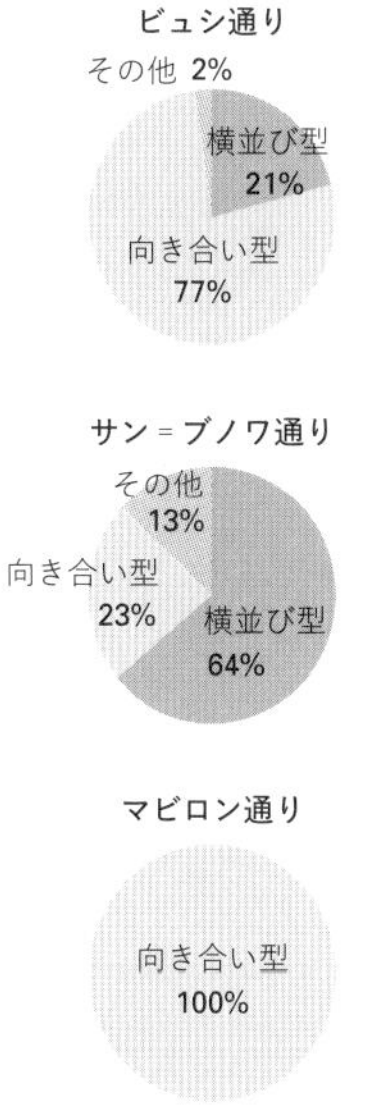

ノッティング・ヒル

ポートベロー・ロードのオープンカフェ　席の配置

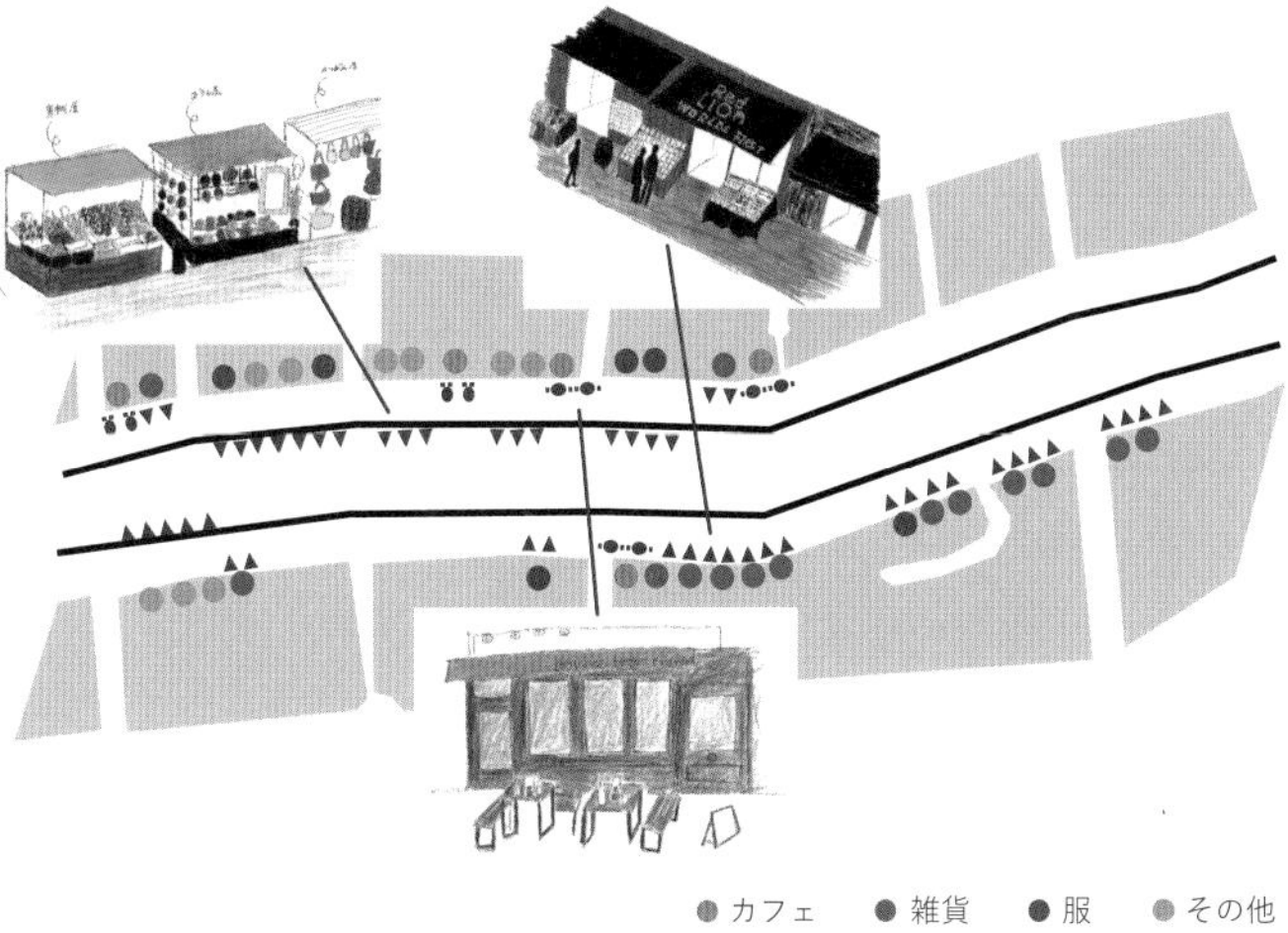

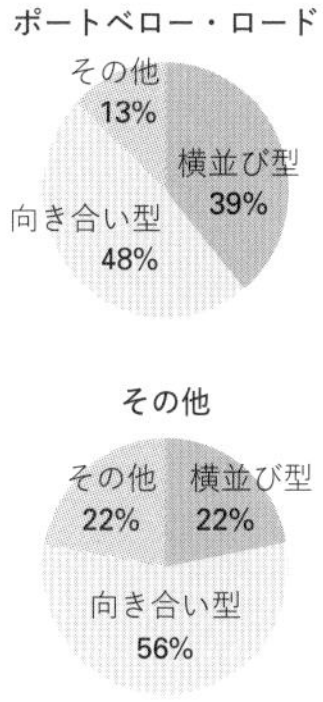

5

ショップの動きをつかむ

▼まちのファッション度（銀座・新宿）

ここにも生まれ、育ちの違いが

銀座には海外ファッションブランド店が多い。グローバルブランドのうち、海外に本社を置く服飾・宝飾店の路面店を海外ブランド店と定義してその数を調べると、銀座に132軒、新宿に22軒あり、銀座は新宿の約6倍の集積だった。銀座は中央通り、並木通りと晴海通り沿いに、新宿は新宿3丁目中心に分布しているが、この店舗数の違いはどこからきているのだろう？

商業集積の量を見てみると、買回り品の物販店では、銀座438軒に対して新宿は167軒と2・6倍で、その差はそこまで大きくはない。ひょっとして、まちの生まれ、育ちが銀座と新宿とでは違うということではないだろうか？　新宿は遊女のいた宿場町の血をいまだに色濃く引いているけれど、銀座は明治以降は西洋文化の発信地となった。明治に出来た銀座煉瓦街では西洋の輸入品を扱う店が林立し、これらのお店のショーウィンドウが銀座を先端的なまちにした。このシューウィンドウを見ながらぶらぶら歩きを楽しむ「銀ブラ」という言葉も生まれた。

戦後の経済成長の開始に伴い、1955年には海外ブランド品のセレクトショップ「サンモトヤマ」が開業し、1962年にはグッチと総代理店契約を結ぶ。続いてエルメス、ロエベ、サルヴァトーレ・フェラガモといったブランドを日本に紹介し、銀座に海外ブランド品のショーウィンドウが出現した。サンモトヤマの影響で、その店舗が立地する並木通りは銀座中央通りに先行して海外ブランドのショーウィンドウが並ぶ街並みに変化していった。1985年のプラザ合意で円高になると、海外ブランド品の輸入は激増し、2000年代に入ると銀座には海外ブランド企業の直販店の進出が相次ぎ、現在のような海外ブランド店が立ち並ぶまちとなっていった。

銀座の海外ファッションブランド店分布図（2015年）

銀座の海外ブランド店

新宿の海外ファッションブランド店分布図（2015年）

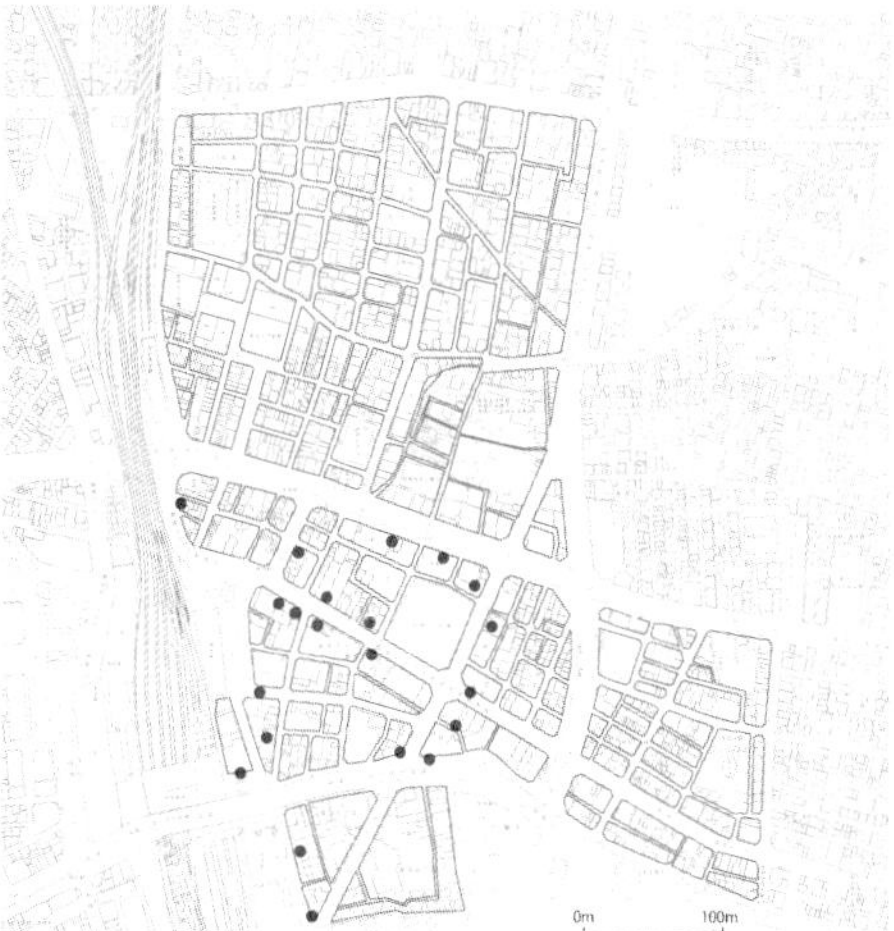

新宿の海外ブランド店

地図出所）『東京都2,500デジタル白地図2015』をもとに、
2015年ゼンリン住宅地図より街区情報を加えてベースマップを作成

グローバルブランド・ショップ数

東京銀座中央通りとニューヨーク5番街は、どちらもその国のトップを誇る商店街らしく華やかなお店が並んでいる。商業の業種を見てみると、宝飾品などの奢侈品と衣料などのファッション品が銀座では65・5％、5番街では80・9％を占める。このうち、銀座では奢侈品の方が多く、5番街ではファッション品の方が多い。では、これをグローバルブランドのショップ数で比較すると、どんな違いがあるのだろうか？

ここでは、グローバルブランドを「本社のある国を含めて5か国以上に出店しているブランド」と定義し、その店舗数を調べてみた（２０１４年）。その結果、銀座中央通りでは宝飾13を含めた奢侈品56の半分がグローバルブランドだったが、商店総数で見ると１１６店舗のうち45店舗と半分にも満たないことがわかった。並木通りや晴海通りの方がグローバルブランドが林立しており、これらと比べて中央通りはナショナルブランドが相対的に多い。一方、5番街では総数91店舗のうち4分の3に当たる70店舗がグローバルブランドであり、中でも衣料品35、宝飾11、時計7とグローバルブランドが集積し、しかも、ロックフェラーセンターより北側に特に集中している。では、この二つの通りにグローバルブランドの本社はあるのだろうか？　宝飾では、銀座にミキモト、5番街にティファニーやハーリー・ウィンストンが立地しているものの、服飾ファッションについては東京ブランドのイッセイ・ミヤケやコム・デ・ギャルソン、ヨウジ・ヤマモトは南青山に、ニューヨークブランドのブルックス・ブラザーズ、コーチ、ポール・スチュアート、ラルフ・ローレンはマディソン・アベニューに基幹店や本社を置き、東京、ニューヨークともにその都市第一の商店街とは異なるところにファッションの発信地があることがわかる。

銀座中央通り・ニューヨーク5番街　業種比較（2014年）

業種分布

建物1階部分を業種で色分けし、通りに集積する業種を比較する

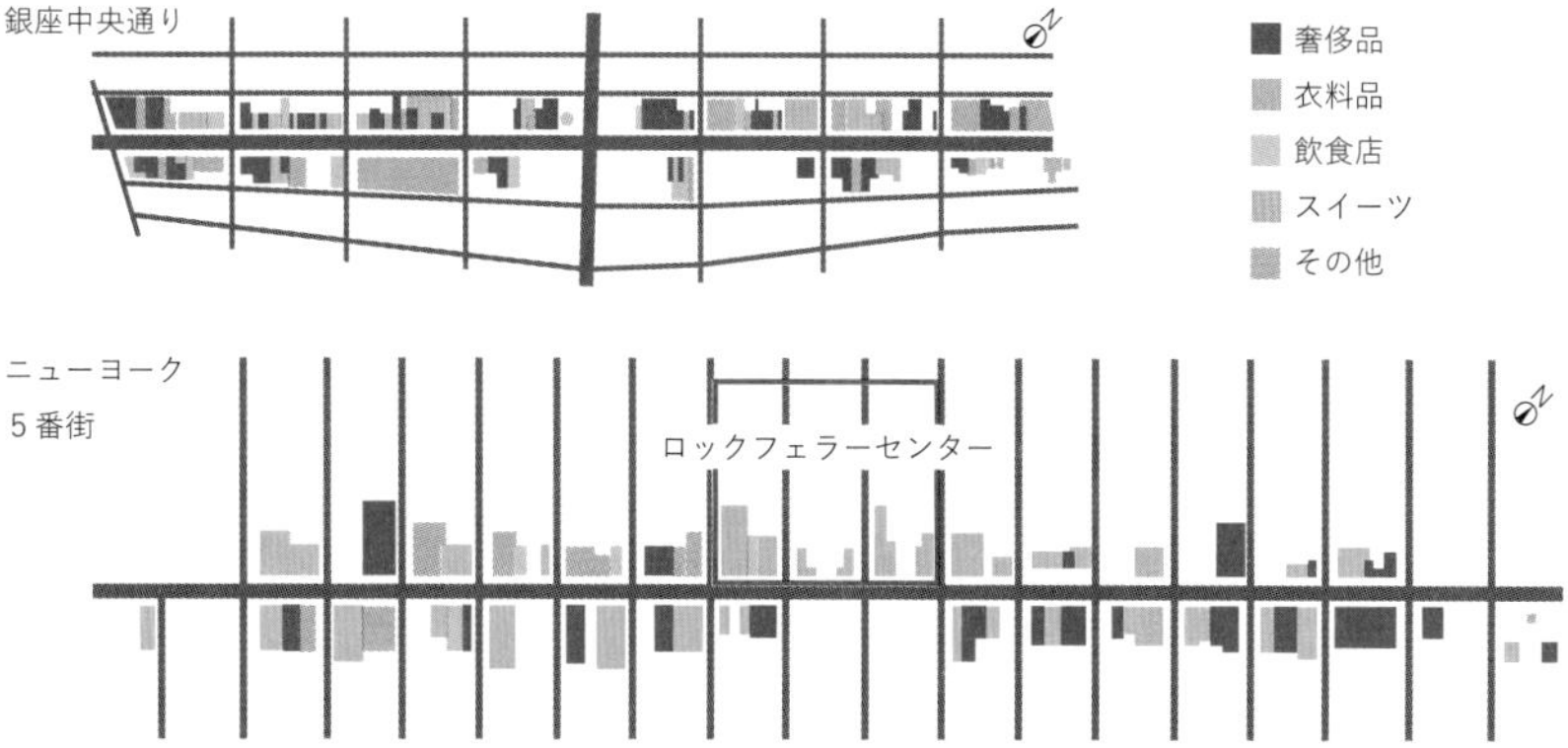

業種の割合

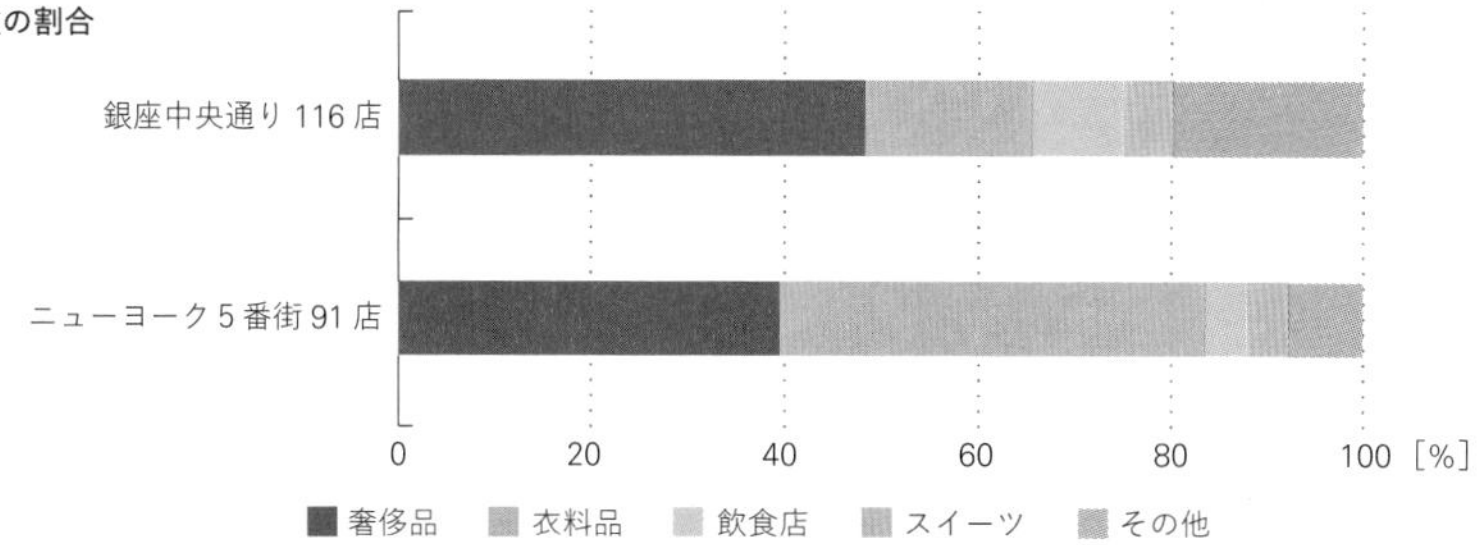

業種ごとのグローバルブランド・ショップの割合

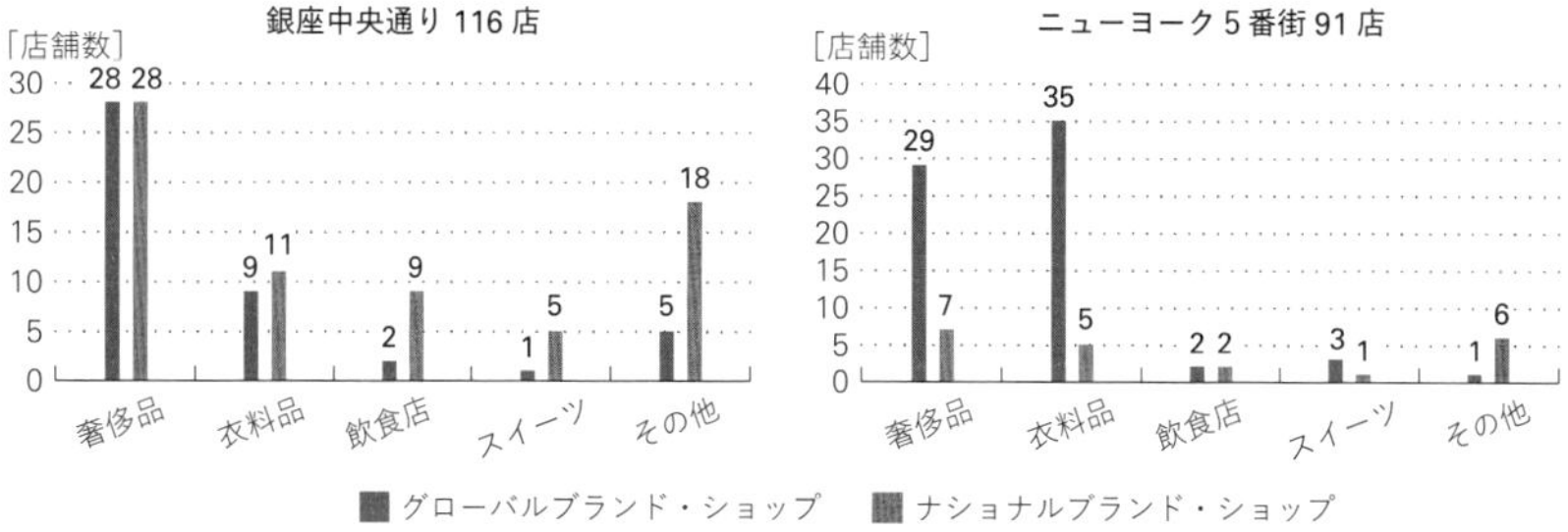

ブランドで差別化される原宿ストリート

原宿は日本を代表するファッションタウンだ。竹下通りや裏原宿など、若者向けのアパレルショップが集まっている。ショッピングセンターは計画的なマーチャンダイジングによってテナントをコントロールするが、ストリートには自然発生的に店舗が集積するものだ。しかし原宿では、ストリートやエリアごとに店舗集積に法則性があるように感じられる。そこで、ショッピングセンター向けのファッションジャンル分類を用いて、原宿の通りごとにアパレルショップの傾向を探ってみた（2013年調査）。

竹下通りには中高生向けの低価格なコンサバフェミニンと特殊系（コスプレ・パンクなど）が多く、それらが密集しているビルもある。また、裏原宿のプロペラ通りにはメンズのショップが集まっており、ジャンルはカジュアルだが価格はリーズナブルなものから高価なものまで幅広い。キャットストリートの表参道を挟んだ渋谷側に目を向けると、エクストリーム系（スノーボード・マウンテンバイクといったエクストリームスポーツスタイル）が集まっている。表参道南東の青山寄りになると海外高級ブランドが軒を連ねている。

以上のことから、原宿のストリートはファッションのジャンルや性別などで専門特化され、棲み分けられていることがわかる。各ショップは個々の店主の意思で出店されたものだが、顧客ターゲットが重なる店の近くに出店すれば相乗効果が望めるため、ショッピングセンターのように店舗構成をコントロールしなくても、結果として自然にエリアやストリートごとに特徴が分かれることを示している。

原宿　ジャンル別スタイル・ルック

原宿の主要ストリートの店舗集積傾向を見る（2013年）

キャットストリートには
エクストリーム系が集積

激変スピードの竹下通り

竹下通りに注目が集まり始めたのは、クレープが登場した70年代後半だ。１９７８年に「ブティック竹の子」が開店し、この店で売られる変わったファッションが人気を呼び、歩行者天国の表参道（１９７７〜96年）で踊り狂う竹の子族が現れた。80年代からはここにタレントショップが出店してブームとなり、１９８９年には42店のショップが立ち並んだ。90年代に入ると、隣接する裏原宿に出現した増田セバスチャンのカワイイ文化が波及したファッションが流行し、90年代後半からはゴシックロリータ（ゴスロリ）ブームが流行り、原宿ＫＡＷＡＩＩカルチャーが定着していった。中高生が集まる竹下通りでは、「安くて可愛い（安カワ）」ファッション小物、服飾品、スイーツが人気だ。

安カワだけにショップのビジネスは厳しい。竹下通りのテナントの閉店・開店件数を原宿竹下通り商店会発行の公式マップ「Takeshita St.MAP」を基に集計してみると、竹下通りでは２０１０〜14年では閉店・開店件数がそれまでに比較して急激に増加しており、テナントの入れ替わりが目まぐるしくなったことがわかる。この時期の１年間の変化を見るために、Takeshita St.MAPにもとづき、２０１１年12月、２０１２年３月、同年７月の３時点のテナントを調査し、閉店・開店したテナントを地図上にプロットした。すると、この短期間でもテナントの入れ替わりがあったことがわかる。特に２００８年に開業した商業施設SoLaDoではテナントの入れ替えが目立っている。竹下通りのテナント料は表参道と同レベルの高い賃料で、その負担を狭い店舗面積にすることで切り盛りしているのが実情だが、それでも耐えきれないテナントが出ていき、進出を待っていた新たなテナントがそこに入ってくるという新陳代謝が常に起こっているのだ。

竹下通りのテナントの変化

クレープショップのある通り

中期的変化　1990年～2014年

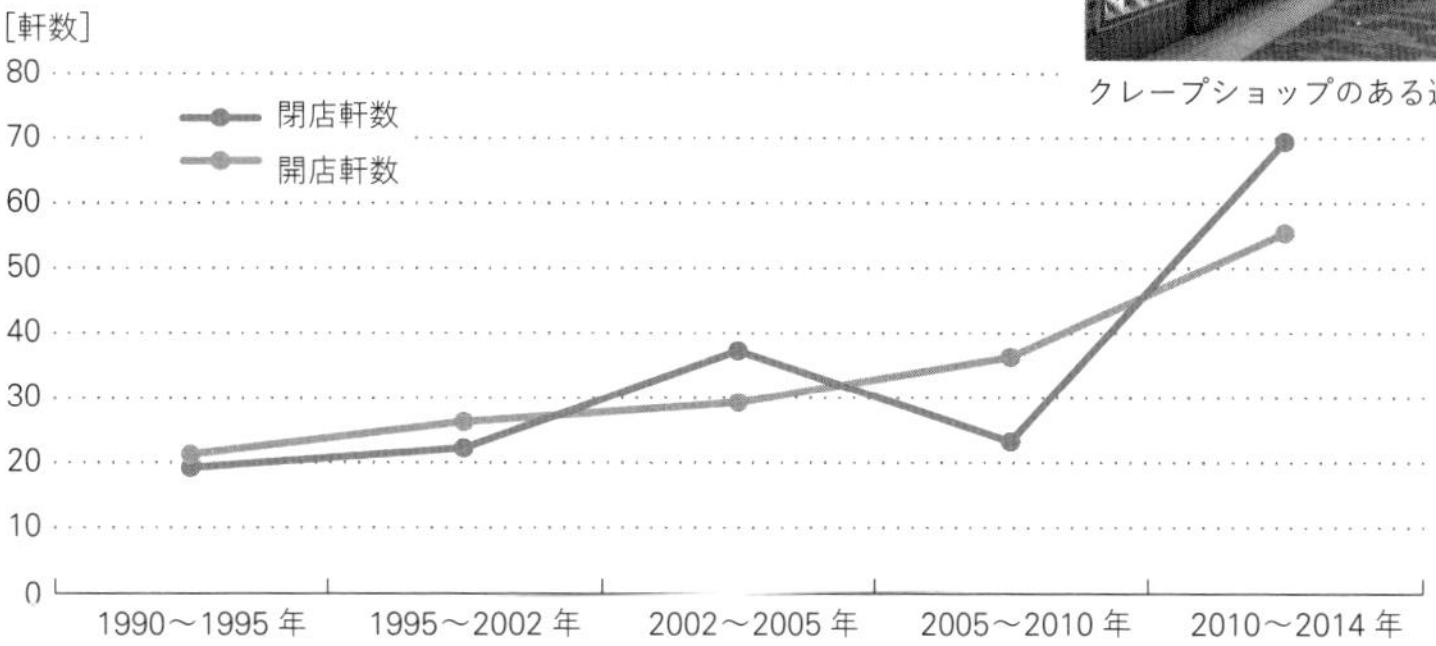

短期的変化　2012年

「ブティック竹の子」のある通り

2011年12月～2012年3月

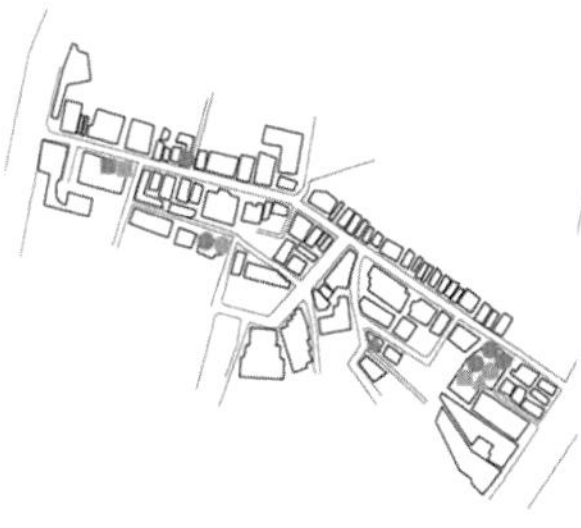

2012年3月～7月

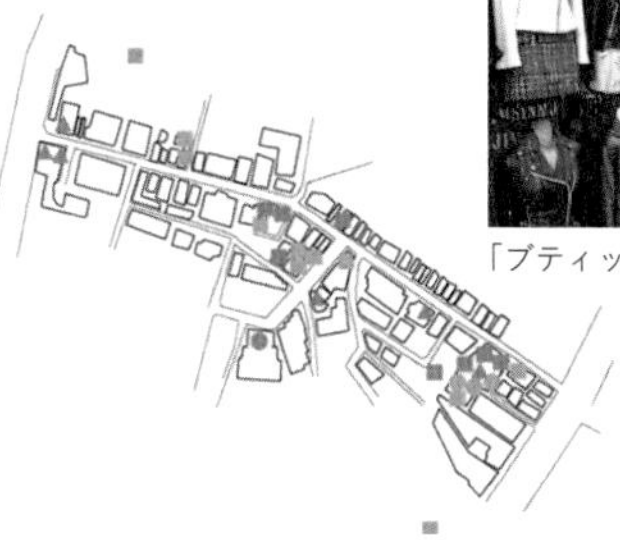

閉店
● 飲食
■ 物販
▲ サービス

開店
● 飲食
■ 物販
▲ サービス

	2011年12月～2012年3月	2012年3月～7月
閉店	7	15
開店	5	14

出所）原宿竹下通り商店会発行公式マップ「Takeshita St.MAP」より作成

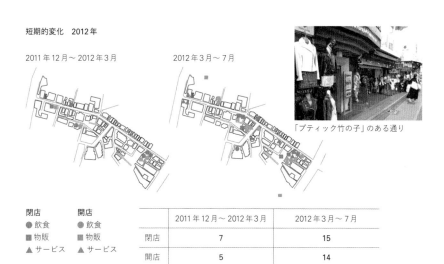

表参道のシャンゼリーゼ化

表参道は、パリのシャンゼリーゼのようだと言う人も多い。実は、この通りを中心に１９７3年に発足したした商店会の名前は「原宿シャンゼリゼ会」だった。しかし、かつての表参道の街並みはと言えば、シャンゼリーゼには程遠い風景だった。

そんな中、生命保険会社の研修所などがある場所の再開発が計画された。再開発計画チームは、商店会の名称通りに表参道をシャンゼリーゼ化できるビルを建てようという戦略を考えた。それはヨーロピアン・テイストの建築を、パリでクリスチャン・ディオールなどの建物の設計をしている建築家にデザインさせ、そこから「パリ」を作り出そうということだった。その建築家リカルド・ボフィルは、新古典主義のデザインの建築を工場生産の工法によって安価に作る能力を持った建築家だった。

１９９9年に竣工した建築は青山パラシオと名付けられた。建設と並行して行われたテナント・リースはバブル崩壊後の失われた10年の時期だったことから心配された。しかし、欧米の名だたるファッションブランド企業に呼びかけたところ、著名なブランドのほとんどの70社が応じてくれた。表参道に建設されるヨーロピアン・テイストの建築は欧米企業を魅了したのだ。基幹店1店舗という方針のもと4社に絞り提案コンペが行われた。結果は、1位グッチ、2位ルイ・ヴィトン、3位フェラガモ、4位ティファニーとなった。当時の賃料相場を4割アップさせる水準の落札だったと言われている。その後、表参道にはグローバルブランドが急増していく。左のグラフで見ると、その増加ぶりがよくわかる。青山パラシオをリースできなかったブランド企業の多くが進出している。青山パラシオが竣工した同じ年に、原宿シャンゼリゼ会は「原宿表参道欅会」と名称を変更した。

青山パラシオ

表参道　ブランド出店軒数（1990年 ~ 2014年）

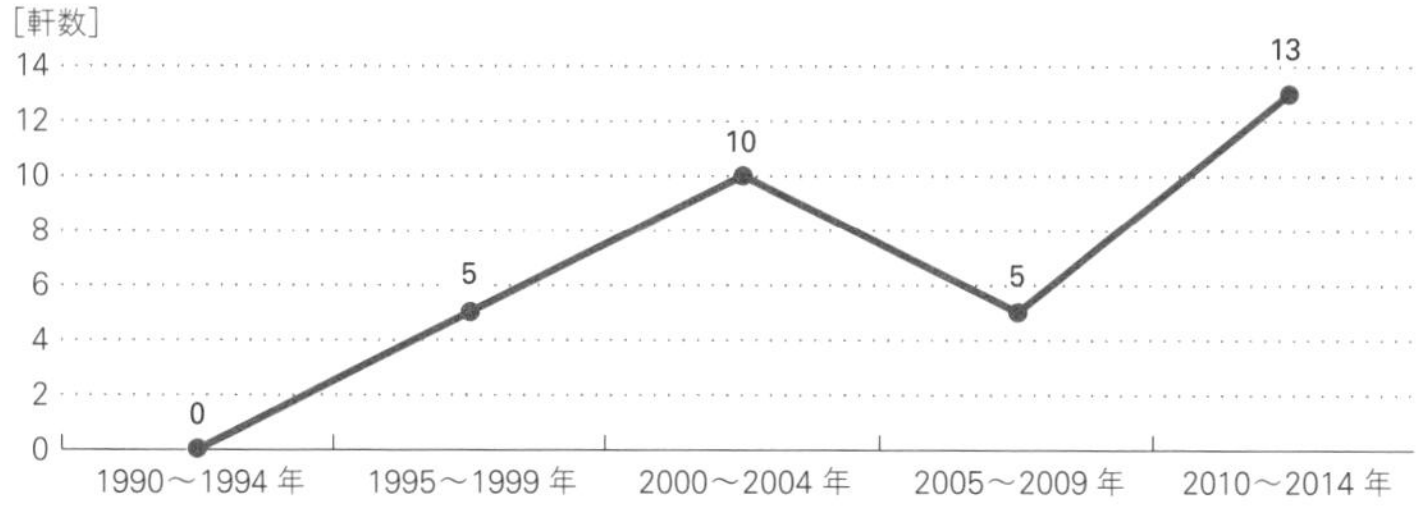

ラグジュアリーブランド店舗プロット図（1990年と2014年の比較）

1990年　2014年

出所）原宿表参道欅会提供資料および文献調査により作成

▼新しいまちの誕生（新大久保）

コリアンタウンの誕生から韓流テーマパークへ

新宿区新大久保には、戦後、歌舞伎町で働く外国人労働者らが徒歩圏内で家賃が安いという理由で、このエリアに多く居住していた。外国人向けの商業も集積し始め、アジア系を中心とした多国籍な店舗が立ち並ぶようになった。１９９４年には韓国の食材を扱うスーパー「韓国広場」が開店し、徐々に多国籍なまちからコリアンタウンの色彩が強まっていく。韓国系飲食店も立地し始め、韓国人のみでなく、韓国通の日本人も訪れるようになった。

２００３年に日本で放送された韓国ドラマ『冬のソナタ』の大ヒットを受けて第一次韓流ブームが起こると、聖地として若年層も含めた多くの人が来街するようになり、韓流アイドルグッズを扱う店が急増した。特に職安通りと大久保通りの間の細街路の一つは「イケメン通り」と呼ばれ、韓国系飲食店、カフェ、衣料品店、屋台村などが高密度に集積するようになった。また、ラブホテルの入居するビルの１階に韓国系飲食店が出店し、昼間は若い女性で賑わうなど、特異な都市空間を形成している。

雑誌記事から当時のトレンドを分析すると、２０１０年からは韓国関連記事の出現数が急増している。さらに掲載雑誌の種類も、１９９０年代は大人向け雑誌が多かったのに対し、その後は女性や若年層をターゲットとしたファッション誌にも掲載されるようになった。このように、新大久保は韓流の聖地としてのブランドが確立され、これに商機を見出した地域外資本が押し寄せ、地域の商店街から韓流テーマパークに一変した。新大久保は短期間で劇的な集客市街地に変貌した特異な事例だ。そして近年の日韓関係の悪化などで、韓流ブームが一段落した現在では、イスラムやベトナム、ネパールなど再び多国籍店舗が増加しており、その様相は刻々と変化している。

新大久保の多国籍店舗分布図（2012年）

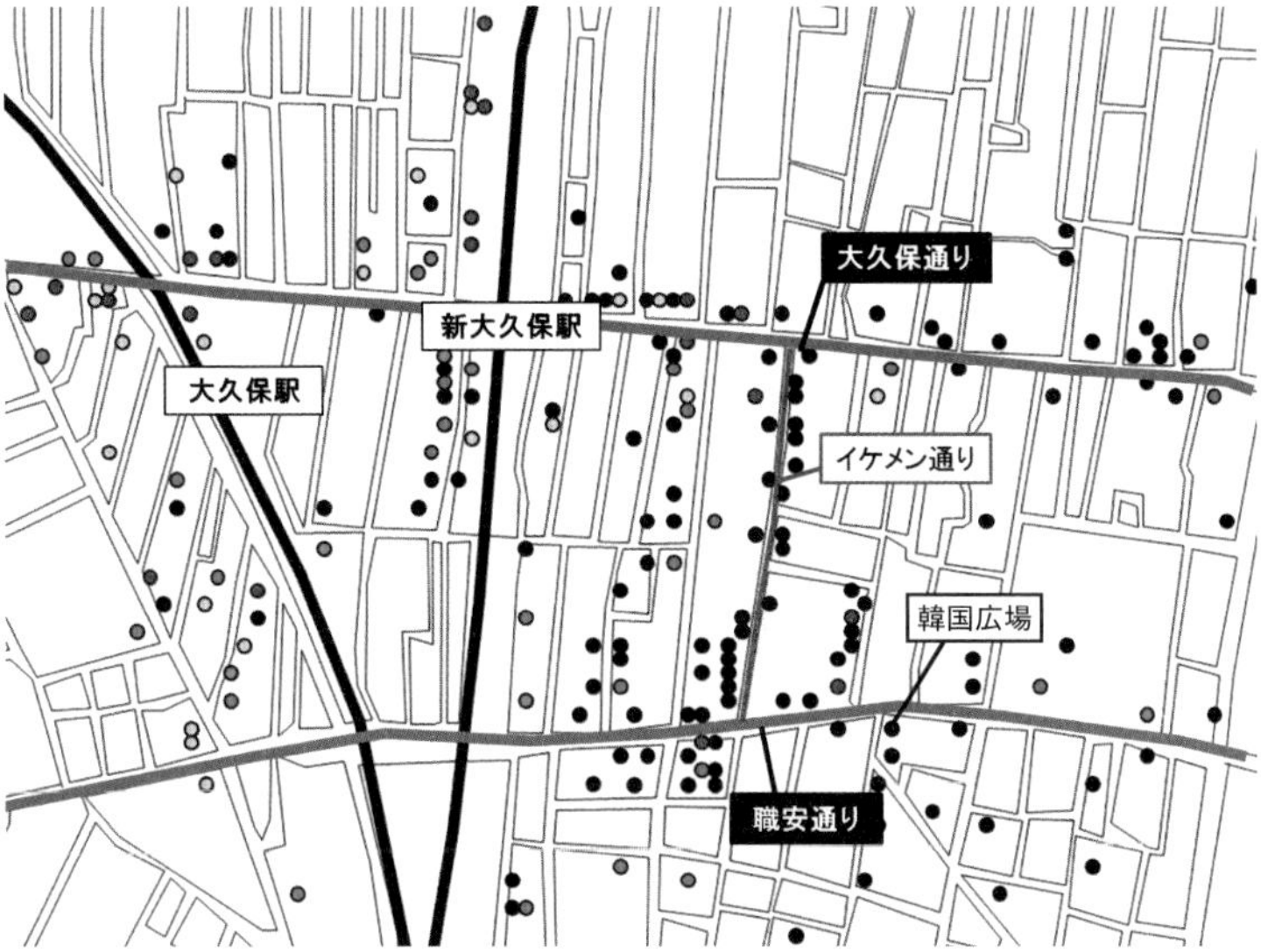

● 韓国系 184　● タイ系 28　○ 中国系 21
● インド系 8　● その他アジア系 17

新大久保駅を境に東側には韓国系店舗が多い。一方で西側は、より多国籍な状況だ。

雑誌記事に見る韓国関連ワードとその他アジア関連ワードの件数推移

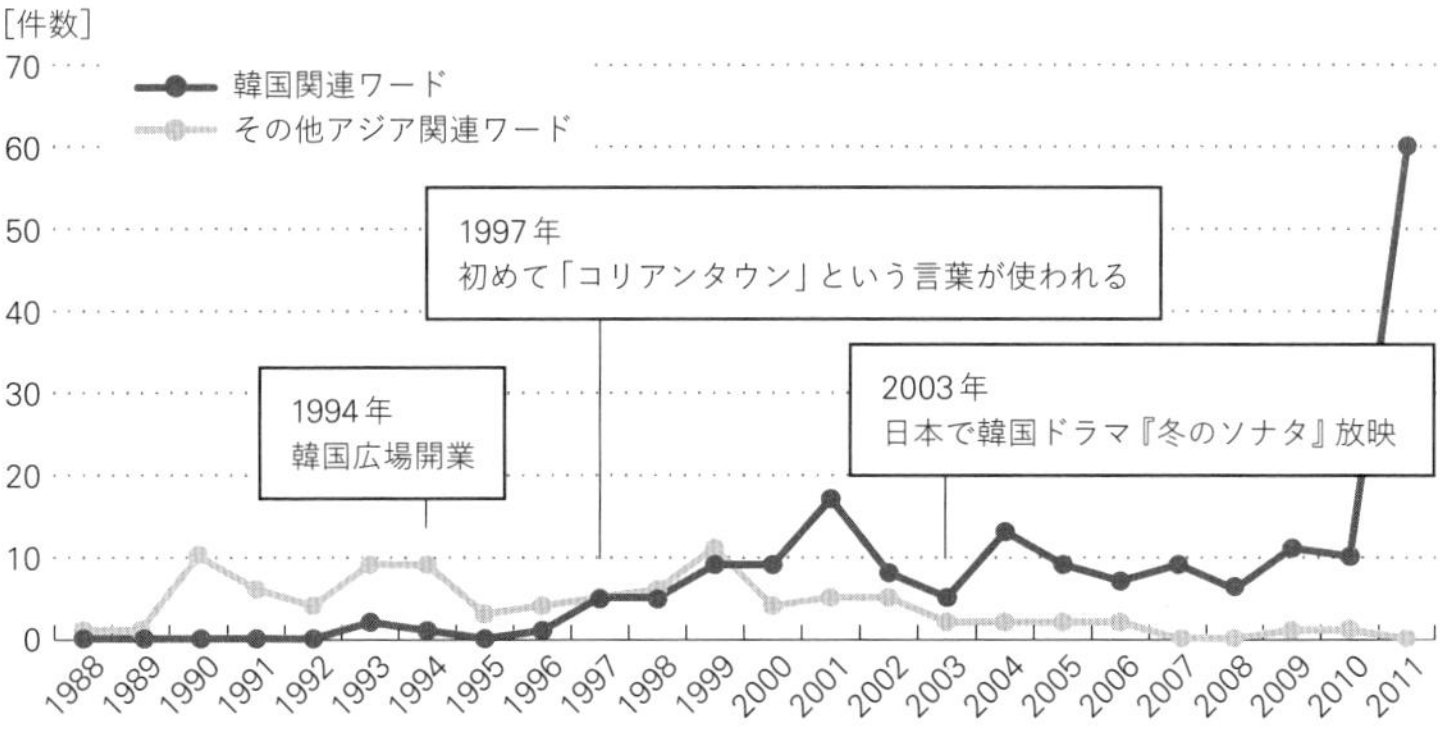

出所）大宅壮一文庫のWeb検索機能よりタイトルに含まれるキーワードを抽出（541冊）

料亭とフレンチの優雅な共存

神楽坂では、明治に善国寺の参拝客を対象としていた茶屋が料亭へと姿を変え、花柳界の基盤が形成された。関東大震災での被害を免れた神楽坂には、銀座や日本橋や浅草から百貨店や芸妓衆が流入し、山の手の銀座として東京随一の繁華街となる。昭和初期、神楽坂には芸者置屋が１６６軒、芸妓数６１９人、料理屋と待合が１１４軒となり花柳界の最盛期を迎える。その後、花柳界の規模が縮小すると、料亭の多くは割烹に姿を変えた。一方で１９５２年に創立した東京日仏学院をはじめとするフランス関係機関の多さから、フランス人居住者が増えていく。また、神楽坂の石畳や路地がパリのモンマルトルを連想させフランス人が好んだこともあり、フランス料理店が徐々に増え、現在では神楽坂通り周辺に30軒以上が集積し、まちに新たな表情が加わった。

こうした背景から、神楽坂は日仏の美食文化が共存するユニークなエリアとなっている。飲食店のジャンル別のプロット図（２０１２年調査）を見ると、江戸風情を残す石畳の路地空間エリアに日本料理店もフレンチレストランも集中している。雑誌記事の分析では、料亭や芸者など古くからの神楽坂のイメージに関するキーワードは１９７０年代から現在まで継続的に抽出され、過去も現在も和の風情や江戸の粋が神楽坂のイメージのベースとなっていることがわかる。タウン誌やグルメ誌でも１９９０年代からフランス料理店が紹介され始め、２０００年代に入るとフレンチ激戦区として扱われるようになった。

その後、神楽坂の料亭を舞台としたドラマが人気となった影響もあり、テレビや雑誌で取り上げられる頻度も増えた。神楽坂独特の風情やイメージを基盤とし、日仏が融合した他にない特徴を持つまちとして確固たるブランドを築いている。

神楽坂　飲食店のジャンル別分布（2012年）

銀行からグローバルブランド・ショップへと変化

東京の銀座は、1877年に銀座煉瓦街として近代の街並みに再編された時に現在の街路区画が作られた。住居表示は、古い町名から1丁目～8丁目に番号化され、江戸の名残りはなくなったものの、シンプルになって外来者にはわかりやすくなった。銀座の背骨と言える銀座中央通りに、丁目ごとの街路に銀座桜通りを加えた9本の街路が交差し、これらの街路にはそれぞれ固有の通り名が付けられている。

この9本の交差する街路と銀座中央通りのコーナーは、銀ブラ（銀座をぶらぶら散歩すること）する時にランドマークになってくれる場所で、そこにどんなショップがあるのか、散歩する人は頭に入れておきたいところだ。だけど、2～3年銀座に行かないと、あったはずのお店と建物が変わってしまっていることに愕然とする。銀座には老舗が多く、かつてはそういった店と銀行がコーナーを占めており覚えやすかったものだが、2000年と2019年の地図で比較してみると、32カ所あるコーナーのうち4割強の14ヶ所の業種・業態が変化している。そのうち12店舗はグローバルブランド・ショップへの転換だ。2000年時点で銀行は銀座コーナーの4割弱12カ所を占め、銀座は意外に銀行街だったのが、その半数強の7行がグローバルブランド・ショップに変化してしまった。これは金融業のグローバル化に伴う銀行再編による統合で銀行が消え、その跡地にグローバルブランドが入居したという二重のグローバル化の結果だ。これらのブランドのほとんどはファッション系であり、これにより銀座コーナーのファッション系業種は16カ所、コーナーの半数となった。いまや銀座はファッション・タウンと言っても過言ではない。

銀座中央通りコーナー1階の業種変化（2000年と2019年の比較）

9本の交差街路とのコーナー16カ所を調査した。

赤字が2019年、青字が2000年の店舗名。グローバルブランド・ショップには＊を付した。

店舗名に続く（ ）内はビル名。

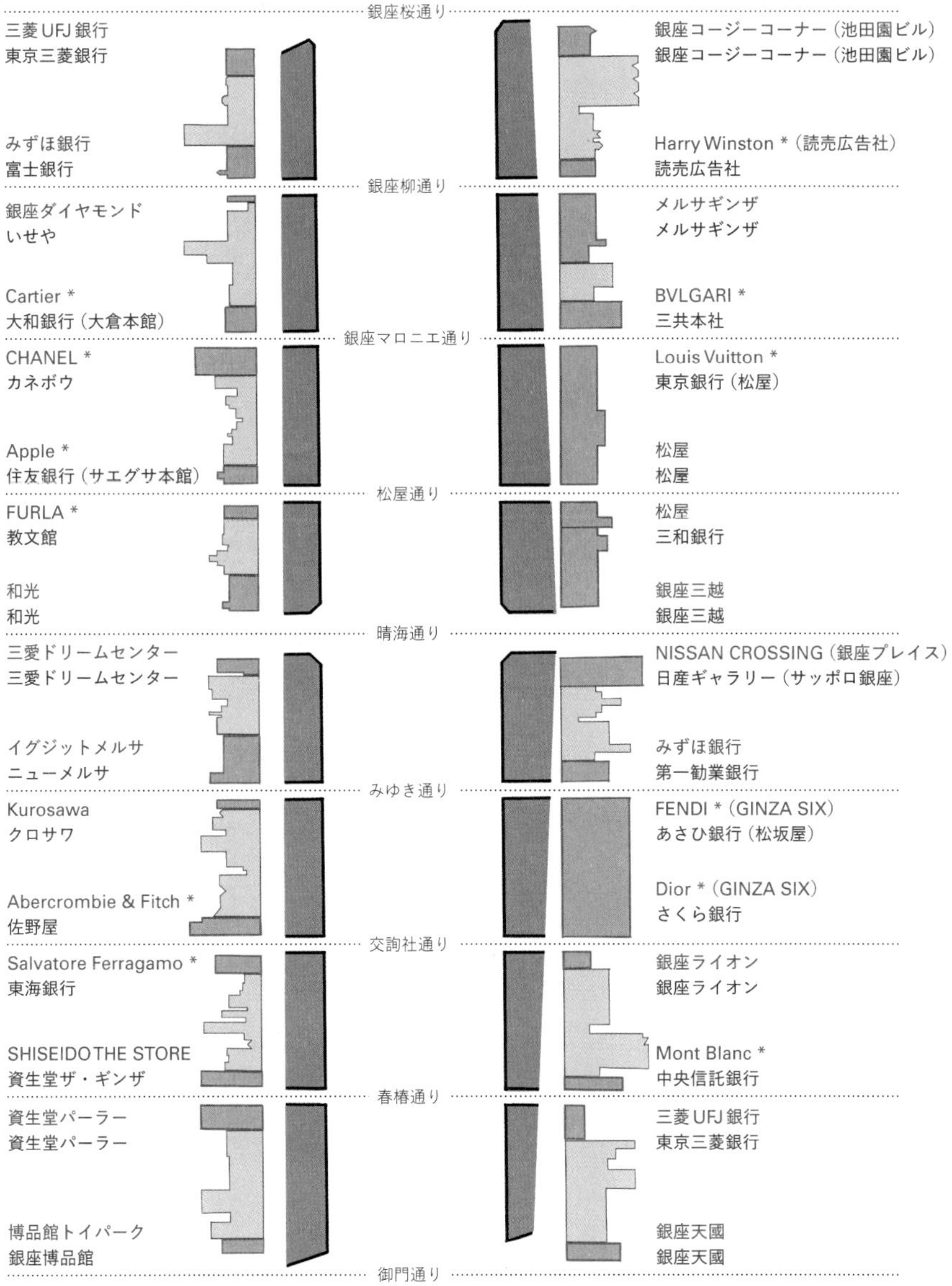

▼まちのコーナーは何の店？（自由が丘）

おしゃれライフスタイル・ファッションのまち

都心近郊の自由が丘では、小道や路地がお互いにクロスして、三差路や四差路の小さなコーナーが多い。このちょっと目立つコーナーにある店舗は、まちのイメージを形成する力を持っている。

自由が丘の中心地域にあるコーナーの店110店舗を調べ、どんな業種がこの場所を使っているのか調べてみた（2011年）。銀座のように高層ビル全体が同じテナントで占められることは少なく、1階を活用する小さなお店が多いのが自由が丘の特徴だ。1階の店舗で一番多かったのは、アパレル（洋服）、靴、眼鏡、バッグ、時計、宝石などのファッション関連で41店舗、コーナー店舗の30％を占めている。これ以外に目立つのは雑貨やカフェ、美容院など。スイーツも6店舗ある。1階はファッション関連で、2階はカフェという組み合わせが多く見られるのも、このまちの特徴だ。

自由が丘のまち歩きでは、左のイラストにあるように堂々とした構えのアパレル・ファッション店やお茶専門店、かなりの品が揃っていそうな女性バッグ専門店、赤いオーイングと窓枠が素敵なカフェ、建物の形に魅せられるお洒落雑貨店と日用雑貨店などが発見できる。まちのコーナーを人々のライフスタイルを彩る商品の店がいろいろと立地している。こうした店は、建物デザインも個性的なものが多く、連なる街並み景観にアクセントを生み出し、「おしゃれの街」のイメージを作り出している。コーナー店舗の内容から銀座がグローバルファッション・タウンだとすれば、住宅地に囲まれた自由が丘は、ライフスタイルファッション・タウンと言うことができそうだ。

街並みにアクセントを生み出すコーナーショップいろいろ

女性バッグ専門店

日用雑貨店

アパレル・ファッション店

おしゃれ雑貨店

カフェ＆ギャラリー

お茶専門店＆ティーサロン

自由が丘のコーナーショップ　分布図（2011年）

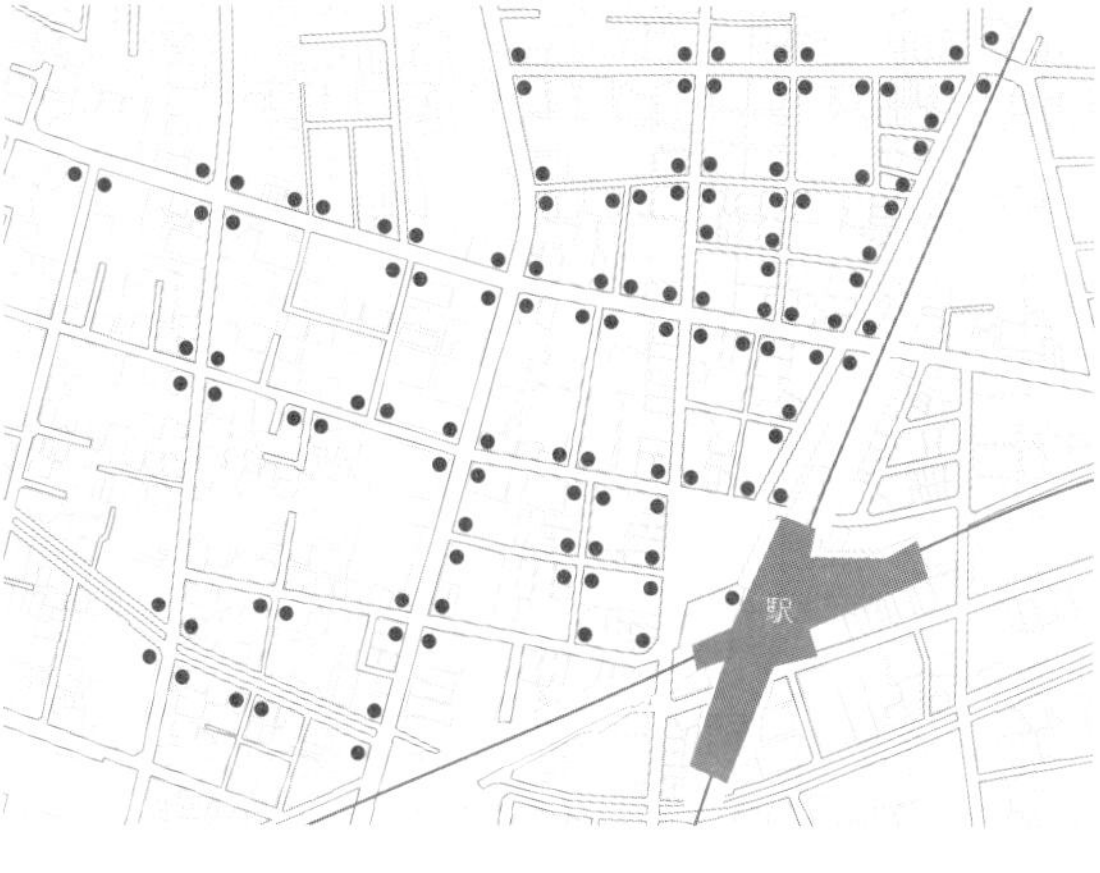

▼まちのコーナーは何の店?（パリ）

三角コーナーの特徴的なエントランス

東京のまちと海外のまちを比較して、国際的に見たまちのコーナーの様子を探ってみたい。ここでは、パリの文化人街サンジェルマン・デ・プレ地区を取り上げてみる。

この地域一帯は、中世の頃には街路が迷路のように入り組んでいた場所だった。近代になって、この迷路状のまちを改造しようとナポレオン3世が発案して、パリ中に大街路の建設が始まった。サンジェルマン大通りはその一つで、迷路状の街路を大街路が一直線に貫いて建設された結果、昔の迷路と新しい大街路が交差する場所には直角の交差点は少なく、使いにくい三角形のコーナーが数多く出来る結果となった。だけど三角形の建物はちょっと目立ったりもするから、何か特徴のある業種のお店が入っているのかもしれない。そう思い立ち、サンジェルマン大通り沿い（メトロのデュー・デュバック駅〜クリュニー・ラ・ソルボンヌ駅間）58コーナーのうち8割弱を占める三角コーナーのお店45ヶ所の業種を調べてみた（2010年）。

この三角コーナーのお店で最も多かったのはアパレル・ファッション（洋服）のお店で、2番目がカフェ、レストランだった。きらびやかな色彩が建物内部に溢れるアパレル店、通りに突き出たオープンカフェ、これらはまちを華やかにしてくれる。ファッション系の店が多いということは世界のおしゃれなまちの建物の使い方の方程式なのかも知れない。

銀座や自由が丘と違った表情を持つこの三角コーナーのお店では、約9割が三角形の頂点部分を切ったところにエントランスを配置していた。こういう使い方は、銀座中央通りの調査では、銀座4丁目コーナーの和光、三越、NISSANの3ヶ所のみだった。このエントランスには、散歩する人たちを強く誘い込む力がある。

サンジェルマン・デ・プレの三角コーナー（2010年）

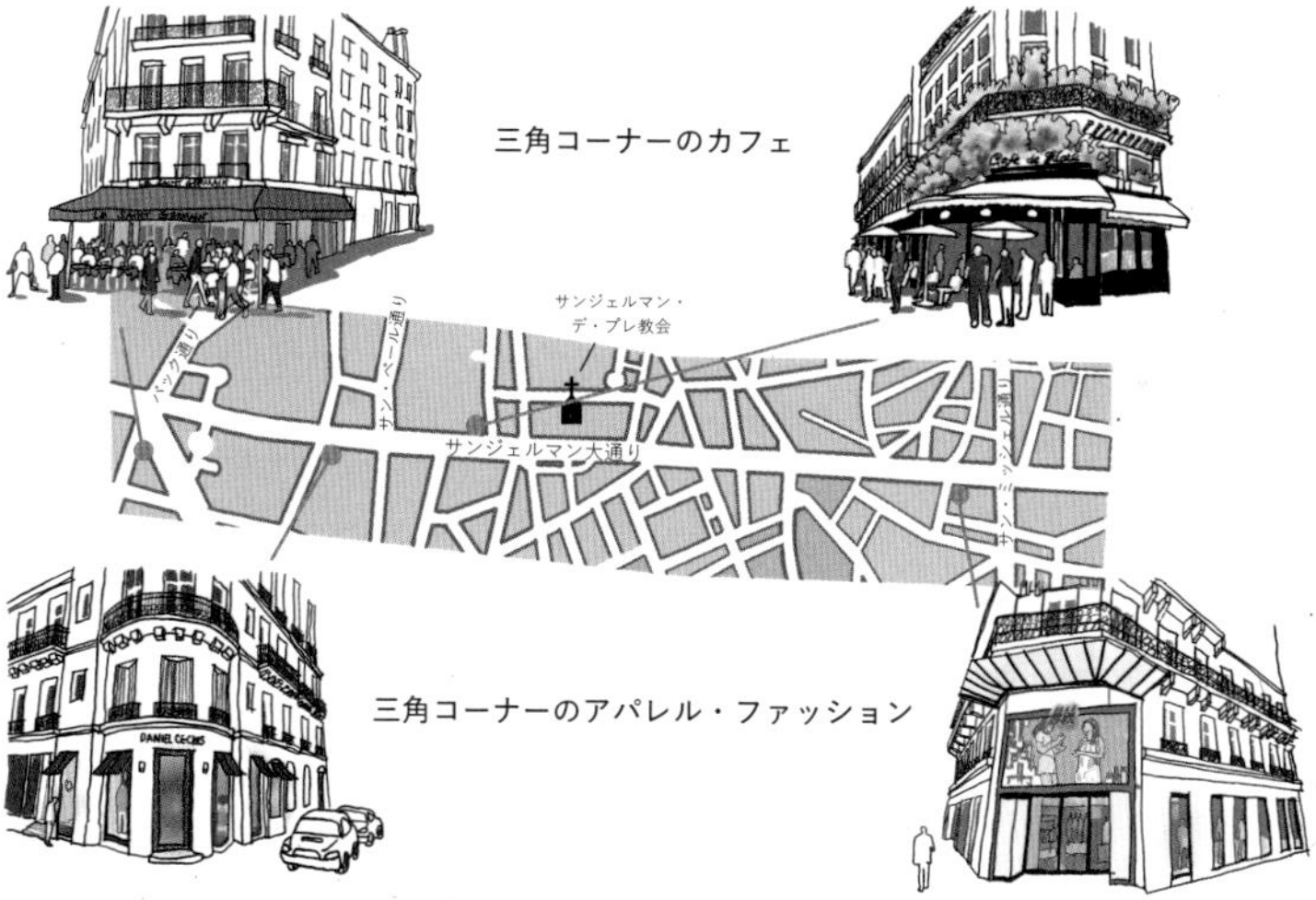
三角コーナーのカフェ
サンジェルマン・
デ・プレ教会
バック通り
サン・ペール通り
サンジェルマン大通り
サン・ミッシェル通り
三角コーナーのアパレル・ファッション

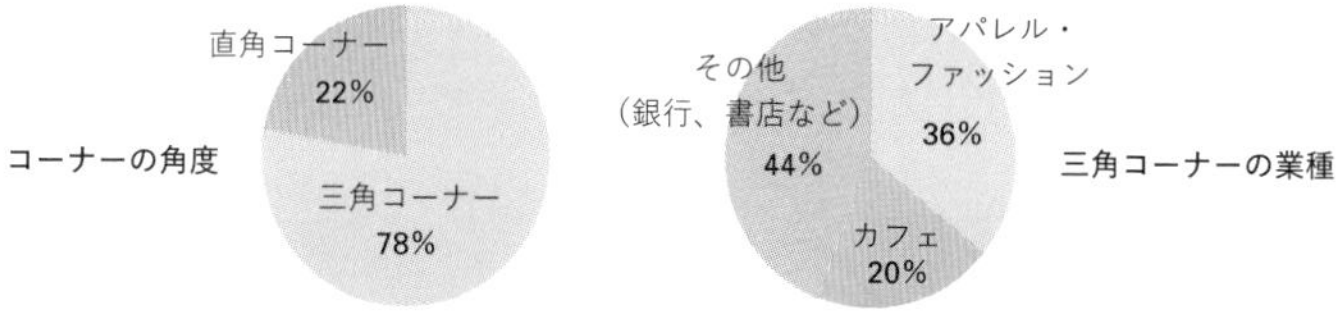
コーナーの角度
直角コーナー
22%
三角コーナー
78%
その他
（銀行、書店など）
44%
アパレル・
ファッション
36%
カフェ
20%
三角コーナーの業種

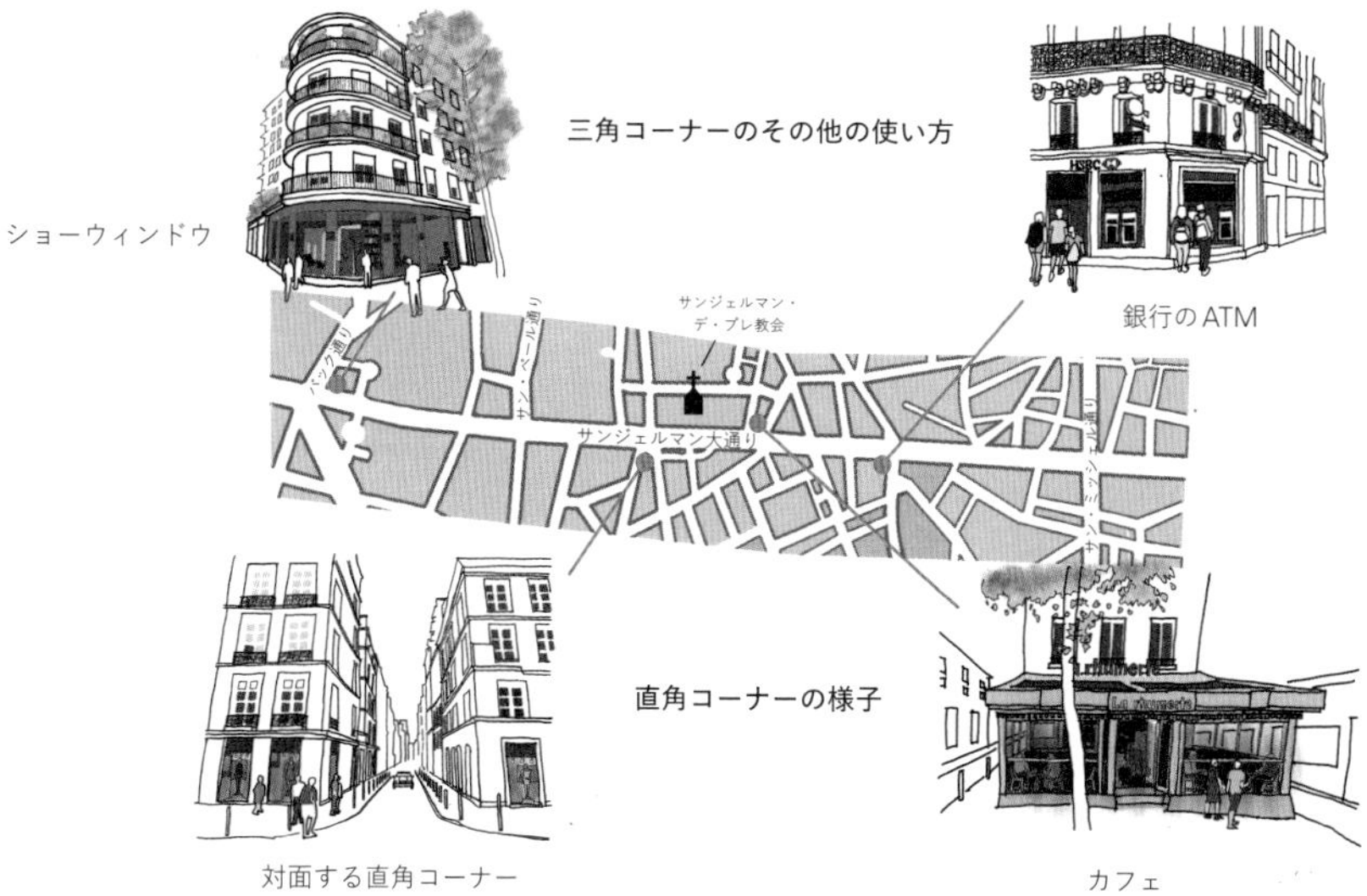
三角コーナーのその他の使い方
ショーウィンドウ
銀行のATM
サンジェルマン・
デ・プレ教会
バック通り
サン・ペール通り
サンジェルマン大通り
サン・ミッシェル通り
直角コーナーの様子
対面する直角コーナー
カフェ

古民家カフェはどこに多い？

▼谷根千カフェ76軒のスタイル

谷中・根津・千駄木は戦災を逃れ、再開発もあまりなかったことから、昔ながらの風景が多く残っている。下町情緒溢れる街並みで人気のこの3地区は、それぞれの頭文字をとって「谷根千《やねせん》」と呼ばれ、メディアで取り上げられる機会も多い。観光客をターゲットにした古民家改装カフェも増えてきた。このエリアに立地するカフェ76軒を、高層建築に入居するもの、中低層建築に入居するもの、古民家カフェの3つに分けてプロットした（2014年調査）。

主要ストリートである、谷中銀座商店街、不忍通り、団子坂通り、言問通り、その他の裏通りでカフェの建物タイプを集計すると、不忍通りは高層建築に入居するカフェが最も多い。ここは道路拡幅のため多くの建物が建て替わっており古民家が残存していないエリアだ。一方で古民家カフェは裏通りや言問通りに多く見られる。古民家は寺院や墓地に近い場所や幅員の狭い通りに残存しており、それをカフェに転用している事例が多いためだ。古民家はこのエリアの貴重な地域資源であり、それをカフェに転用することで良質な観光コンテンツとなっているが、どうしても道路拡幅や共同建て替えなどの開発圧力にさらされやすい。観光客が多く訪れ、エリアのイメージが向上すると、開発圧力はさらに高まる。高度利用したほうが不動産的収益は得られるのだが、それが重なると地区から古民家が姿を消し、どこにでもある街並みになってしまう。そうなると、結果として観光客の足が遠のき、まちのブランド価値が低下し、ビルの不動産価値も下がってしまう。カフェやショップなどに有効活用して地域資源「ならでは」をうまく維持保存していくことが肝要だ。

谷根千　主要4通り＋裏通り　カフェの建物タイプ（2014年）

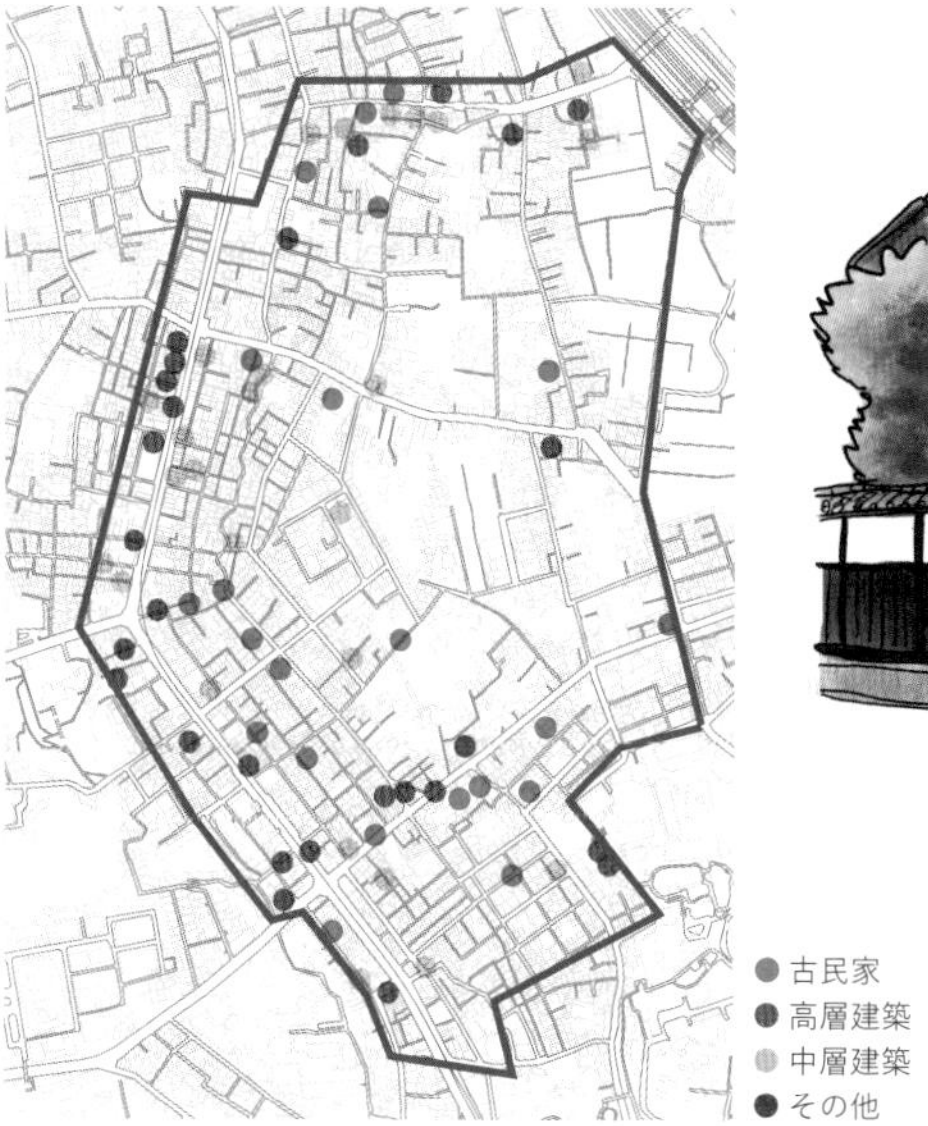

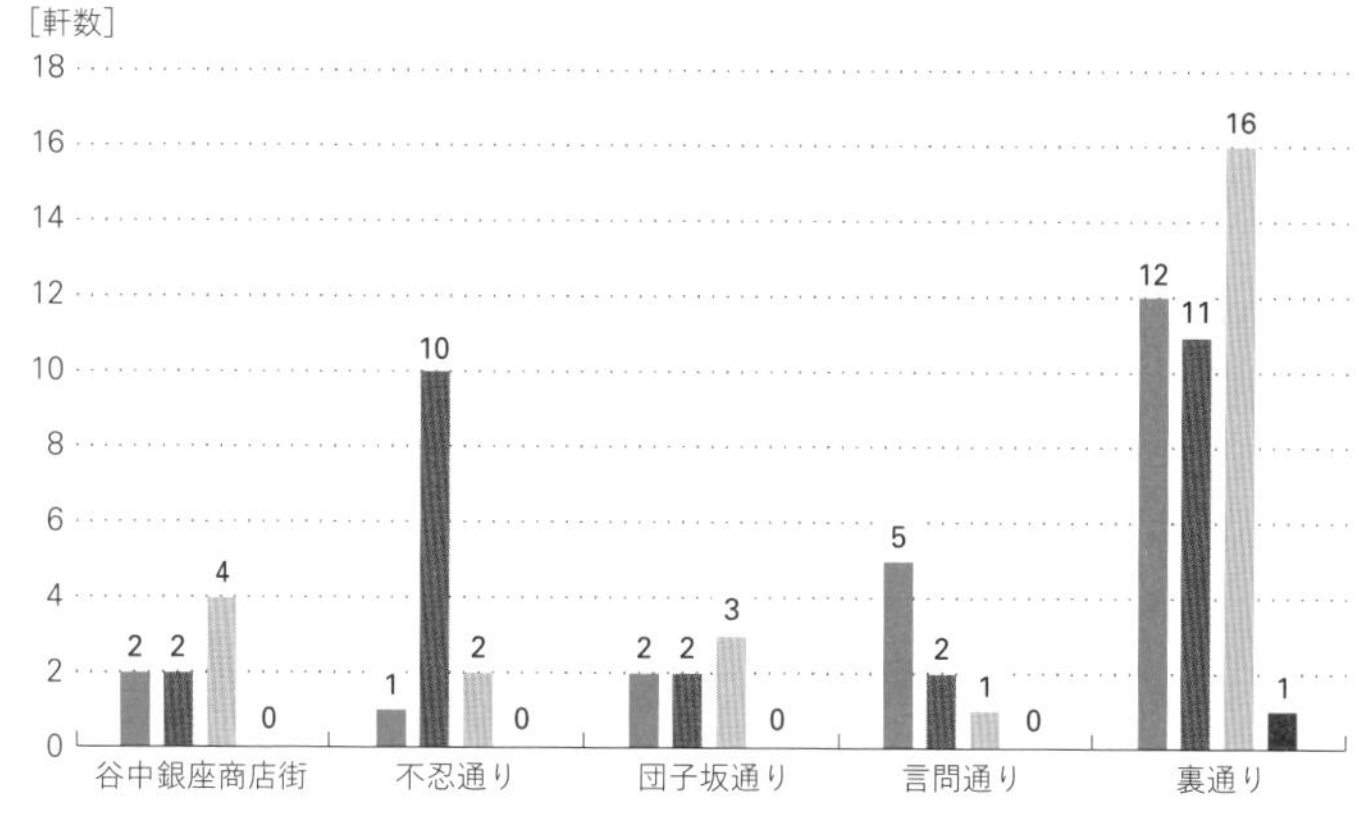

開放型と閉鎖型の場所は違う

前項で谷中・根津・千駄木の古民家カフェの立地について観察したが、続いて谷根千カフェ76軒のファサードの開放性について見てみよう。開放度を、ガラスなどがなく外部と直接繋がっている全開放型や部分開放型、内部が見えるようにガラスなどを使用しているものを全ガラス型や半ガラス型など数種類、外部に対して閉じている閉鎖型やシャッター型など、合計8種類に分類した。

全体を通して見ると、開放度が高いといえる全開放型は1軒、部分開放型は9軒とそれほど多くなかった。外部と直接繋がっている全開放型などに次いで開放度が高いと言えるガラスを使用したグループでは、全ガラス型が15軒、半ガラス型が19軒、部分ガラス型が20軒で全体の中ではかなり多かった。閉鎖型は12軒で、ビニール型とシャッター型は見当たらなかった。

次に主要通り（谷中銀座商店街・不忍通り・団子坂通り・言問通り）とそれ以外の裏通りで比較すると、ガラスを使用したファサードは、差があまりなかったが、開放度の高い全開放型と部分開放型の合計は、主要通りが22％なのに対し、裏通りでは1％だった。逆に開放度が低い閉鎖型は主要通り8％に対し、裏通りは23％だった。これは、主要通りは多くの来街者が歩いているため、より幅広く集客するために開放的なファサードになり、裏通りは散歩を楽しむ少しコアな来街者が多いため、いささか閉鎖的で中の様子に期待を持たせるファサードを持っていることも考えられる。また主要通りはチェーン店が多いことも理由の一つだろう。このように同じ業種でも、建物のつくりや、チェーン店か個人店の違い、通行者の特徴などによって、店構えが異なり、それがまたストリートの表情を特徴付けていることがわかる。

谷根千・主要4通り＋裏通り　カフェのファサードタイプ（2014年）

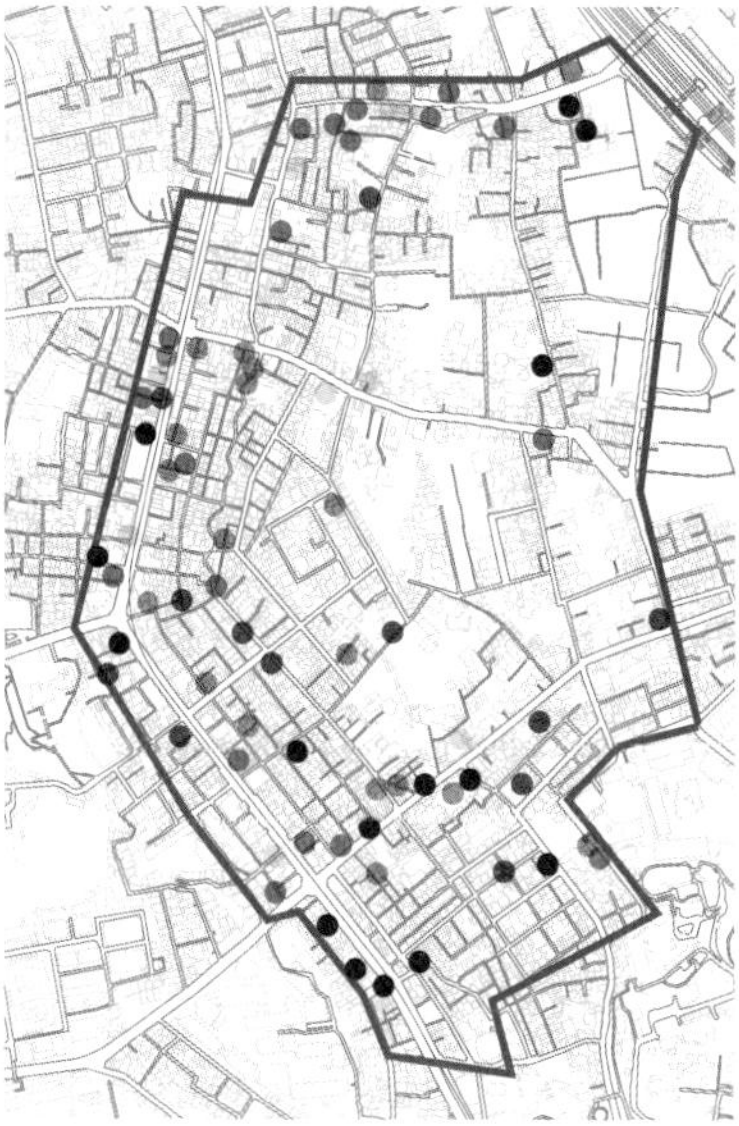

● 全開放型
● 部分開放型
● 全ガラス型
● 半ガラス型
● ビニール型
● 部分ガラス型
● 閉鎖型
● シャッター型

ファサードタイプ	全開放型		部分開放型		全ガラス型		半ガラス型		ビニール型		部分ガラス型		閉鎖型		シャッター型	
	軒数	割合	軒数	割合	軒数	割合	軒数	割合	軒数	割合	軒数	割合	軒数	割合	軒数	割合
主要4通り	1	3%	7	19%	7	19%	9	25%	0	0%	9	25%	3	8%	0	0%
裏通り	0	0%	2	1%	8	20%	10	26%	0	0%	11	28%	9	23%	0	0%

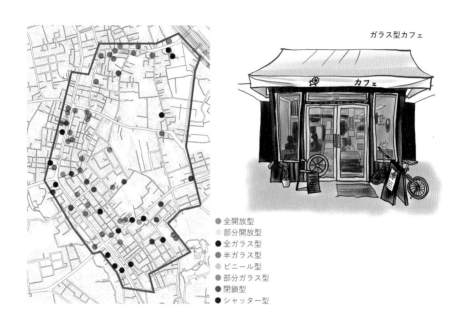

「スイーツの街」の由来

自由が丘は「スイーツの街」の異名を持ち、有名店も含めて多くのスイーツ店がひしめいている。そのきっかけは日本のモンブランの発祥となった洋菓子店「モンブラン」の存在だ。また、スイーツと言うと洋菓子をイメージしがちだが、1938年に自由が丘で創業した「亀屋万年堂」や1956年創業の「蜂の家」など、自由が丘で創業した老舗和菓子店は多い。和洋の老舗だけでなく、辻口博啓が「モンサンクレール」を1998年に、金子美明が「パリ・セヴェイユ」を2003年にオープンさせるなど、日本を代表するパティシエの有名店もニューウェーブとして自由が丘に店を構えた。

このような有名スイーツ店の立地とは異なる動きとして、2003年、複数のスイーツ専門店が一つの館の中に一堂に会するフードテーマパーク「自由が丘スイーツフォレスト」がオープンした。オーナーは不動産業を営む地域のまちづくりの担い手だ。同施設の土地の活用を検討する際、共同住宅など他にも事業性の高い用途もある中、地域の歴史性や街ブランド、また集客施設を駅から離れたところに建設することによる回遊性の向上などを考え、スイーツのフードテーマパークを創ることを決めた。当時はまだ「スイーツ」という言葉は完全には定着しておらず、「デザート」という呼び方も根強く存在していたが、同施設がオープンとともに話題を呼び「スイーツ」という言葉が定着すると、「自由が丘＝スイーツの街」というブランドイメージは揺るぎないものになった。このように街ブランドは一朝一夕に出来るものではなく、時代ごとにそれを受け継ぐ者たちの解釈と努力によって重層化して形作られていく。

自由が丘　スイーツの街（2010年）

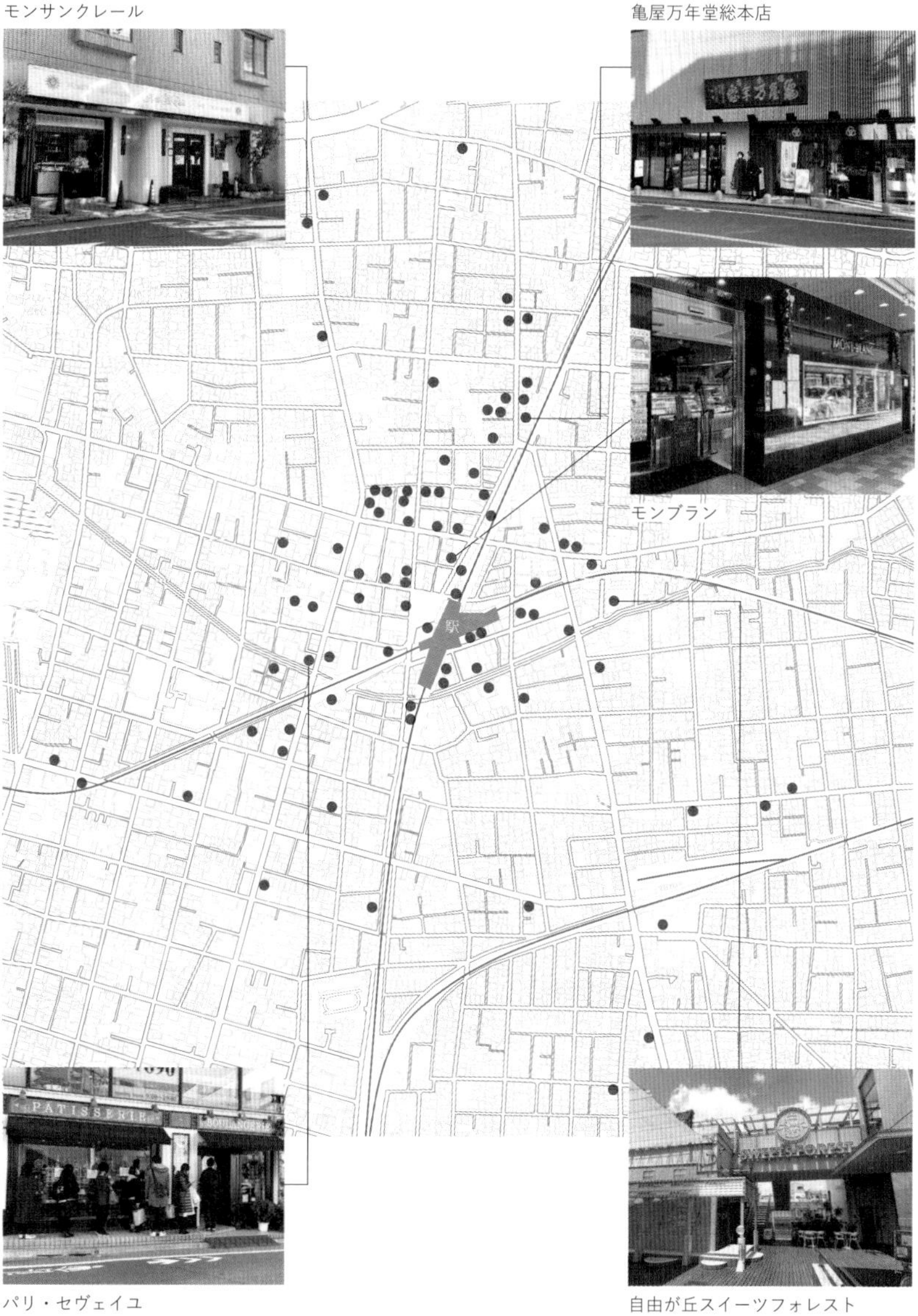

モンブランのあるお店

自由が丘が「スイーツの街」となった由来は前項で触れた通り、老舗洋菓子店「モンブラン」の存在だ。モンブランは１９０７年創業のパリの老舗カフェ「アンジェリーナ」が現在の形にして広めた栗の洋菓子だが、日本では自由が丘「モンブラン」の初代店主・迫田千万億《ちまお》がフランスを旅した際にその存在を知り、日本で製造する許可をとった。つまり日本のモンブラン発祥の地なのである。田園調布など自由が丘の周辺に住む文化人たちが「モンブラン」に集い、高級志向で文化的なまちのイメージが作られていった。現在ではスイーツ激戦区となったこのまちでは、もちろん老舗「モンブラン」以外の店でもメジャーなケーキジャンルの一つとなったモンブランを作っている。スイーツ店マップはタウン誌にもよく掲載されるが、モンブランに特化した地図はあまり見かけないのではないだろうか。

今回観察した3店舗のモンブランを比べてみると、それぞれに工夫が凝らされていて面白い（２０１２年調査）。老舗「モンブラン」では、土台を本来のメレンゲからカステラに変え、栗のクリームもヨーロッパ風の茶色のものではなく、日本風の黄色の甘露煮を用いるアレンジを加えたものを創業時から製造している。辻口博啓シェフの「モンサンクレール」はフランス産のマロンペーストを用いたモンブランだけでなく、季節限定で濃厚な甘味をもつ利平栗を用いたモンブランも提供している。和栗モンブランの専門店「栗歩」は栗ペーストを注文ごとに客の目の前で絞って仕上げるというパフォーマンスが魅力で、店内ではみながその様子をスマホで動画に収めていた。モンブラン発祥のまちでどんなモンブランを提供するかは、店のアイデンティティを表現することにもなり、自由が丘のモンブラン巡りは新しいスイーツのまちの楽しみ方になるだろう。

自由が丘　モンブランのあるお店（2012年）

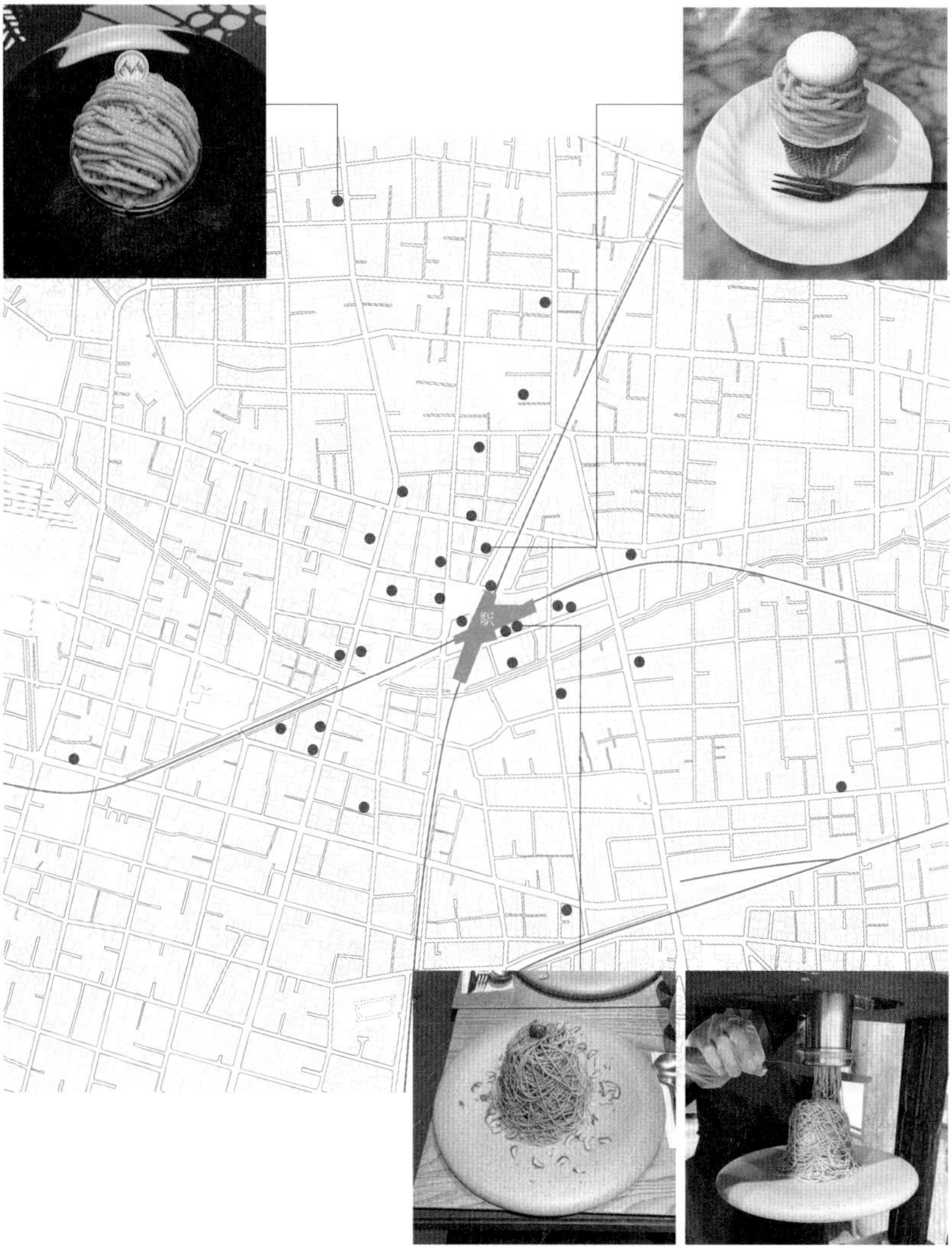

モンサンクレール

モンブラン（2022年12月閉店。23年2月移転オープン）

栗歩（2022年6月閉店。同8月移転オープン）

座れる場所はどこにある？

商店街はただ必要なものを買えればいいというものではなく、滞在することを楽しめる時間消費型の空間が求められている。そういった空間に必要なのは豊かな滞留空間（＝座れる場所）だろう。座れる場所は、オープンスペースにあるベンチ、階段などの段差や柵などといったものから、カフェの座席など、配置や分布、種類の組み合わせは様々である。そこでここでは、都心の代表的商業地である銀座と表参道、郊外の商住混在の商業地である自由が丘のストリートを対象にその特性を比較した（２０１６年調査）。

銀座は、ベンチなど誰でも気軽に利用できる公共の滞留空間が圧倒的に不足しており、あってもビルの上層階のみ。そのため、まち歩きで気軽に休憩できるスペースがとても少ない。表参道はカフェの席数も多いが、植栽防護柵（ブラスバンド）が通り沿いに張り巡らされていて、本来は座るための設備ではない鉄製のバーが（座り心地は悪いが）８００人分を超える滞留空間となっている。落ち着いた場所で休憩したければカフェに入り、少し座りたいだけならブラスバンドに座るなど、選択肢が広い。自由が丘は九品仏川緑道沿いにベンチが多数設置されており、沿道にはカフェも多い。表参道同様にカフェでも公共空間でも座ることが可能だが、ベンチという座ることを目的としたファニチャーが多いため、ブラスバンドの表参道に比べて公共空間での滞留は快適だろう。銀ブラの言葉に代表される日本有数の商店街である銀座は、休日の歩行者天国時にパラソルとベンチを出すなどの取り組みはしているものの、その地価の高さからグランドレベルでの滞留空間創出はハードルが高い。まちを歩いていてどこに留まれる空間があるかを見回しながら歩いてみると、そのまちの新たな一面が見えるだろう。

銀座・表参道・自由が丘　滞留空間の席数と分布（2016年）

銀座

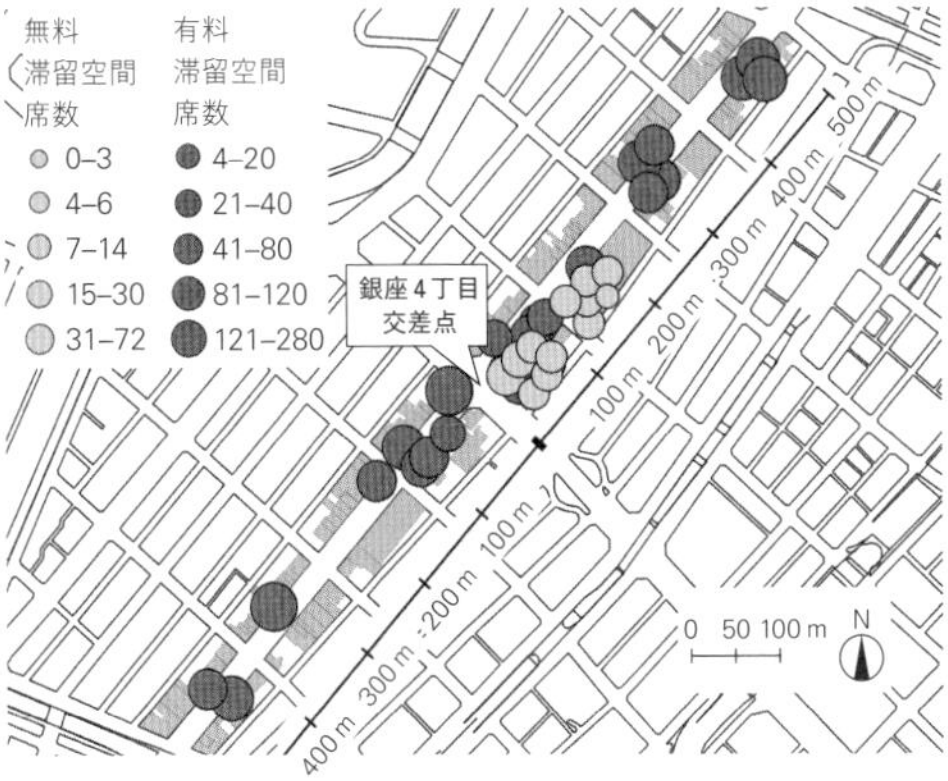

表参道

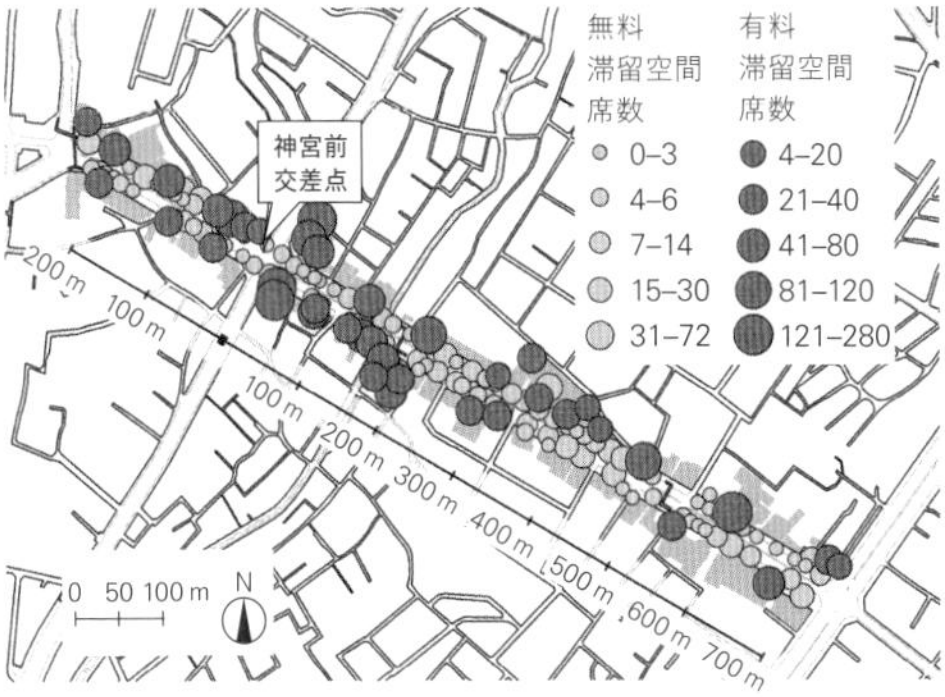

自由が丘

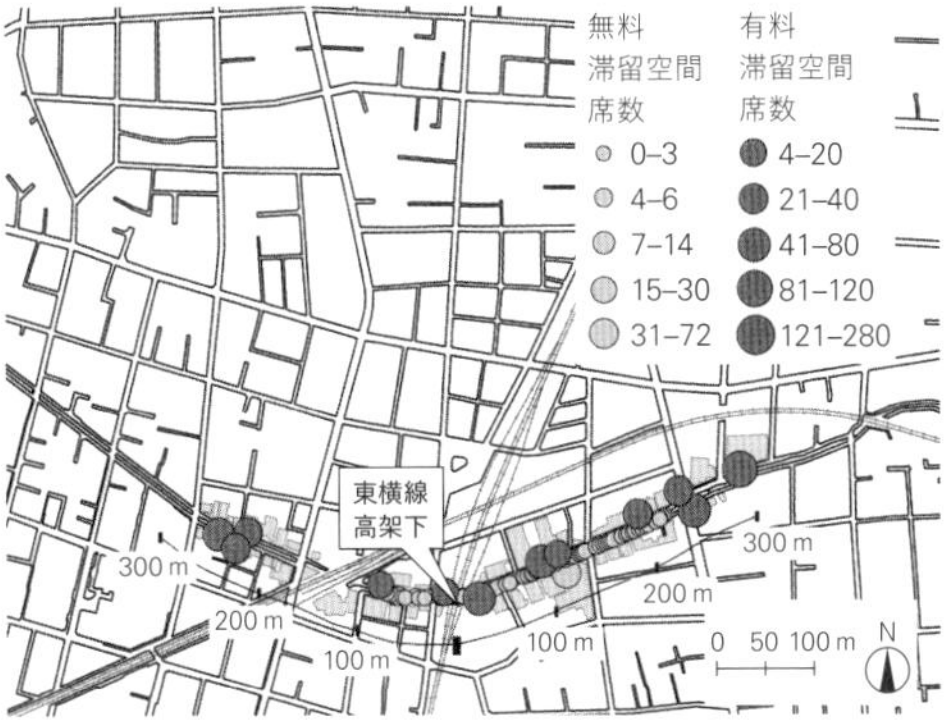

音のエリアデザイン

人間の五感から知りうる情報量は、視覚が87％を占めるといわれている。だから、まちを歩いていても建物のデザインや色彩、ショーウィンドウの商品など、目に入る情報が気になりがちだが、ここでは聴覚を研ぎ澄ませて、音を探りながらまちを歩いてみた。そうすると、話し声、車のエンジン音、踏切の警笛音、店舗のＢＧＭなど、まちは様々な音で溢れていることに気づく。

自由が丘の各エリアの音の大きさと音の種類を観察した結果を見てみよう（２０１９年調査）。駅前は人通りが激しいこともあり、音量は１００dBを超えるがやがや空間だ。携帯電話ショップからはＪ-ＰＯＰが大音量で流され、夕方のスーパーマーケット近くでは幼稚園お迎え帰りの親子連れの楽しそうな話し声が聞こえる。北西のサンセットエリアは人通りも駅前より少なく70～75dB程度の音の大きさで、店舗の落ち着いたＢＧＭが聞こえるゆったり空間だ。インテリア雑貨店が多いエリアで、店からはクラシック音楽が聞こえてくる。また、地下の店舗がＢＧＭを流している場合、そこに通じる階段を通り過ぎる一瞬だけその音が聞こえる。看板のアイキャッチ効果ならぬ、イヤーキャッチ効果だ。このように、音は視覚と異なり必ずしも連続的でないところも面白い。

南側の九品仏川緑道の裏手の通りは住宅の比率が高くシーンとした静かな空間。風による木々のざわめきや、ご近所さん同士の会話が微かに聞こえたり、ドアを開け閉めする音など、生活音が聞こえてくる。全体を通してみると、音の発生源の大部分は店舗が占めていた。人々が発する音、環境から発せられる音、店舗が発する音が組み合わさって賑わいが生まれ、この音が視覚的な賑わいを補強している。音は都市空間を演出する重要な要素だと言えよう。

自由が丘　音の採集マップ（2019年）

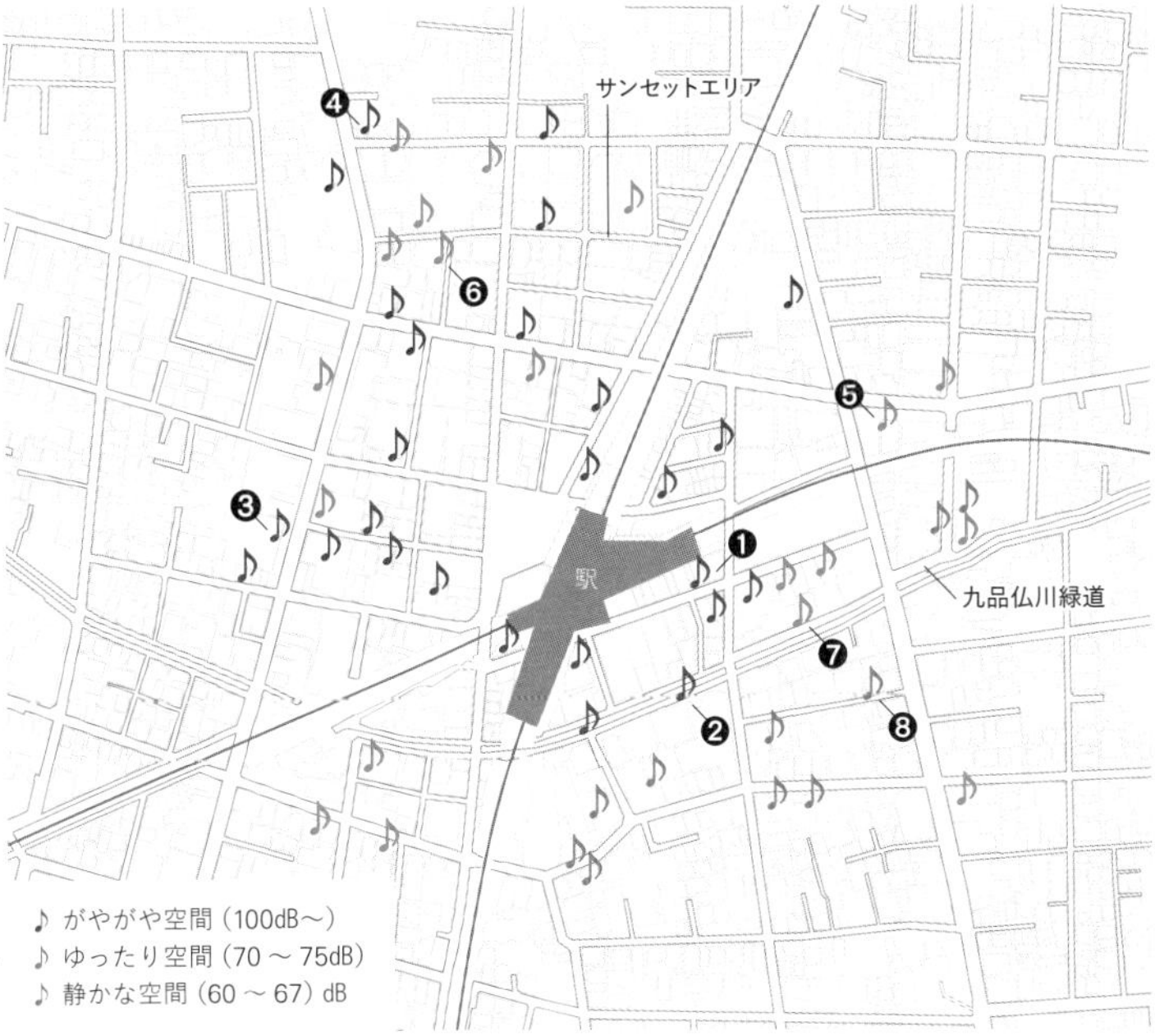

♪ **❶ 携帯ショップ**
J-POPが外まで聞こえるほどの大音量で流れていた。駅に近く、人が多いこともあり騒がしい様子。

♪ **❷ 九品仏川緑道**
緑道は本来は静かで落ち着ける場所であってほしいが、調査時には緑道沿いのマンホール工事中だった。

♪ **❸ スーパーマーケット**
入り口脇に自転車置き場があり、子どもを乗せるシートが付いたタイプが多く見られた。10分間で12組の親子を観察でき、道路を挟んだ反対側まで子どもたちの声が届いてきた。

♪ **❹ 公園**
子どもたちの元気な声と、母親たちの話し声も聞こえ、賑わいが感じられた。

♪ **❺ 飲食店**
セットバック分をイートスペースにしてクラシック音楽を流していた。

♪ **❻ 飲食店**
→階段を下りた地下の店舗。クラシック音楽が通りまで漏れ聞こえてきた。

♪ **❼ キッチンカー**
接客が外で行われるので注文のやりとりが聞こえた。ただ、その場で飲み食いするわけではないので、うるさい印象はなかった。

♪ **❽ 住宅街**
緑道から一本隔たるだけで、とても静かになった。住宅のドアを開け閉めする音や、ご近所さん同士の話し声などが聞こえた。

営業時間の違い

まちには昼間に歩いても活気がないが、夜になると全く違う顔を見せる場所は多い。一本道を入ると駅前とは思えないほど静かだったり、ゆったりと時間が流れていたりする。特に飲食店街の雰囲気は歩く道によって異なっていると感じる。

自由が丘を3つのエリアに分けて、飲食店の営業時間がエリアの表情にどんな違いを生み出しているか調査した（2019年）。駅から離れたAエリアにはカフェやテイクアウト店が多く、それらは大体19時や20時には閉まるので、夜は閉店した店ばかりで活気はなくなってしまう。駅近くのBエリアは居酒屋やラーメン屋、チェーンの牛丼店などがあり、翌朝6時までやっていたり、24時間営業の店もあり、深夜でも活気がある。しかし朝まで営業している居酒屋などは日中は逆に閉まっていて、昼間はひっそりとしてその差が激しい。駅南側のCエリアは、住宅に混じって料亭やレストランなどが多い。ランチタイムのあと14時や15時で一旦閉める店も多く、夕方頃歩くと閑散として寂しい雰囲気となるが、夜になると再び店が開き、24時まで営業する店もまばらにある。

駅周辺の店は夜遅くまで営業しているため、照明が明るく人通りも多く賑わっている。しかし、駅から少し離れると早く閉める店が増え、人通りも少なくなる。そのため遅い時間になればなるほど暗く、静かになっていく。一つでもお店が閉まっていたら周りの活気も下がる。時間帯や駅からの距離で雰囲気に違いが出て、人が利用する道も変わり交通量に差が出る。このようにお店の営業時間も地区の様々な顔を作っている理由といえるのではないか。

自由が丘　営業時間別店舗分布（2019年）

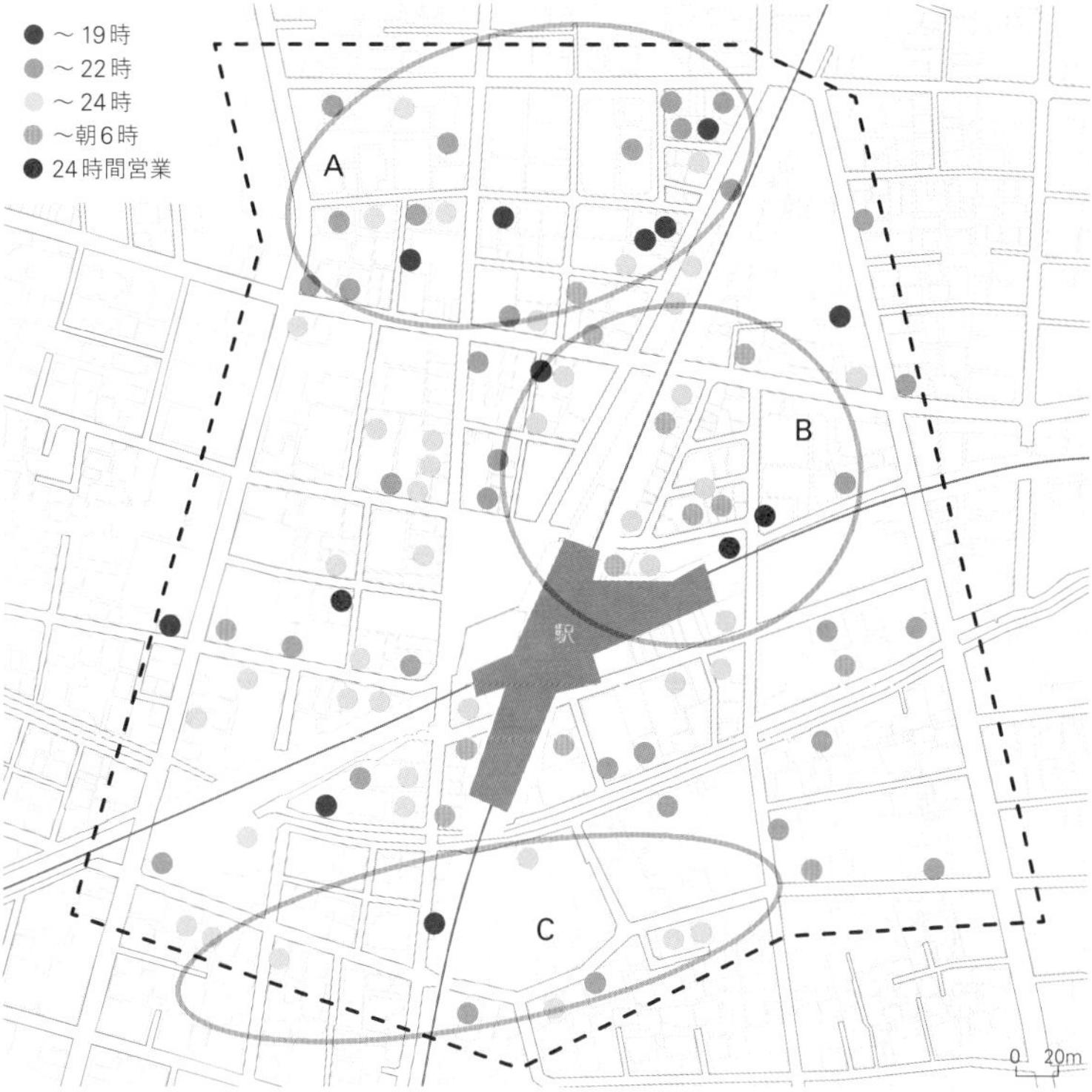

自由が丘　営業時間別店舗数

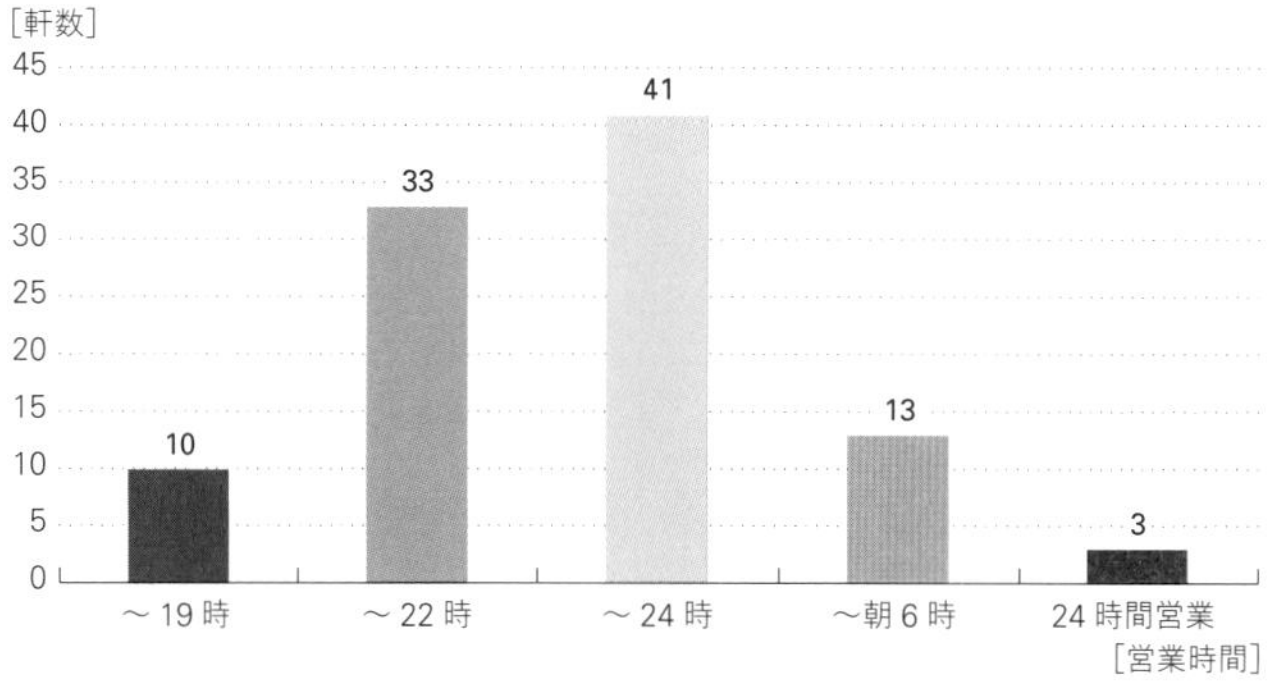

⑥ ストリートの性格を察する

▼ストリートの自己主張（渋谷）

ストリートのネーミング

渋谷のストリートには様々な名前が付いていて、それがまちのアイデンティティにもなっている。通常、都市計画で建設される幹線道路には「国道246号」と番号が振られ、それに「青山通り」といった呼称が付けられるが、地域内の街路には名前どころか番号すら振られない。だけど、渋谷では街路に愛着を持つ人々が、その通りの特徴を見つけて名前を付けてきた。

渋谷区役所につながる道路は、かつて「区役所通り」と呼ばれていたが、1973年に渋谷PARCOがオープンすると、代々木公園へ通じる坂道ということから「渋谷公園通り」と改称された。その後、渋谷では街路に愛称（通称）を付けるムーブメントが起こった。文化村通り、オーチャード通り、ファイヤー通り、区役所通りなどは、そこにある施設に由来する名前だ。

スペイン坂は、店の内装もスペイン風で統一していた喫茶店の店主が命名したと言われている。プチ公園通りは、公園通りにほぼ並走する細い街路であることから、「プチ（petit＝小さい）」と付けられた。無国籍通りは、NGOショップがあるためのようだ。間坂は、Loftが一般公募して「ビルとビルの間」という意味から命名された。ペンギン通りは平和でかわいらしい生き物で「集う」習性があることから、通りに集まる人々をイメージして付けられた。オルガン坂は、通りの周辺に音楽関係の店が多かったこと、オルガンの鍵盤に見える階段があることから。ランブリング（ぶらぶら歩く）ストリートは、ライブハウスの集積が進んで地元で音楽のまちを目指そうという機運が高まって呼ばれるようになった。キャットストリートは暗渠化された渋谷川の上に作られた道で、猫の額のように狭い通り、また、猫が多いことから命名されている。自然発生した愛称で由来がわからなくなっているものも多い。

渋谷　ストリート通称の例

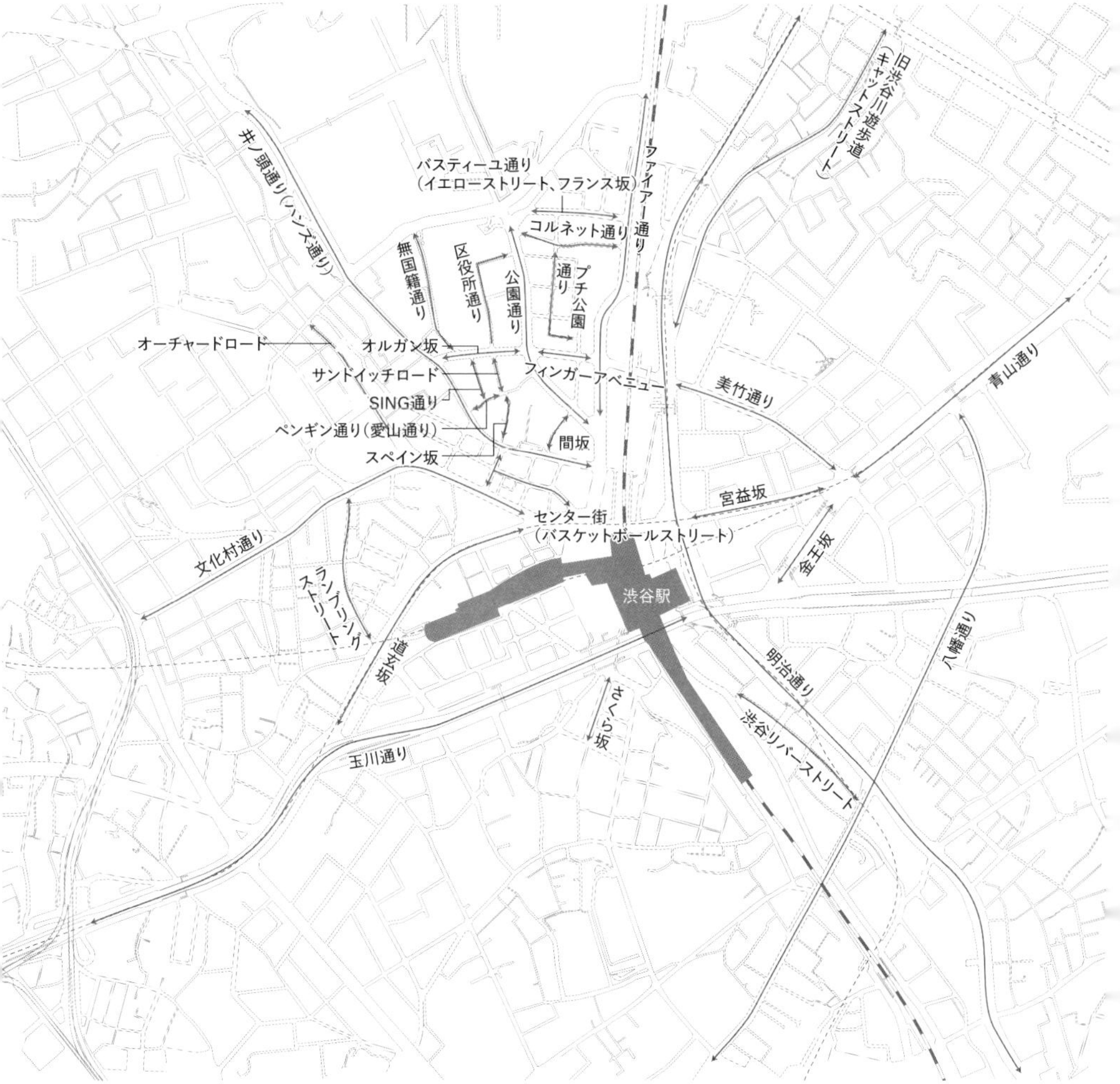
井ノ頭通り（ハンズ通り）
バスティーユ通り
（イエローストリート、フランス坂）
ファイアー通り
旧渋谷川遊歩道
（キャットストリート）
コルネット通り
無国籍通り
区役所通り
公園通り
プチ公園通り
オーチャードロード
オルガン坂
サンドイッチロード
SING通り
ペンギン通り（愛山通り）
スペイン坂
フィンガーアベニュー
美竹通り
青山通り
間坂
宮益坂
センター街
（バスケットボールストリート）
文化村通り
ランブリングストリート
金王坂
渋谷駅
道玄坂
明治通り
八幡通り
さくら坂
渋谷リバーストリート
玉川通り

三叉路のまちの成り立ち

渋谷は、文字通り「谷」にあるまちだ。この場所には、江戸時代には大山街道と呼ばれた青山通りから玉川通りにつながる道しかなかった。この道が渋谷川の谷に下りるところが宮益坂、道玄坂という二つの坂道となった。その後、関東大震災後に渋谷川に沿って明治通りが作られ、宇田川に沿って井之頭通りができ、道路自体も谷筋を走りY字形が造られていく。そして個々のまちづくりが開始されていった。花街の円山、高級住宅地の松濤、戦災復興での渋谷全体の区画整理など開発が行われた。ここに家を建て、まちを造るには台地から谷にかけての斜面に道路を敷いていかなくてはならず、それは結構難しいものだ。平地であれば、碁盤の目に線を引けば便利な道路網を作ることができる。銀座や新宿がそうだ。だけど、こういう地形でそんなことをすると、サンフランシスコのような急傾斜の道路ばかりになって危なくて仕方ない。

斜面になだらかな道路を作るには、S字形で緩やかな傾斜にする方法が採用される。山道は大体そのように出来ている。それを市街地でやろうとすると、地形の等高線に沿う水平な道路を何本も引き、それを短い坂道でつないでいくことになる。この曲線の坂道を宅地区画に合うように直線にすると鉤字形になり、さらに区画整理のための道路にしていくとT字形になっていく。台地の宅地開発が行われた渋谷は、十字路の多い平地と違って、T字路が多く、場所によってはY字路が出来る三叉路のまちが出来上がっていった。渋谷区役所と渋谷駅の高低差は17ｍもあるので、場所によって、坂道も傾斜がきついと階段になるところも出来てくる。T字路道路のスペイン坂では高低差が８ｍあり、坂と呼ばれているけれど、実際は階段になっている。

渋谷の三叉路分布

Google Mapをもとに作成

渋谷の谷・台地の地形

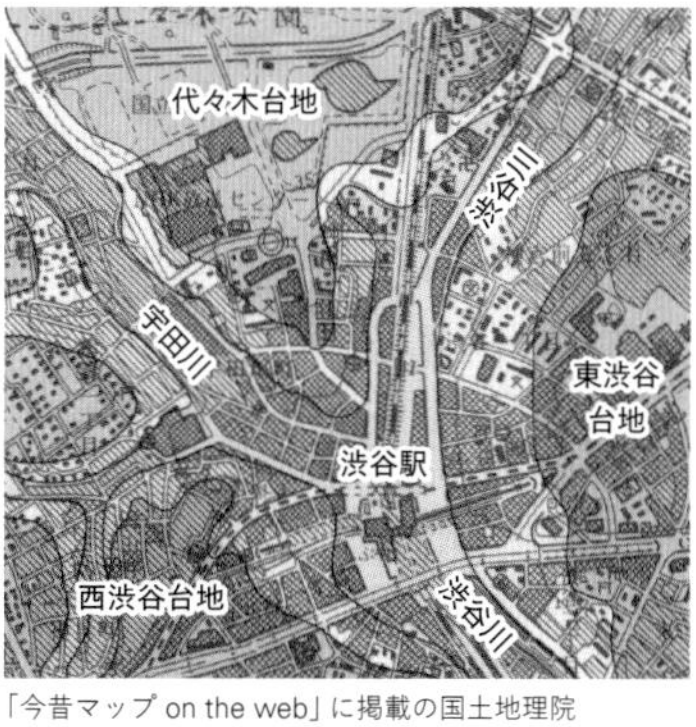

「今昔マップ on the web」に掲載の国土地理院
「都市圏活断層図」をもとに作成

斜面道路形状

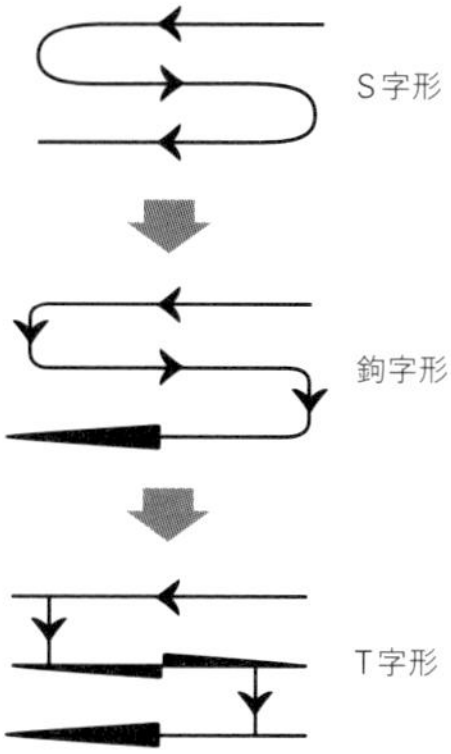

原宿ストリート別用途変化

原宿は「ファッションの街」と言われるだけあって、どのストリートもファッション関係のお店が並ぶが、ストリートによってなんとなく色合いが違っているのはなぜだろう？　どのような用途の建築がどれくらいの面積を占めていたのかを１９７０年から10年ごとに見てみると、もともとは住宅地であった原宿は住宅が急激に減少し、１９８０年には1階がお店になっている住居・商業併用建物が増え、現在では商業専用や住居・商業・事務所混合の建物が多くなった。

大街路の表参道や明治通り沿いはもともと大きな建物が多く、それが建て替わって下の階が商業で上がオフィスビルの建物や、全フロアが商業のビルに変っていった。大街路沿いはビルも大きく賃料が高いので、それを払えるグローバルブランド・ショップに占められていて、高価な商品を買える人か眺めたい人の行くところだ。

竹下通りはもともと八百屋などがある地元商店街だったのが、70年代の竹の子族の出現で高校生向けショップが増え出して、今のようになってきた。裏原宿も同じようなまちだったけど、その1階がお店に変わり、デザイナーが集まってきて、ファッションを生み出すまちになっていった。

もともと住宅が多かった穏田、キャットストリート、原宿2丁目は２０１０年頃からショッピングストリートに変わったところだ。キャットストリートは、前は渋谷川で、１９６４年に埋められて遊歩道になり、ようやく１９９４年から建設が許可され、現在ではお洒落な建物が建ち並ぶ。隠田と原宿2丁目商店街は商店と住宅があった場所なので、ファッションの他、レストラン、カフェ、雑貨店、美容室などが増えてきたが、まだ昭和のまちの生活感を感じさせるストリートだ。

原宿　建築用途の変化（1970年～ 2010年）

用途別に建物の建築面積を集計（渋谷区建築用途現況図より）

大街路立地型

表参道

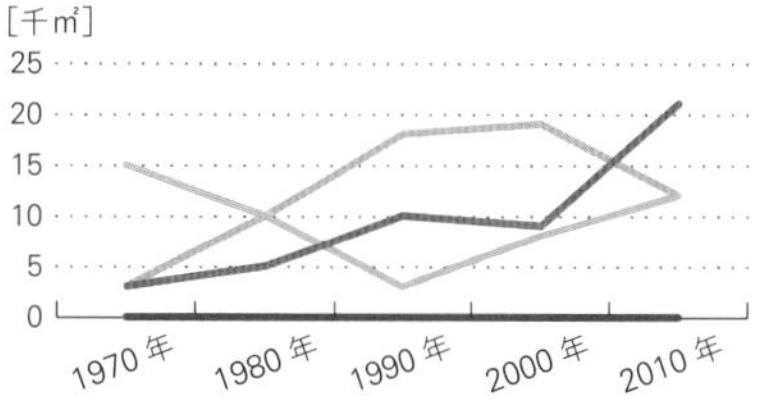

明治通り

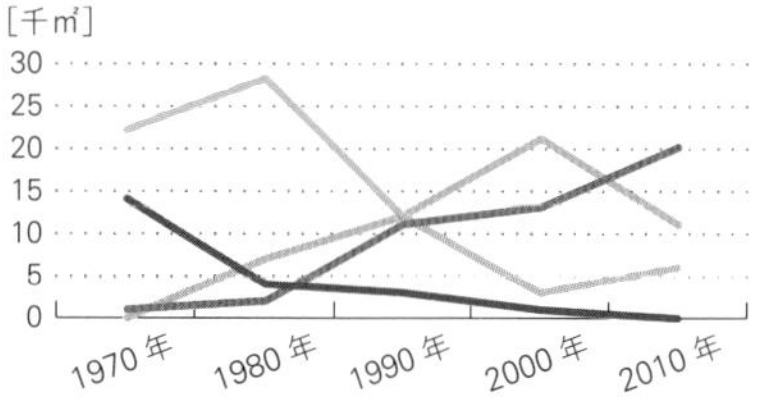

近隣商店街型

竹下通り

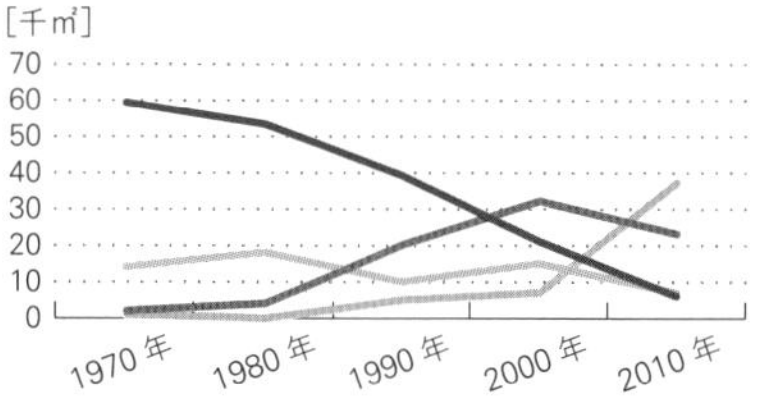

裏原宿

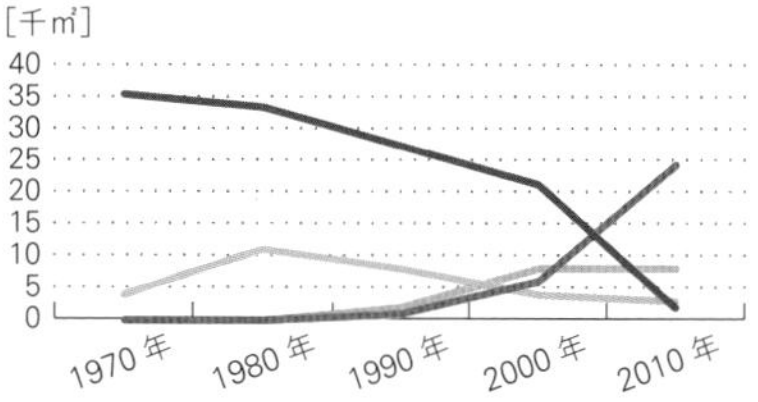

住宅地転換型

穏田

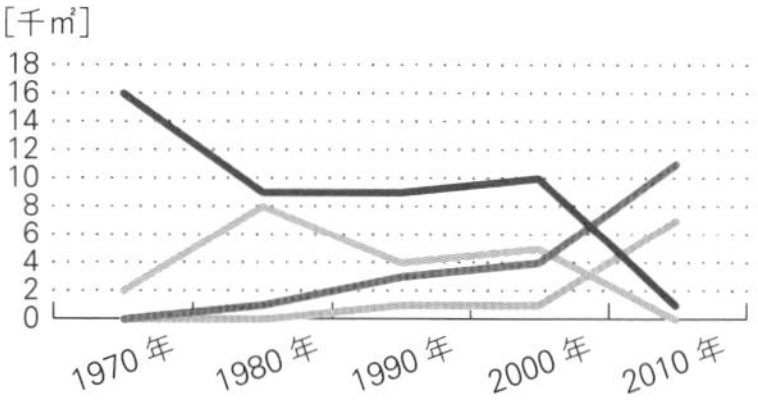

キャットストリート

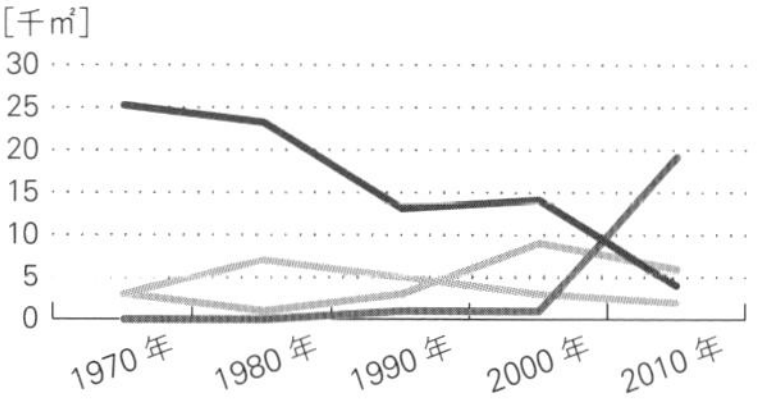

原宿２丁目商店街

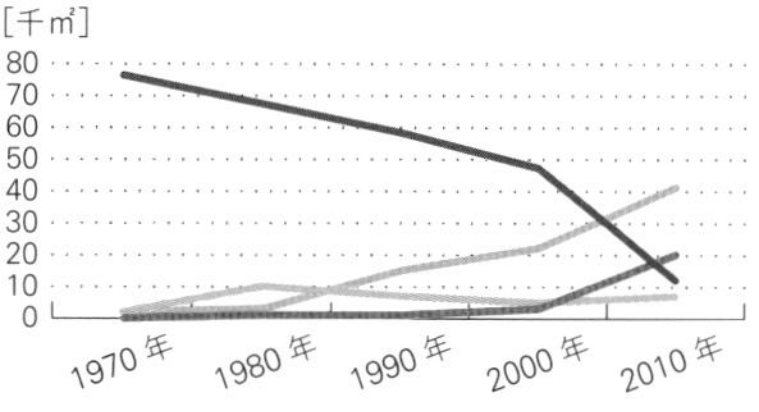

住居専用
商業専用
住居・商業併用
混合

歌舞伎町の「いかがわしさ」は活気の源

歓楽街は夜に賑わう大人の遊び空間だ。歓楽街の中には、居酒屋などの飲食店の他に、キャバクラやガールズバー、ホストクラブといった接待飲食店、性風俗店やその無料案内所などが混在している場合もあり、独特の「いかがわしさ」を醸し出している。その雰囲気にわくわくする人もいれば、不快に感じる人もいるだろう。

日本を代表する歓楽街である新宿歌舞伎町を対象に、「いかがわしさ」の度合いや性質を独自の指標で分類し、エリアの特徴を評価してみた（2018年調査）。「いかがわしさ」を醸し出す要素は多様だと考え、性風俗店やラブホテルなどの業種構成、道路幅員や照度などの街路環境、さらには店舗看板の大きさやそこに書かれた店名やサービス内容を示す言葉が評価基準となっている。一般的な業種業態や建物ファサード調査などの物差しでは測れない歌舞伎町ならではの魅力を評価する試みだ。特に看板に書かれた言葉はユニークかつ多様なので、その性質を体系化し、アンケート調査によって「いかがわしさ」を感じる度合いを重み付けして得点化した。

その結果、歌舞伎町の中でも、飲食店中心で明るい比較的健全なエリアと、明るいながらも性風俗店の卑猥な看板が密集するエリア、幅員が狭くて照度も暗いラブホテルが多く集積するエリアなど、異なる特徴を抽出できた。歌舞伎町を訪れる来街者は、飲食目的の一般客、接待飲食店や性風俗店目当ての男性客、ラブホテル目的のカップル、日本独特のカオスな雰囲気を味わいたい外国人観光客など様々だ。狭いエリア内に多様な「いかがわしさ」を持つ場所が近接しており、これが「眠らない街」の個性と多面性を作り上げている。

視界に入る看板の面積の大小

新宿歌舞伎町

看板の文字情報のいかがわしさの大小

看板の文字情報のいかがわしさの重み付け

構成要素	代表店名	得点
業種＋嗜好＋その他	いちゃいちゃ恋愛エステLOVE＋	8
業種＋その他	店舗型ヘルスストロベリージャム	7
嗜好＋その他	美少女戦士コスプレエンジェル	6
嗜好	新宿平成女学園	5
業種＋嗜好	熟女キャバクラJ	4
その他	ギラギラガールズ	3
業種	無料案内所 びゅあらば	2
該当なし	カサブランカ	1

看板の面積と看板の文字情報のいかがわしさの複合図

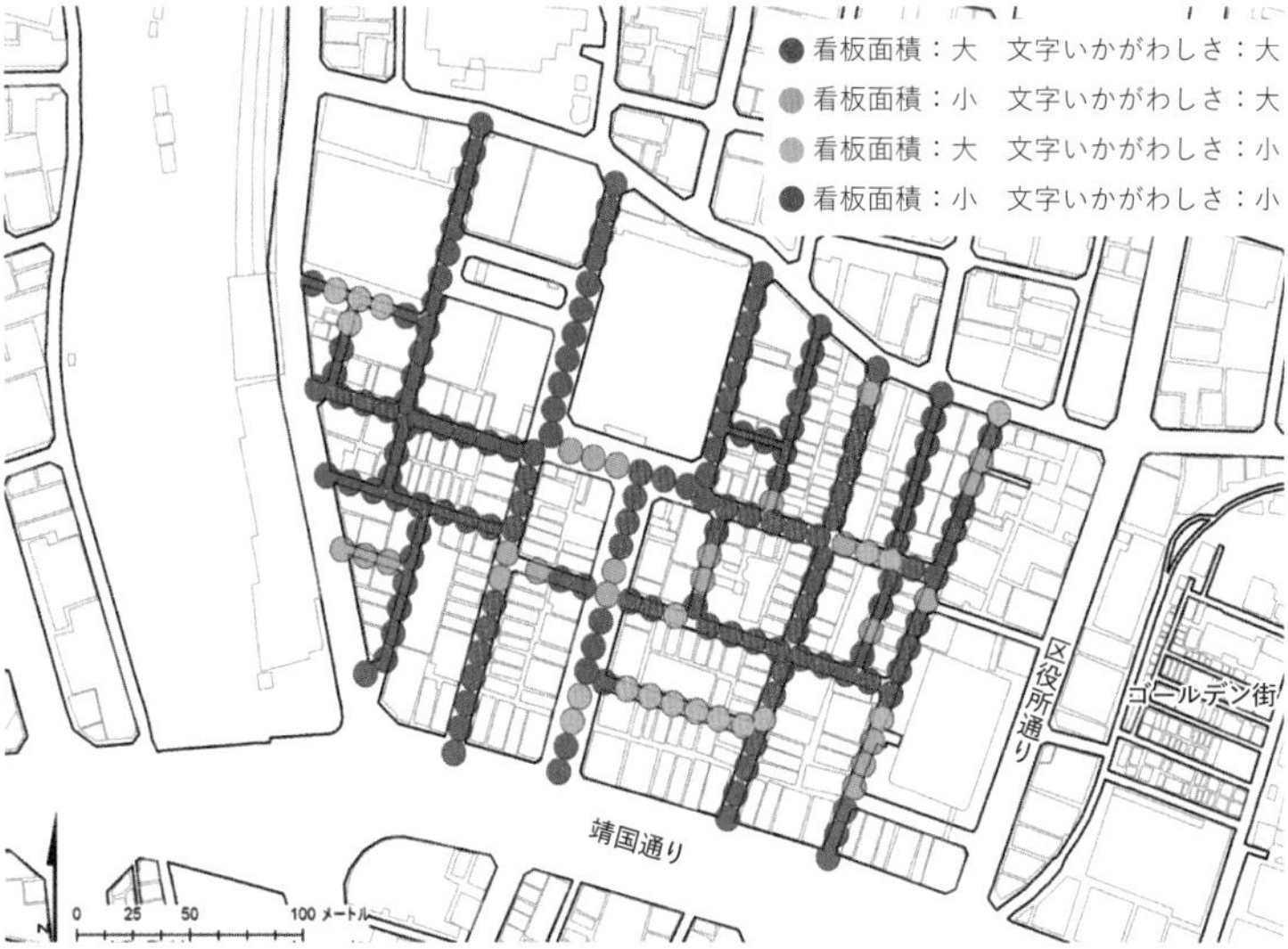

お店の活気がストリートに溢れ出る

商業市街地では、カフェで同伴者と会話したり、居酒屋で立ち飲みしたり、店の外まで陳列された商品を選んだり、アパレル店で店員が客に商品を勧めたりと、店舗を舞台として様々な人々のアクティビティが繰り広げられている。店舗ファサードは、これらアクティビティの舞台である店と通りの通行者とを隔てるもので、開放的なファサードは店内でのアクティビティがダイレクトにストリートに表出するし、外部と内部が完全に隔絶された閉鎖的なファサードは内部でどんなに活発なアクティビティが発生していても、それをストリートから感じることはできない。また、アクティビティの質に着目すると、一人でじっとスマホをいじっているよりも、客同士や店員とのインタラクションがあるほうが賑わいがより感じられ、単独でもスポーツジムでのトレーニングやヨガスタジオでのレッスンのように身体が動いているものは視覚的に賑わいを感じる。

ここでは吉祥寺を対象に、店舗内のアクティビティ発生場所から半径12mを可視範囲として円を描き、ファサードがガラスだったり、開放していれば、その可視範囲がストリートにも溢れ出ると考え、アクティビティの溢れ出しマップを作成した（2017年調査）。色の濃いところが、多くのアクティビティがストリートに溢れ出しているところを示している。駅北側のアーケードのあるサンロード商店街とダイヤ街では、多くの賑わいがストリートへ溢れ出している様子が観察された。具体的には、通りに開け放たれた八百屋や、屋台のような惣菜店は直接アクティビティが外部に表出していた。また代表的な飲食店街であるハーモニカ横丁も小規模で壁のない店が多く、通りへの賑わいの溢れ出しは強かった。店舗の活気をストリートから感じられるかどうかは、まち歩きの楽しさを左右する重要な要素だと言えるだろう。

吉祥寺　店舗内のアクティビティの溢れ出しマップ（2017年）

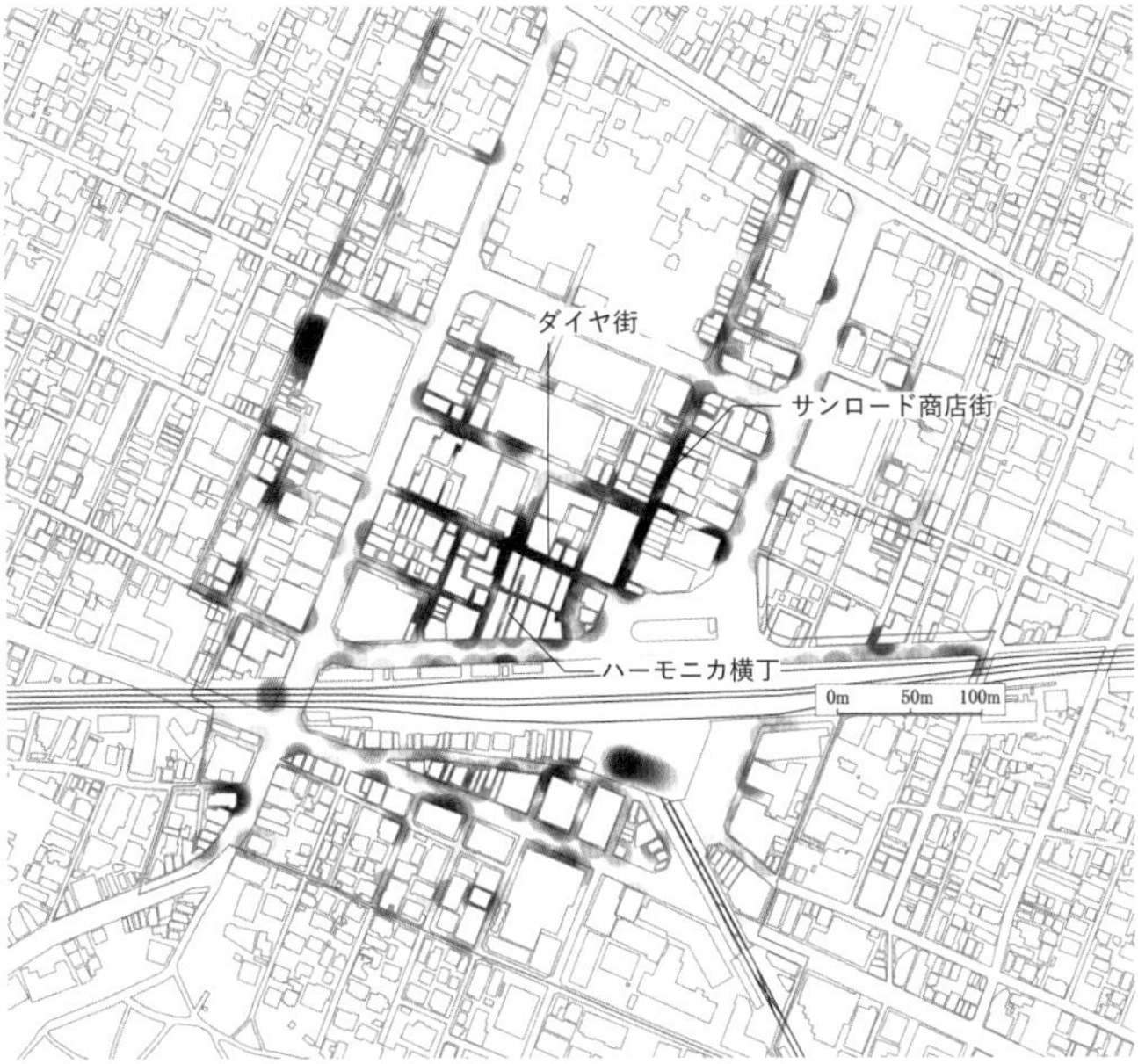

※赤い囲み内が調査範囲

3つの闇市路地の雰囲気の違い

▼輝きだした闇市路地（新宿・吉祥寺・大井町）

戦災後に急造されたバラック造りの闇市は次第に消滅していったが、今でも残る場所はあり、狭い路地に飲み屋がひしめく様子はアジア独特の都市空間として欧米からの観光客にも人気がある。ここでは新宿・思い出横丁、吉祥寺・ハーモニカ横丁、大井町・東小路の3つの闇市路地を観察してみた（２０１４年調査）。店のファサードや、横丁への商品、看板、イス・テーブル、ゴミなどの溢れ出しを見てみよう。

思い出横丁では、表の大通り、中通り、線路側の通りの3本の通りごとに様子が違う。大通りに面したところにはサービス業の店舗が並び、衣料品店もある。内側を貫く中通りは狭い横丁に飲み屋が集中し、とても闇市的な空間だ。昼はシャッターが下りている店が多いが、夜になると全開放型のオープンなスタイルで街路と店舗の境界がなくなり一体化していく。この中通りは、狭すぎて溢れ出しをする余地がない。その代わり、線路側の通りには看板やお店の備品などが昼夜問わず出ている。

ハーモニカ横丁は、小売業の店が半分近くあるのが特徴だ。戦後の闇市時代に物販が多かったという特徴を今も残している。昼間は物販の店から商品が溢れ出ている。飲み屋は昼間シャッターを閉め、夜になると全開放型で開けっ放しになる。何軒かの飲み屋からはイスやテーブルが路地にはみ出し、店の内と外とが一体化する。東側から2本目の中央通りに面する間口の広い飲食店では、昼夜とも営業している店が出てきており、この横丁の活性化が進んでいる。

東小路で狭い間口の飲み屋が並ぶ様子は、かつての闇市時代と変わらない。ここのスナックやバーなどの飲み屋は店の中が見えない閉鎖型で、飲み代が不安になる感じだ。中国人経営の店も多いそうだ。昼間は出ていない看板が、夜になると路地に並びだす。

現在の業種分析

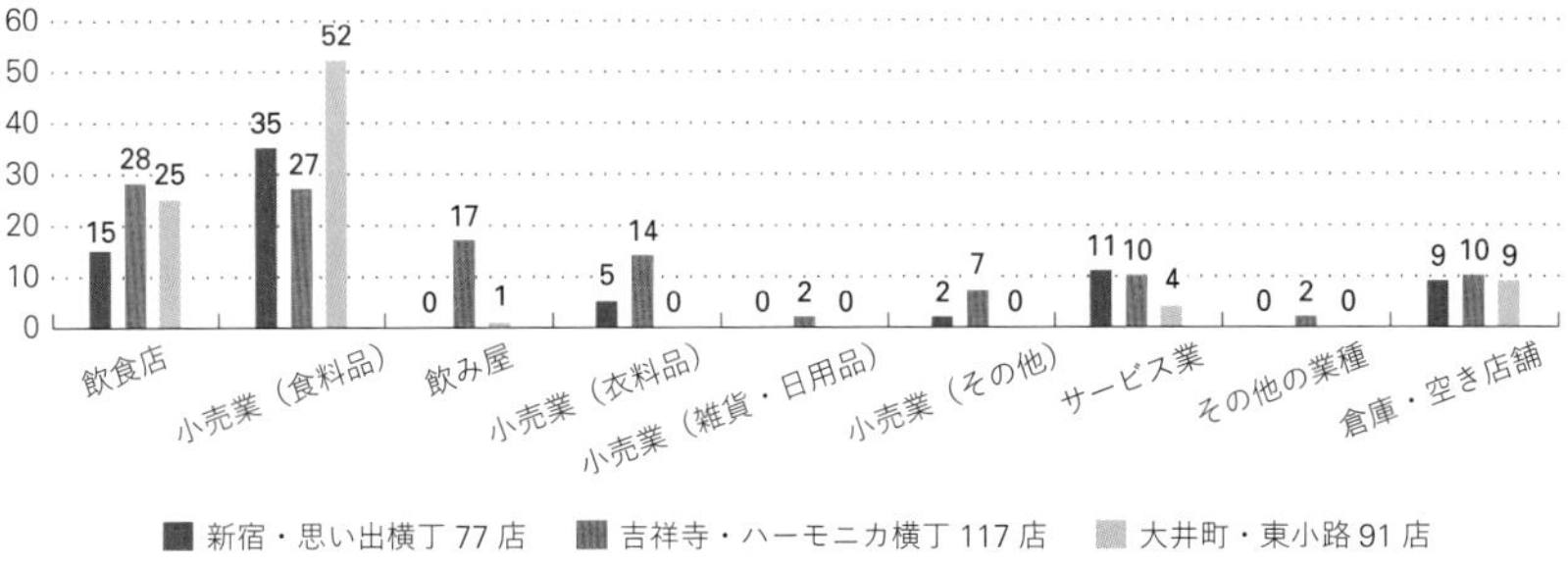

ファサードタイプ　昼夜の変化

思い出横丁

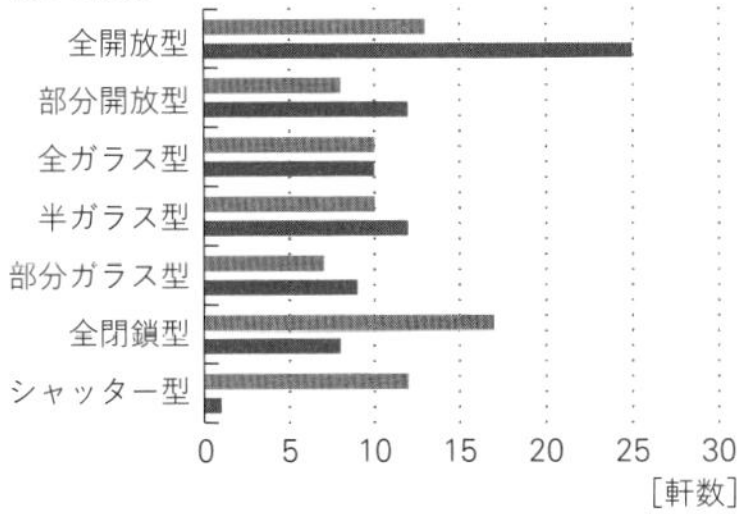

思い出横丁の風景

ハーモニカ横丁

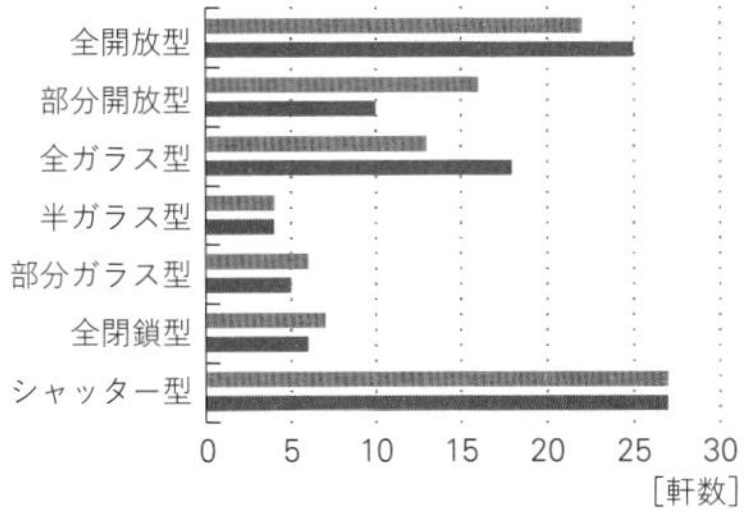

東小路

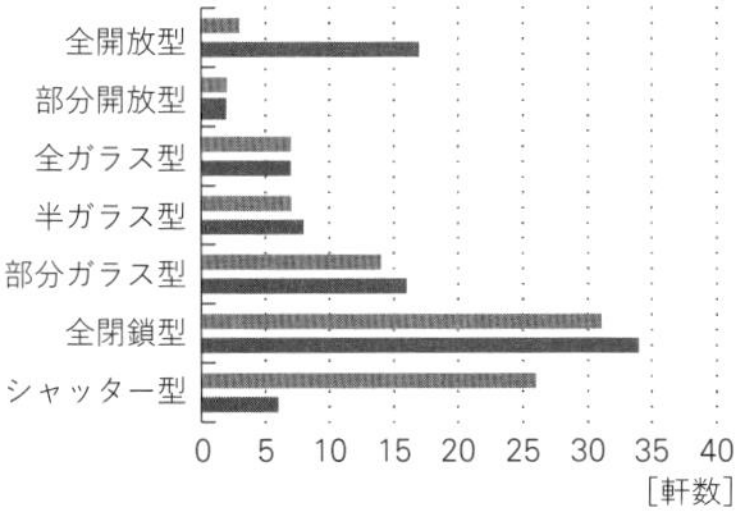

溢れ出しの様子

	商品	看板	椅子、テーブル	ゴミ	緑	自転車、バイク	室外機	人	その他
思い出横丁 昼→夜	6→0	21→24	4→0	15→15	0→0	7→7	0→0	0→0	17→17
ハーモニカ横丁 昼→夜	45→0	19→9	14→31	0→0	3→3	5→1	0→0	0→8	22→13
東小路 昼→夜	0→0	3→30	0→2	15→15	8→5	27→23	12→12	0→3	36→36

▼輝きだした闇市路地（新宿・吉祥寺・大井町）

3つの闇市路地の暗さと騒々しさ

闇市路地の個性は、光と音によっても生み出されているのではないか。そう思い、光の環境と音の環境に着目して、夜間の街路の雰囲気を観察した（2014年調査）。光の環境は照度計により照度（lx）を計測し、地図上に3m間隔でプロットして照度分布図を作成。音の環境は等価騒音レベル測定器で騒音レベル（dB）を計測し、音が発生している店舗とともに地図上にプロットし騒音分布図を作成した。

前項に続いて3つの闇市路地を比較すると、明るさの平均照度では思い出横丁が一番暗いが、最低照度は東小路にあり、最高照度があるのはハーモニカ横丁だった。騒々しさを平均等価騒音レベルで見るとそれほどの違いはないが、思い出横丁が高めなのは路地が狭くオープンな店が多いからであり、東小路が低めなのは閉鎖的な店が多いためである。

思い出横丁は、平均照度が91lxと最も暗いものの、オープンスタイルの店舗が並ぶエリアは明るく、クローズドスタイルの店舗のあたりは暗い。音については、この路地の店はほとんどが飲み屋で開けっ放しのオープンスタイルなので、飲む人たちの声で騒々しい。

ハーモニカ横丁は平均照度が124lxで一番高いが、この路地では各通りで設置してある街灯、天井照明が明るさを決めている。祥和会通りは、イルミネーションも付けており明るい。一方、中央通りは、天井照明がなく暗めになっている。音については、中央通りが騒々しく、静かなのはのれん小路だ。中央通りではオープンスタイルの5店が音の発生源となっている。

東小路には3本の路地があり、メインの通りは賑わいもあり明るいが、北側の通りは場所によって明暗が違い、東側の通りは非常に暗い。音に関しては、店で飲む人の声やカラオケ音が漏れ出している。

3つの闇市路地の照度と騒音

	照度（lx）			騒音（dB）		
	平均照度	最高照度	最低照度	平均等価騒音レベル	最高等価騒音レベル	最低等価騒音レベル
思い出横丁	91	352	12	65	71	62
ハーモニカ横丁	124	810	5.9	64	71	54
東小路	122	745	1.2	61	71	55

JISの照度基準：商店街（繁華）30 ～ 100lx、アーケード商店街（繁華）200 ～ 750lx
環境省の騒音基準：地域類型C　一般地域50 ～ 60dB（時間帯による）、道路に面する地域は＋5

ハーモニカ横丁の照度と騒音分布

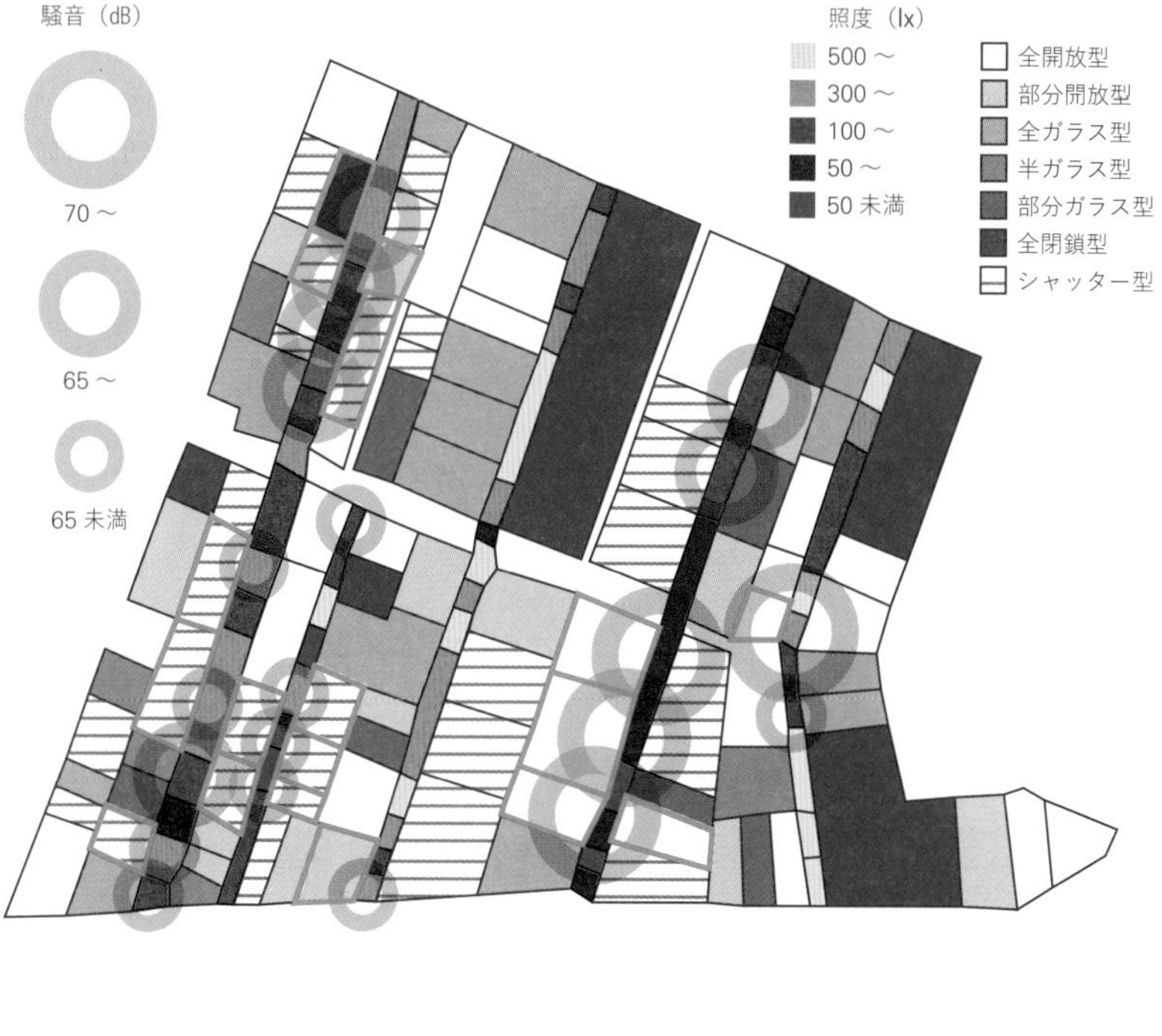

ハーモニカ横丁の再生

闇市路地は戦後の猥雑な雰囲気を残し、現在の街並みには見られない魅力がある。しかし、店舗のマネジメントという点からみると、お店のオーナーの高齢化という深刻な問題を抱えている。後継者が見つからずに店を手放したり、新しく貸し出すということになると、通常入り込んでくるのはチェーン店だ。どこにでもあるチェーン店は、闇市路地の醸し出す独特の雰囲気を消してしまう。この流れをストップさせているのが吉祥寺のハーモニカ横丁で、その仕掛人は株式会社ＶＩＣ代表・手塚一郎氏だ。昔の店舗の骨格を残しつつ、リノベーションを行い、モダンで現代的な空間、そして今までの横丁になかった新しい業態の店舗で、闇市路地をイノベーションしている。

手塚氏は１９９８年の「ハモニカキッチン」を皮切りに、今までなかったファサードのカフェやバーを続々とオープンさせていった。そのモダンなデザインの店とレトロな店が混在した不思議な空間に、20代、30代の若者たちが惹き付けられ、ハーモニカ横丁は吉祥寺の新たな人気スポットとして生まれ変わった。その後、ほぼ1年ごとに新しい店舗を増やしていった。次第に不振となった店舗を借り上げ、立ち飲み式の居酒屋やバーなど、モダンデザインの店舗に変貌させるのだ。手塚氏がオープンさせてきた11店舗の半分以上が、昼頃から開店してランチサービスを行い17時以降は飲み屋になったり、昼はカフェ、夜はバーというように、時間帯により営業形態を変える。それにより、昼も夜も客足が途切れることはない。また、隣り合った店が内部でつながっているというような不思議な空間も作られている。どの店舗もオープン型やガラス・ファサード型で、お客が通りに溢れ出て、店の内と外が一体化する闇市路地ならではの雰囲気を生み出している。

吉祥寺　ハーモニカ横丁の変遷

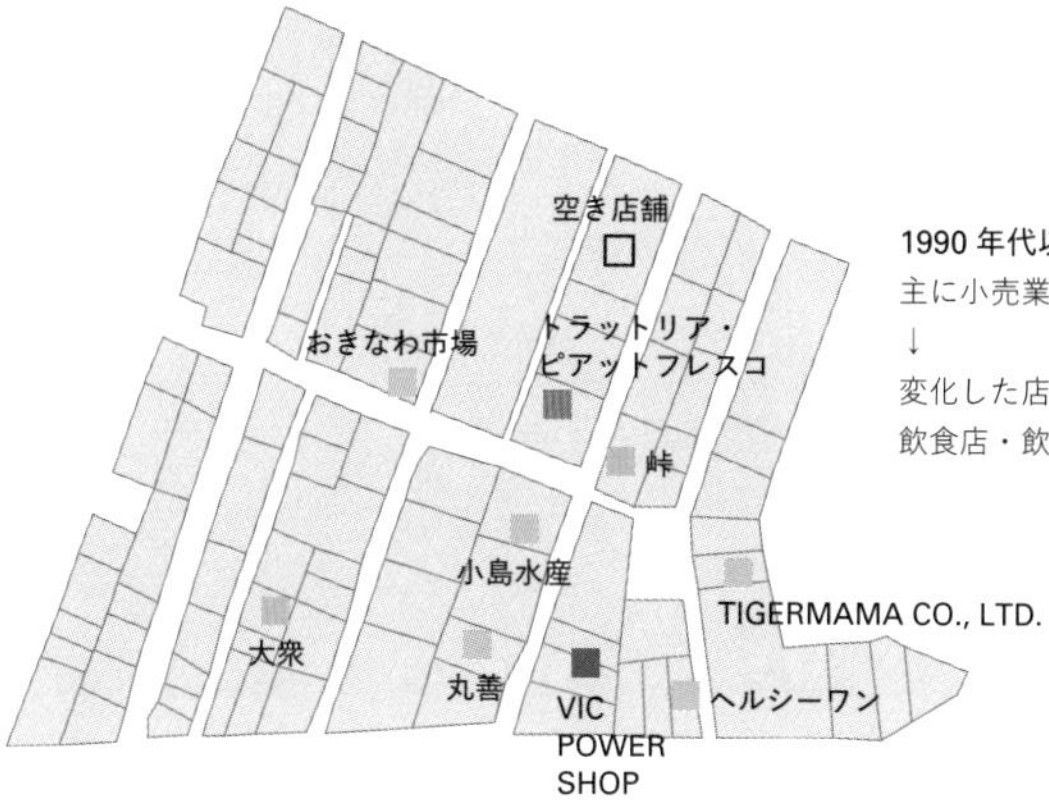

1990 年代以前
主に小売業の店舗が営業
↓
変化した店舗はすべて
飲食店・飲み屋に

飲食店　飲み屋　小売業（食料品）　小売業（雑貨・日用品）

2000 年代以降
店舗の間口や面積に変化はないが、
2、3 階をうまく活用し、
また隣り合った店を
内部でつなげて大きく使う。

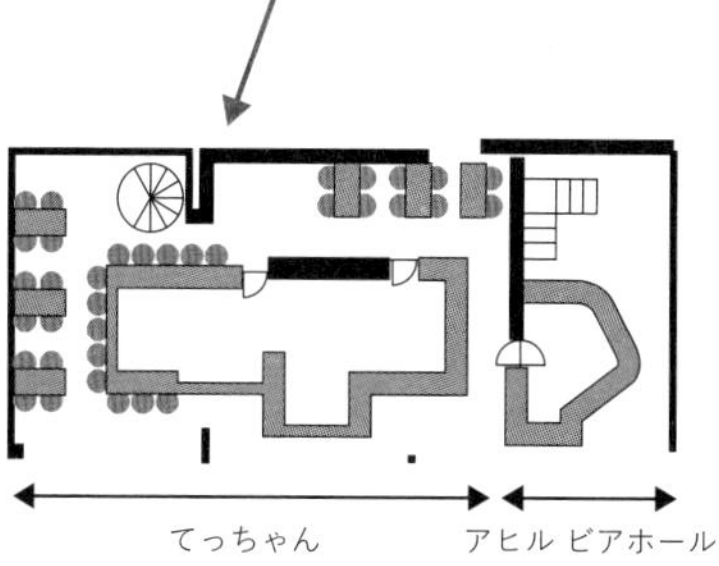

隣接店舗を内部でつなげ、
小規模店舗を拡大活用

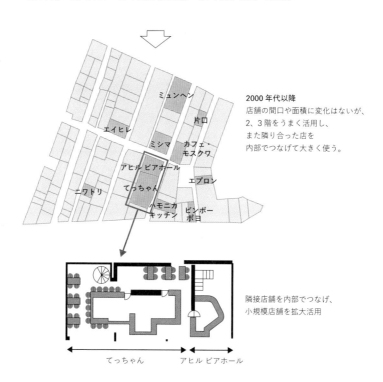

路地とお店の狭さはどのくらい？

居酒屋などの飲食店がひしめき合う横丁的路地裏空間は、迷路的でノスタルジックな雰囲気もあり、都市の大きな魅力の一つだ。近年では若者や外国人観光客にも人気がある。しかし、都市再開発によって、これらの路地裏空間は年々姿を消しつつある。世田谷区三軒茶屋の通称「三角地帯」も、魅力的な路地裏空間の一つだ。同じく三軒茶屋にある一般的な商店街である三軒茶屋銀座商店街と、店舗面積や間口幅を比較することで、三角地帯の高密性を調べた（2012年）。

店舗面積は、三軒茶屋銀座商店街では30㎡以上がほとんどであるのに対し、三角地帯では10〜30㎡が全体の半分を占め、三角地帯の方が小規模店が多いことを示している。間口幅は、両地区とも4〜7mが最も割合が高いことは同じだが、最小の0〜3mの割合は、三軒茶屋銀座商店街が17％なのに対し、三角地帯は35％と2倍以上多かった。0〜3mと4〜7mを合わせると、81％と大部分を占めており、三角地帯の店は間口もかなり狭いことがわかる。

街路幅員を沿道の建物の高さで除したD/Hで比較すると、三軒茶屋銀座商店街は1以上だったのに対し、三角地帯は最大でも0・7、最小は0・1と大きな違いが見られた。D/H＝1の場合、道幅と建物の高さが均整のとれた心地よい空間と規定することができる。D/Hが大きくなる（D/H≧1）と、開放感のあるのびやかな空間となり、反対にD/Hが小さくなる（D/H≦1）と、狭く親密な空間として評価することができる。こういった指標だけでなく、三角地帯は蛇行した道が入り組んでおり、遠くが見通せる街路はほとんどない。これもこのエリアが迷路のように感じられる所以だ。

三軒茶屋　三角地帯と三軒茶屋銀座商店街の比較（2012年）

売場面積

	三角地帯147店	三軒茶屋銀座商店街78店
10㎡未満	11（約7%）	2（約3%）
10–29㎡	74（約50%）	6（約8%）
30–49㎡	34（約23%）	24（約31%）
50–99㎡	12（約8%）	21（約27%）
100㎡以上	16（約11%）	25（約32%）

間口幅

	三角地帯147店	三軒茶屋銀座商店街78店
0–3 m	51（約35%）	13（約17%）
4–7 m	68（約46%）	45（約58%）
8–11 m	22（約15%）	14（約18%）
12–15 m	3（約2%）	2（約3%）
16 m以上	3（約2%）	4（約5%）

路地・街路のD/H調査

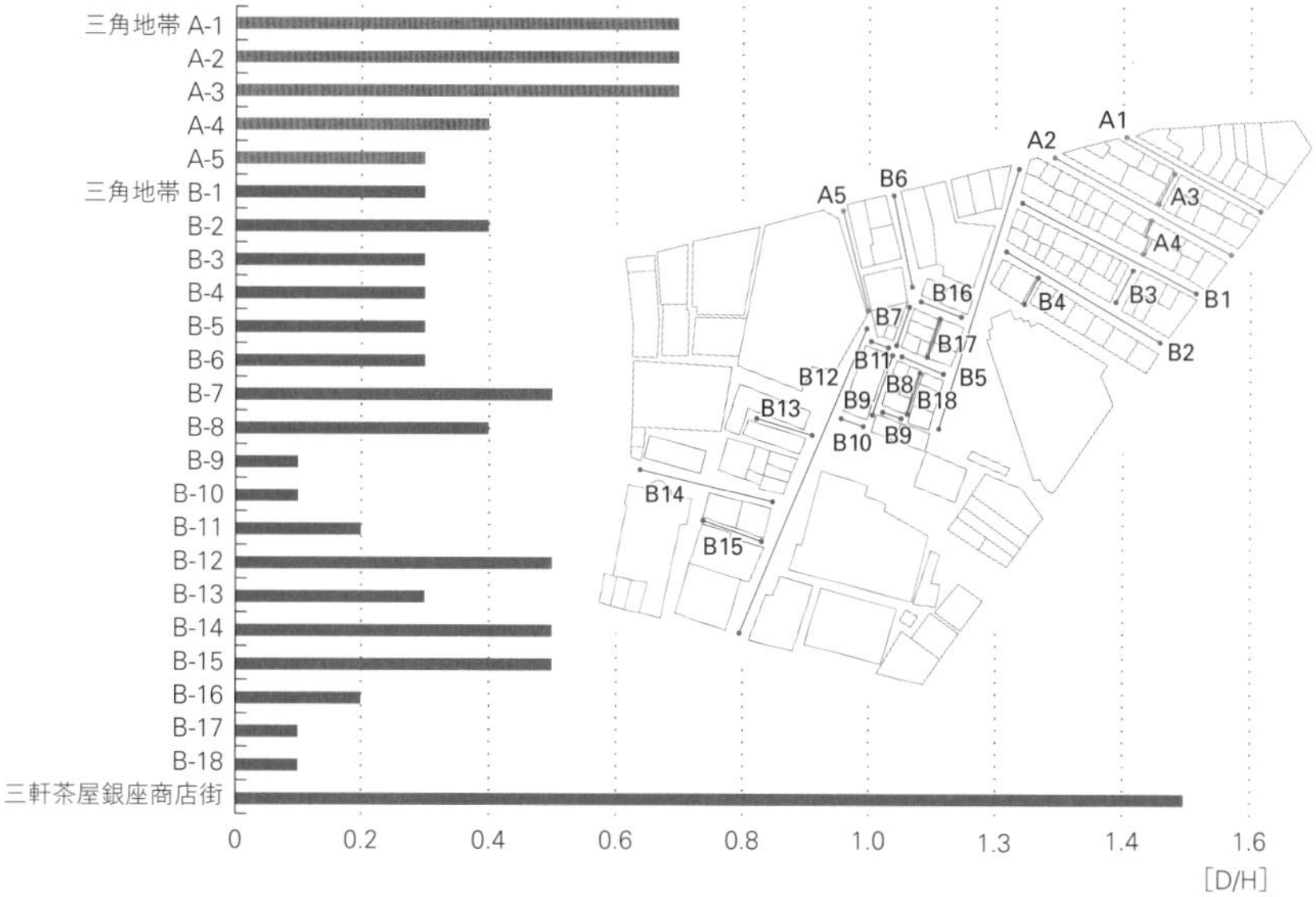

※三角地帯A–1 ～ 5はアーケード、B1 ～ 18は路地空間

レトロな店のタイプ分け

三軒茶屋駅近くの国道246号と世田谷通りに分岐して出来た通称「三角地帯」は、昔ながらの路地が残った独特の都市空間であり、今や三軒茶屋のシンボルでもある貴重な資産である。毛細血管のように細く入り組んだ路地は、人と人がすれ違うのも大変な箇所もある。そこに立ち並ぶ建物はぼろぼろで狭いが、その中に様々なジャンルの良質な飲食店が集っており、食の迷路といった風情だ。そんな三角地帯も防災上の問題はかねてから指摘されており、再開発の計画が進行中で、近い将来に消失してしまう。

そこで、三角地帯とその北側の飲食店街を対象に、建物を「壁の汚さ」というやや主観的な指標と、提灯が出ているかどうかによって分類した（2014年調査）。この地図は三角地帯と再開発ビルであるキャロットタワーなど、新旧が入り混じる三軒茶屋のエリア別の特徴を独自のイラストで表現した「さんちゃレトロマップ」だ。

提灯がある店は三角地帯に多く、提灯はなくても経年劣化した壁面を持つ味のある建物もそのあたりに密集していることがわかる。提灯も出ておらず壁面も一般的な、いわゆる普通の建物は三角地帯にはほとんどなかった。特に三角地帯のゆうらく通り・三茶3番街・エコー仲見世は、店舗の構成は違うがそれぞれにレトロ感を強く醸し出している。戦後の闇市や昭和の雰囲気を伝えるレトロな建物が多く残っていて、これが地区の魅力になっている。その中でもシンボル的な位置付けだったツリボリ三軒茶屋は2009年に、ミニシアターの三軒茶屋中央劇場は2013年に、三軒茶屋シネマは2014年に立て続けに閉店してしまった。レトロな魅力は徐々に失われつつある。都市更新によってこれらの魅力が失われていくことは地区にとって大きな損失と言えるだろう。

三軒茶屋レトロマップ（2014年）

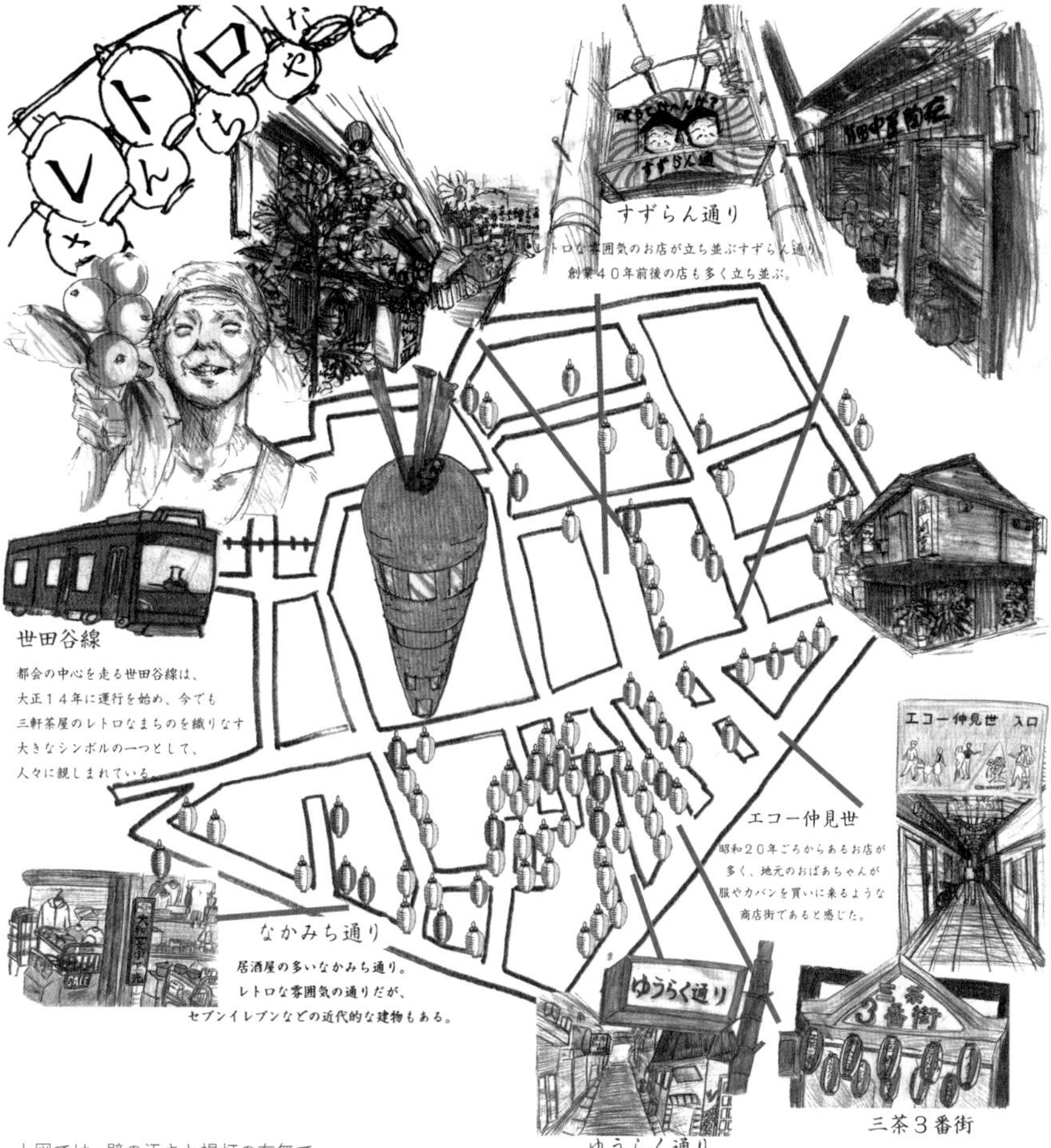
主に飲食店が並んだ通りになっており、
特に居酒屋が多かった。
また、通りの看板も提灯と、レトロ感
を醸し出していた。
ゆうらく通り
闇市発祥であり怪しげな
空間が残っている。
スナックやバーが多いせいか昼間は
非常に閑散としている。

上図では、壁の汚さと提灯の有無で
店舗を以下の3色のマークに分類

壁が汚い
提灯がある

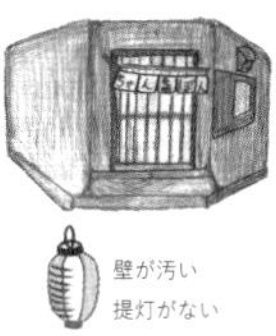

壁が汚い
提灯がない

壁が汚くない
提灯がない

表参道と竹下通りの商品プライス

別項で原宿のエリアやストリートによって、扱うファッションジャンルに棲み分けがされていることを紹介した。しかし、同じジャンルでも商品の価格によってショップの顧客ターゲットは変わり、それはストリートのターゲットにも大きく影響を与える。そこで、ストリートごとにショップの商品の価格帯を比較してみた。メンズ、レディースを問わず、多くの店舗で取り扱っている長袖のチェックシャツを対象に、6つのストリートで計166店舗を調べた（2013年）。

竹下通りでは、平均で約4200円で価格のバラつきは小さかった。ブランド名や品質よりも低価格であることを大々的に打ち出していた。裏原宿の原宿通りでは3000円前後から5000円前後までが多かったが、オリジナルの一点物などを扱う一部のショップでは商品の価格が高くなっており、それが平均を押し上げ約6700円となった。裏原宿のプロペラ通りでは平均は約1万円だった。同じく裏原宿の旧渋谷川遊歩道では、アメカジ・テイストの古着を扱うショップの価格は低いが、モード系のショップは商品単価が高く、結果として平均はプロペラ通りとほぼ同じ約1万円だった。渋谷側のキャットストリートでは、半数以上の店舗が1万円を上回っており、平均は約1万3000円だった。表参道はバラつきが最も大きく、最低が5000円だったが、表参道交差点寄りにはハイブランドのショップが軒を連ねており最高は20万円を超えた。平均は約3万7000円であり、対象の6つのストリートのなかで群を抜いて高かった。

原宿～表参道でグラデーションを描くように価格帯が変化しており、表参道は別格の高価格帯であることがわかる。この価格帯のグラデーションが通りを歩く来街者の年齢層にも反映されている。

原宿・表参道のストリート（2013年）

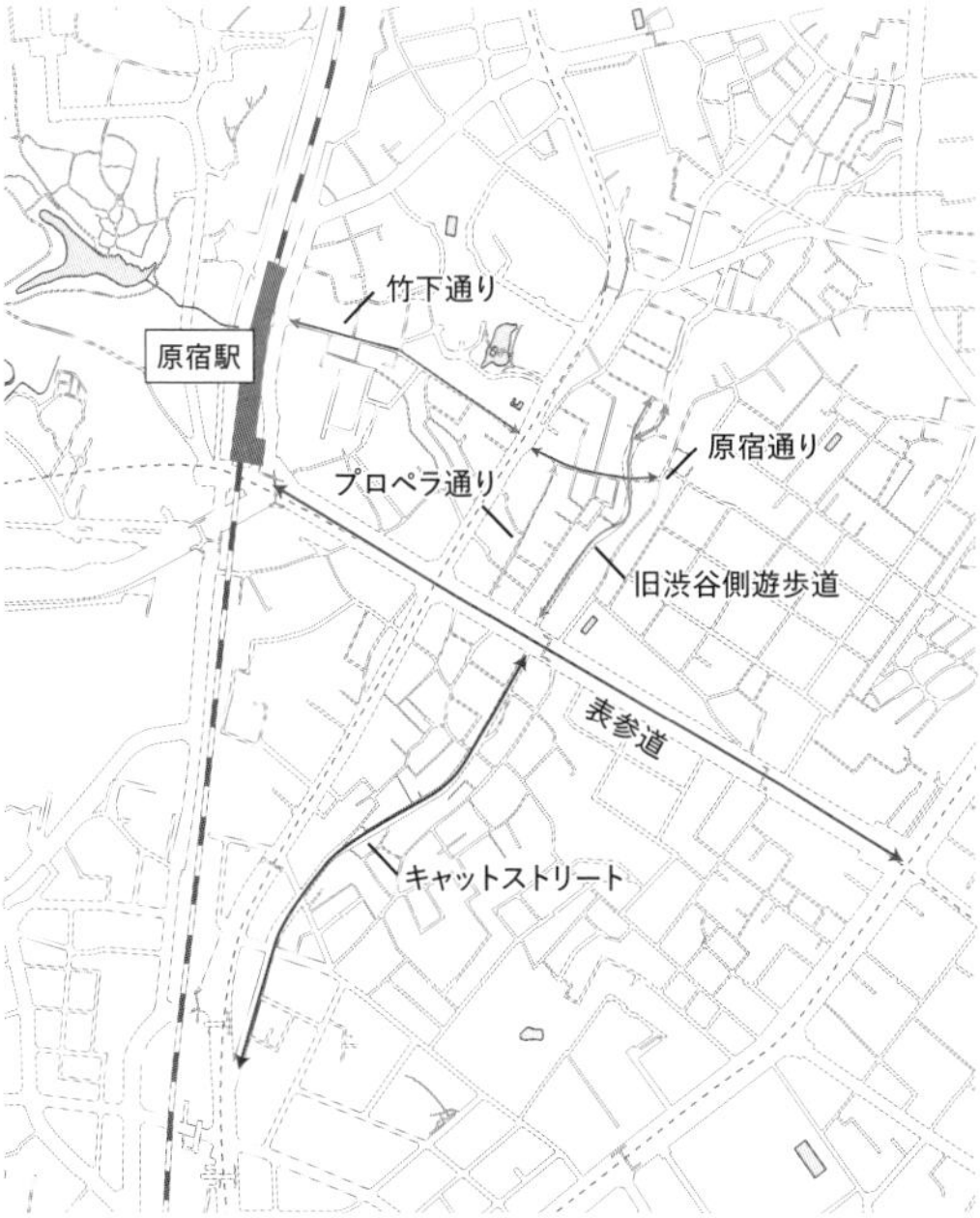

竹下通り
JR原宿駅から明治通りに向かって緩やかに下る通り

原宿通り
通称「裏原宿」と呼ばれるエリアの一つ

プロペラ通り
通称「裏原宿」と呼ばれるエリアの一つ。アメカジ系セレクトショップの草分け的存在だった「プロペラ」が名前の由来

旧渋谷側遊歩道
通称「裏原宿」と呼ばれるエリアの一つ。表参道を挟んで、キャットストリートの神宮前4丁目側

キャットストリート
表参道を挟んで神宮前6丁目側

表参道
明治神宮の参道として作られた通り。高級ブランドの旗艦店が多い

商品の平均価格比較（オンラインショッピング132件と実地調査34件による）

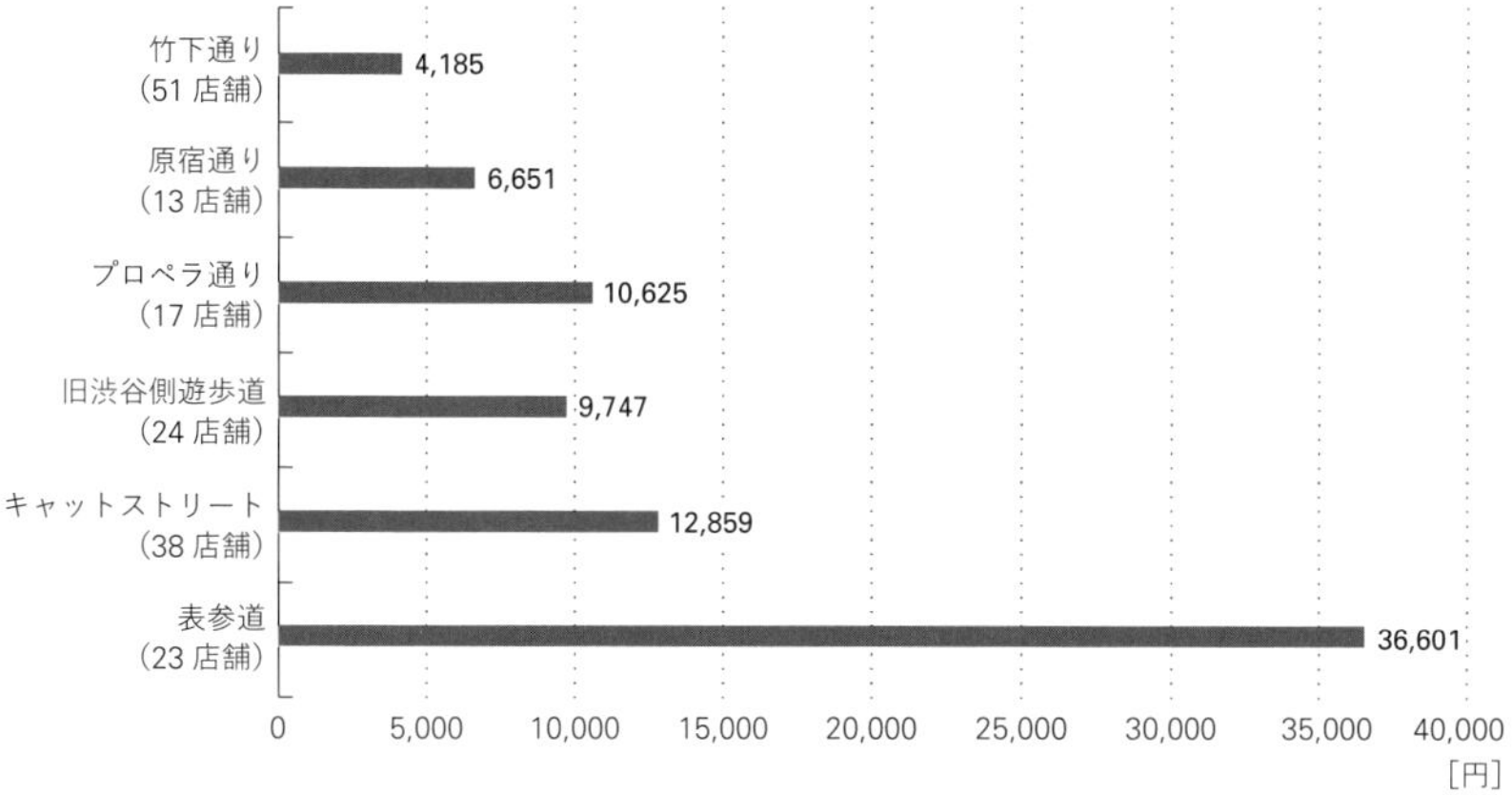

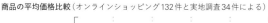

南青山マネキン着衣のお値段

立ち並ぶアパレル店のショーウィンドウはファッションストリートを演出する重要な要素だ。ショーウィンドウのマネキンがまとう商品は、そのアパレルショップが扱う商品テイストの表出だし、それがストリートのイメージを形成する。南青山はイッセイ・ミヤケやコム・デ・ギャルソンなど、有名ブランドの旗艦店も立地する日本を代表するファッションエリアだ。この南青山のマネキンがまとう商品の値段を調べてみた（2015年）。

表参道から伸びるみゆき通りには高級アパレルショップが多く立地しているが、みゆき通りだけでなく、そこから一本南側の路地に入った通りにも、高価なアイテムを身に着けたマネキンが多かった。トータル20万円以上の店が多く、最高はウエディングドレスを扱う店の110万円のドレスをまとったマネキンであった。全身のマネキンが3分の2を占めたが、上半身のみのマネキンが身に着けているアイテムは全身のマネキンのトータル価格より必ずしも低いわけではなく、高価な1点のアイテムを強調してディスプレイしているようだ。

また、マネキンが身に着けているものは店内では販売しておらず、ブランドのイメージを表す非売品アイテムだったり、次シーズンのアイテムを先行展示しているケースが28％と最多のシェアを占めることも特徴的だった。こういった店舗はみゆき通り沿いに特に多く見られ、ブランドの旗艦店が多いこととも関係しているのだろう。このように、個々の店舗が競い合うように最先端のアイテムをショーウィンドウのマネキンに着せることで、南青山エリアのファッションストリートとしてのイメージを高めていることがわかる。

マネキンが着る服の値段（2015年）

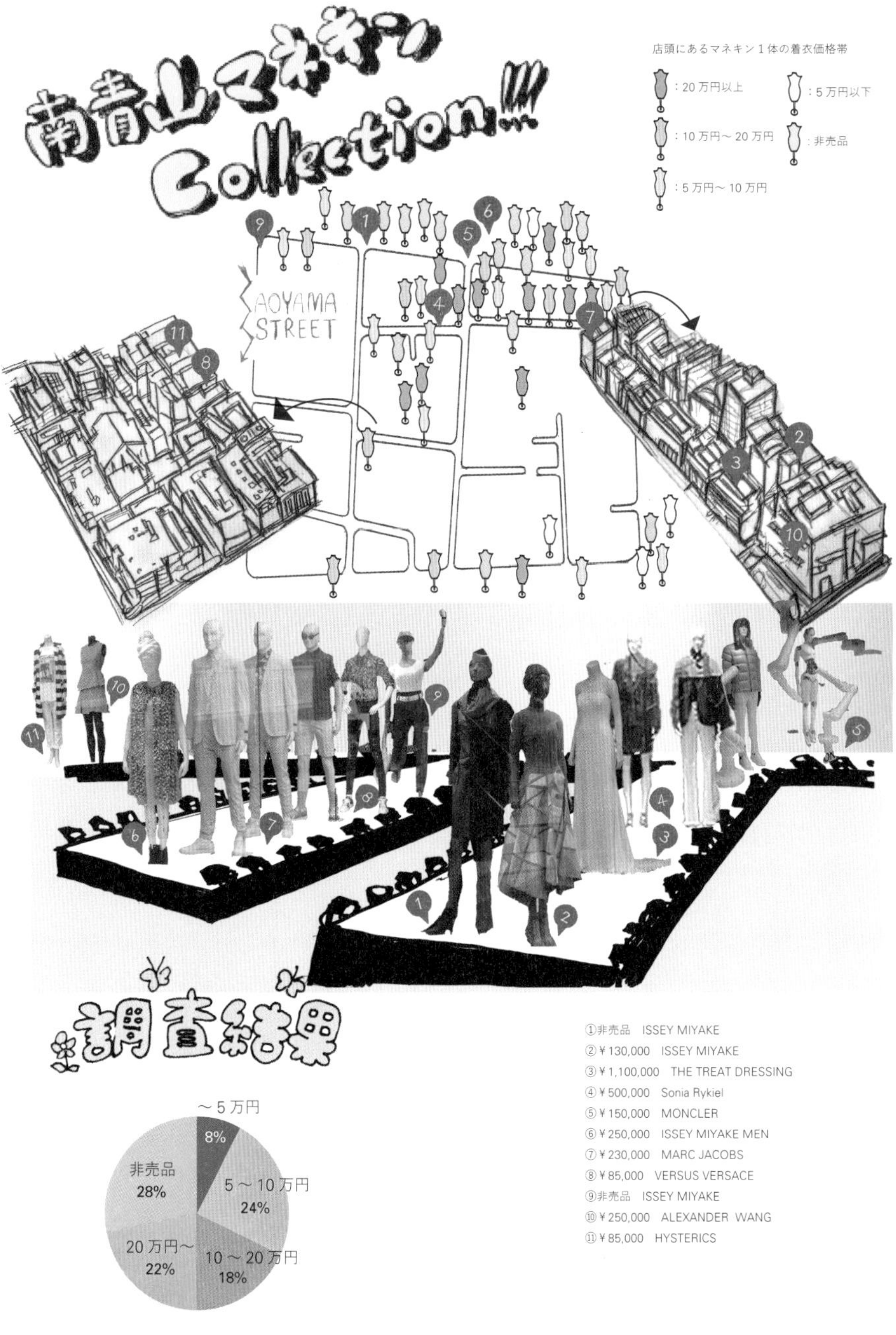
南青山マネキンCollection!!!
店頭にあるマネキン１体の着衣価格帯
：20 万円以上
：5 万円以下
：10 万円〜 20 万円
：非売品
：5 万円〜 10 万円
AOYAMA STREET
調査結果
〜 5 万円 8%
5 〜 10 万円 24%
10 〜 20 万円 18%
20 万円〜 22%
非売品 28%
①非売品　ISSEY MIYAKE
②￥130,000　ISSEY MIYAKE
③￥1,100,000　THE TREAT DRESSING
④￥500,000　Sonia Rykiel
⑤￥150,000　MONCLER
⑥￥250,000　ISSEY MIYAKE MEN
⑦￥230,000　MARC JACOBS
⑧￥85,000　VERSUS VERSACE
⑨非売品　ISSEY MIYAKE
⑩￥250,000　ALEXANDER WANG
⑪￥85,000　HYSTERICS

渋谷マネキン着衣のお値段

前項に続いて、マネキンがまとう商品の価格を今度は渋谷公園通り北東エリアで見てみよう（2014年）。渋谷公園通りは1973年のパルコ開業時に区役所通りから名称が変更された。パルコによる時代の波を掴んだ巧みなメディア戦略の効果もあり、駅から離れた立地にも関わらずファッション感度の高い若者を惹き付ける通りとなった。この公園通りの北東エリアはプチ公園通りと呼ばれ、文字通り公園通りの路地裏側でNHKや代々木公園にも近い。ユナイテッドアローズやBEAMS、SHIPSといった知名度の高いセレクトショップをはじめ、マーガレット・ハウエルなどの海外ブランド店やRAGTAGなどの古着屋も立地する隠れ家的エリアで、高級ブランドの旗艦店が多い南青山とはかなり様子が異なる。また、レディース12店舗、メンズ27店舗とメンズが多いのも特徴だ。

調査時はセール実施中であった。渋谷の中では比較的高価格な商品を扱う店が多いとはいえ、南青山と比較するとセール期間中だったことを考慮しても価格はかなり低く、単品で1万円を超えるアイテムは少なかった。マネキンの全身のアイテムでも合計で5万円を下回るコーディネートがほとんどで、南青山の4分の1以下だ。また、アイテムを見てもTシャツやショートパンツなどカジュアルなものがほとんどで、それも南青山との違いだった。それでも渋谷を代表する若者のストリートである渋谷センター街に比べると価格帯は高く、ターゲットの年齢層も少し高いようだ。高級ブランドのマネキンが立ち並ぶ南青山と、リーズナブルでカジュアルなアイテムをまとったマネキンが立ち並ぶ渋谷では、やはりストリートの雰囲気は全く異なる。

マネキンが着る服の値段（2014年）

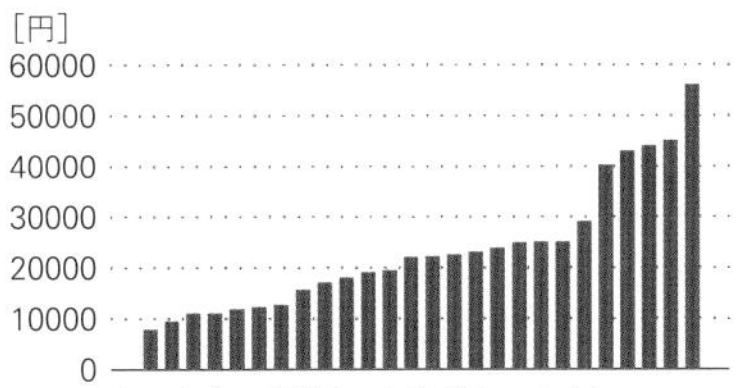

メンズ（26店舗中18店がセール中）

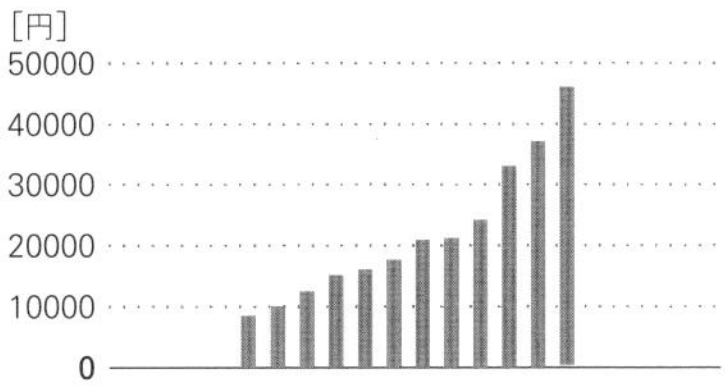

レディース（12店舗中8店がセール中）

閉ざす店ほど値段が高い

恵比寿は1994年の恵比寿ガーデンプレイスの開業や1997年のアトレの開業により、まちの商業機能が強化された。隣接する渋谷駅周辺に匹敵する商業集積を持ち、飲食店も多い商業市街地だ。左の図は恵比寿の飲食店243店舗を対象に、空間的な属性であるファサードの開放度と、ソフト的特性である平均客単価という、一見つながりのなさそうな2項目の関係を調査したものである（2013年）。

ファサードの開放度を8つに分類したうち、3番目に開放度が高い「全ガラス型」が調査店舗のうち約30％を占めており、価格帯別では3000円以下、3000〜5000円、5000〜8000円で、この「全ガラス型」が最も比率が高い。一方で、1万円以上という高価格帯では、店舗内が見えず閉鎖度が2番目に高い「全閉鎖型」が7店舗中5店を占め、残りの2店は最も閉鎖的な「シャッター型」だった。サンプル数の問題はあるが、1万円を超えるような高価格帯の店は閉鎖的で、リーズナブルな店は開放的な店舗が多いことがわかる。

リーズナブルな店は客単価が低い分、多くの入店客が必要で効率的に客を回転させる必要があるため、通りを歩いている人が気軽に入れるように、開放度を上げて店舗内が見えるようにしているのだろう。逆に高級店は、予約を前提としたレストランや会員制のバーなど、一見《いちげん》の通行人よりはその店をあらかじめ知っている客をターゲットにする場合も多いため、あえて閉鎖的にして高級感を演出していると考えられる。飲食店の外見がその味までは規定しないが、価格には一定の関係があることを示しており、まち歩き中の店舗選びの参考になるかもしれない。

恵比寿　飲食店の平均価格と店舗ファサード調査（2013年）

平均価格：3000円～5000円

平均価格：5000円～8000円

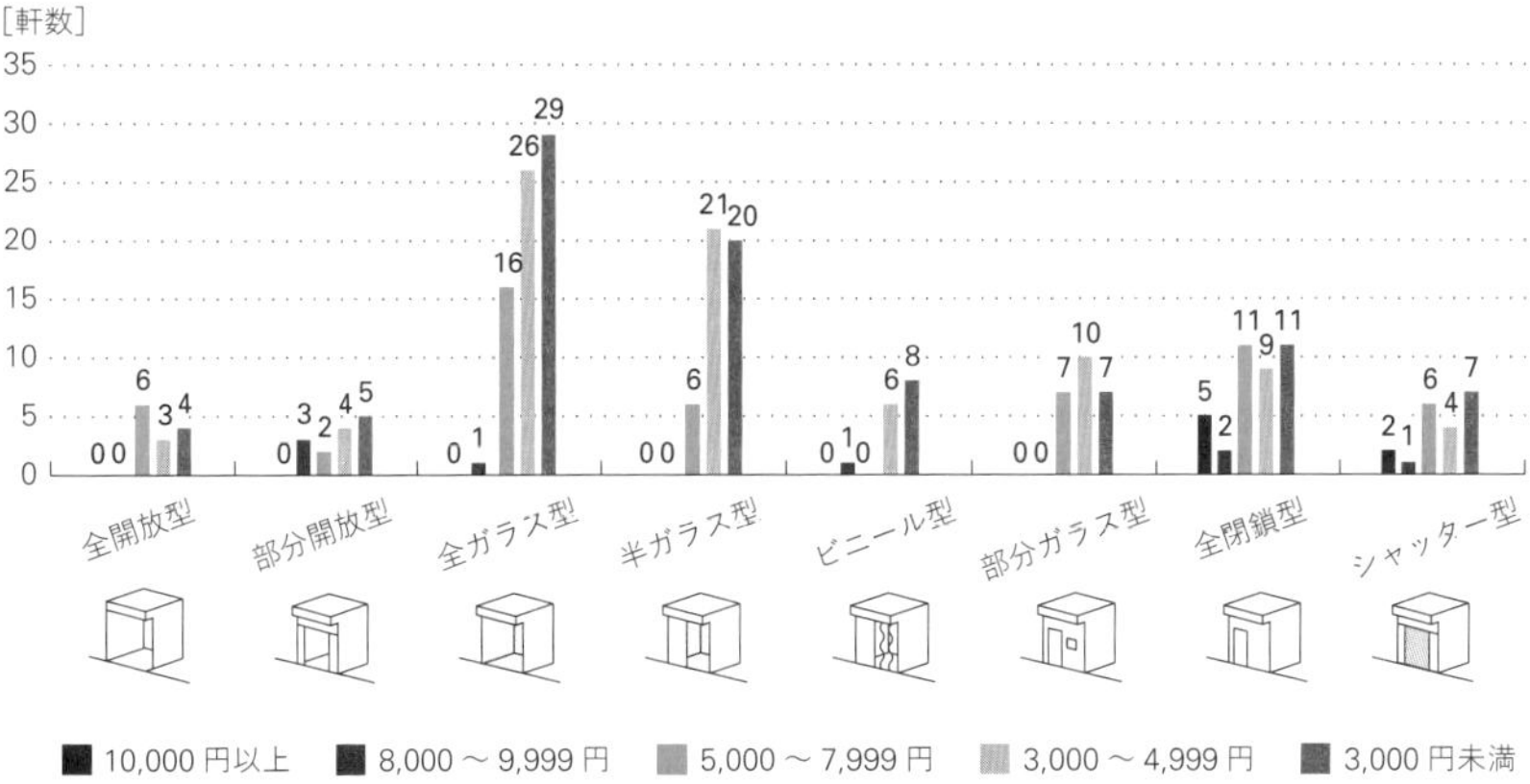

飲食店の平均価格別分布

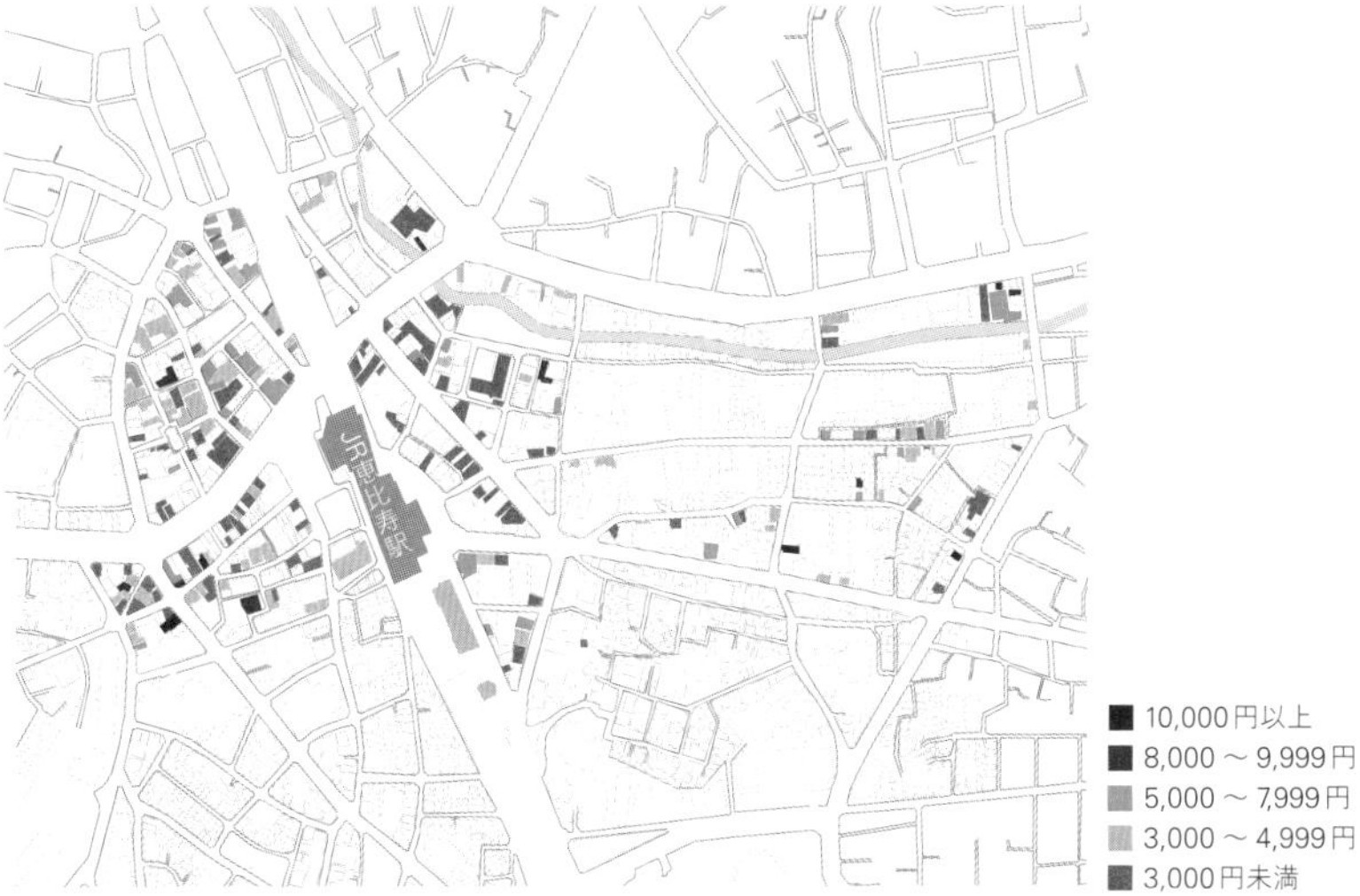

ファッションビル、駅ビル、複合型、モール型の違い

東京都市圏には、駅ビル、モール型、ファッションビル、GMS（General merchandise store）型、複合型の5つのタイプのショッピングセンターがある。これらは屋根付きのストリートで、一つの商店街である。この屋根付き商店街にあるテナントの特徴を調べてみた（2014年）。5種類のうち、GMS型は総合スーパーが中心になっているため、これを外し、駅ビル（アトレ恵比寿、ラスカ平塚、ルミネ新宿）、モール型（ららぽーと横浜、ラゾーナ川崎、テラスモール湘南）、ファッションビル（渋谷パルコ、ラフォーレ原宿、SHIBUYA109）、複合型（丸の内ビル、表参道ヒルズ、ランドマークプラザ）の4タイプを対象とした。

タイプごとに中心になっている業種は違っており、ファッションビルと駅ビルはレディスファッション、複合型は飲食、モール型は食品にテナントの数が多くなっている。ファッションビルはファッション関連のみで約8割を占めており、飲食系が最も少ないタイプで、複合型は飲食系のみで約5割を占めファッションは約2割程度しかないなど、この二つは対照的な業種構成だ。また、駅ビルはレディスファッションが多く、モール型は食品が比較的多い。駅ビルは仕事帰りに立ち寄る場所だし、モール型は家族連れで行く場所だ。

また、タイプに共通して配置されている業種としてファッションとファッション雑貨のテナントを調べた結果、年齢層はファッションビルと駅ビルが10代から20代の若者向け、複合型は30代、モール型は全年代向けのテナントも含んでいる。また、テナントのコンセプトを調べ、キーワードをまとめると、ファッションビルは「個性的」、駅ビルは「女らしさ」、複合型は「エレガント」、モール型は「カジュアル」など、タイプごとに特徴が出る結果となった。

東京都市圏ショッピングセンター　タイプ別比較（2014年）

業種割合

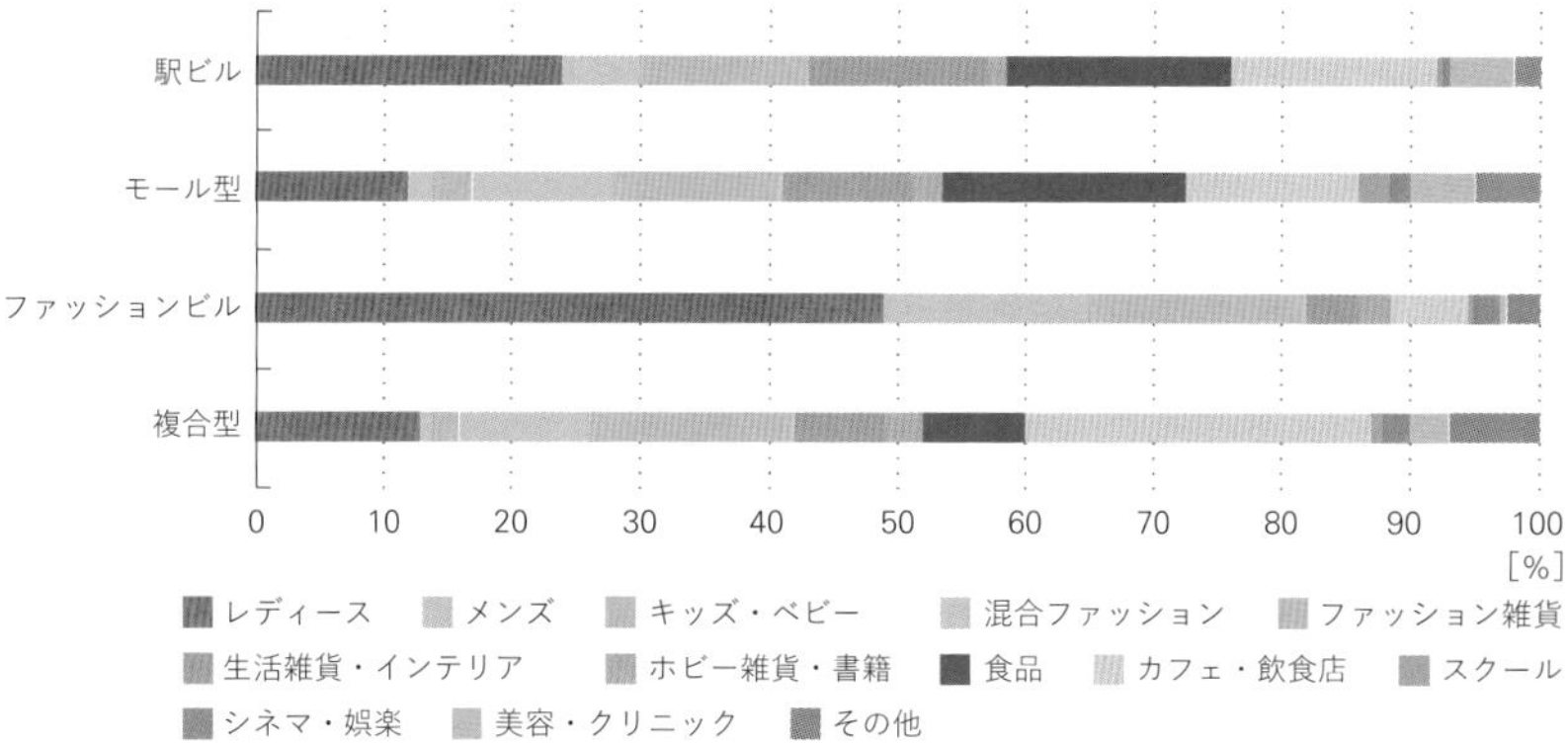

ファッション関連テナントの対象年齢層とコンセプト

駅ビル

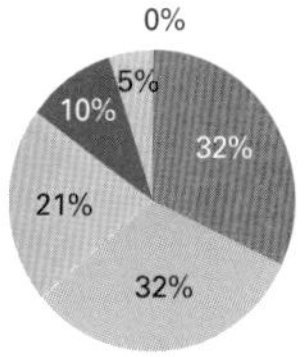

自然体	1
女らしさ	4
ピュア	2
シャープ	1
凛とした	1
美しさ	1
知性	1

⇒20代向けに女らしさを提案

モール型

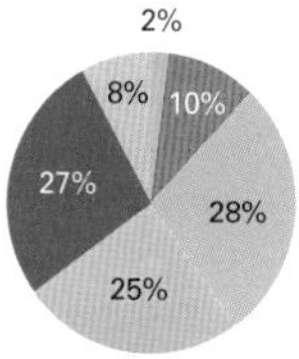

シンプル	5
ベーシック	7
リーズナブル	6
心地よい	2
大人の	1
トレンド	11
カジュアル	13

⇒全年代向けにリーズナブルでカジュアルな店

ファッションビル

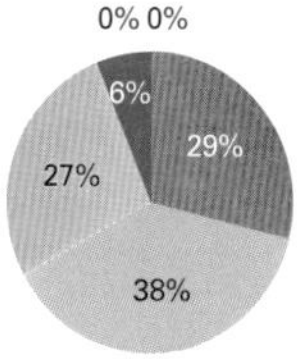

革新的な	1
個性的な	5
自由	2
シンプル	2
こだわり	1
トレンド	6
カジュアル	4

⇒10代・20代向けに個性的な店

複合型

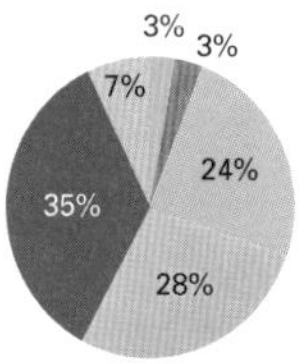

トレンド	1
ラグジュアリー	1
上品	3
知性	1
健康的	1
かわいい	1
エレガント	4

⇒30代向けにエレガントな店

キッズ　10代　20代前半　20代後半　30代　40代〜

テナント安定と激変

屋根付き商店街であるショッピングセンターは、屋根なし商店街と違って顧客・テナント管理を一元的に行っている。そこでは、どんな感じで店舗の入れ替わりが行われるのだろう？

①駅ビル：アトレ恵比寿（2006年と2014年の2時点の変化）

大きな変化は見られないが、生活雑貨や食品、美容・クリニックの増加があった。食品では20代、30代向けの店舗が増え、キーテナントのターゲット年齢も25〜29歳の層が増加するなど、2006年と比べ現在はメインターゲットに含まれる20代後半に特化した構成に変えている。

②複合型：丸ビル（開業時の2002年と2014年の2時点の変化）

両時点でレディースファッションと飲食系を中心とした構成であり、現在はさらにそれに特化している。中心の飲食系は、カフェやアルコールを推す店舗が増えており、休憩したり遅い時間まで長居できるような飲食店のニーズが高まっている。しかし、全体として2002年の開業から現在まで顧客、テナントとも安定している。

③モール型：ららぽーと横浜（2007年と2014年の2時点の変化）

2007年には大きな区画をワークスタジオやホビー雑貨の店舗が占めていたが、現在は外資系テナントやファストファッションに代わっており、2007年の開業時にコンセプトで掲げた「The Life With Culture」というコト消費の要素は減少している。また、キーテナントのターゲット年齢も開業時のメインターゲットから若年層化が進み、コト消費中心からモノ消費中心となっている。開業時、時代を先取りしたコンセプトに顧客は反応せず、スタンダードな店舗構成に戻したことがわかる。

ショッピングセンターの店舗の入れ替わり

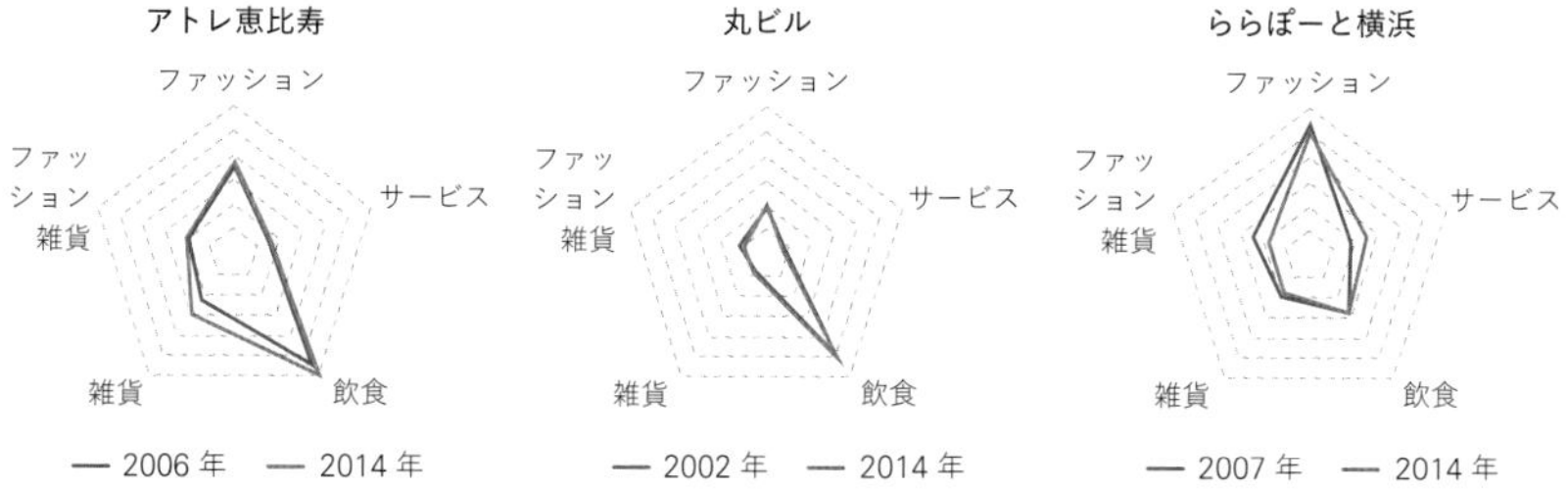

ららぽーと横浜のテナント変化

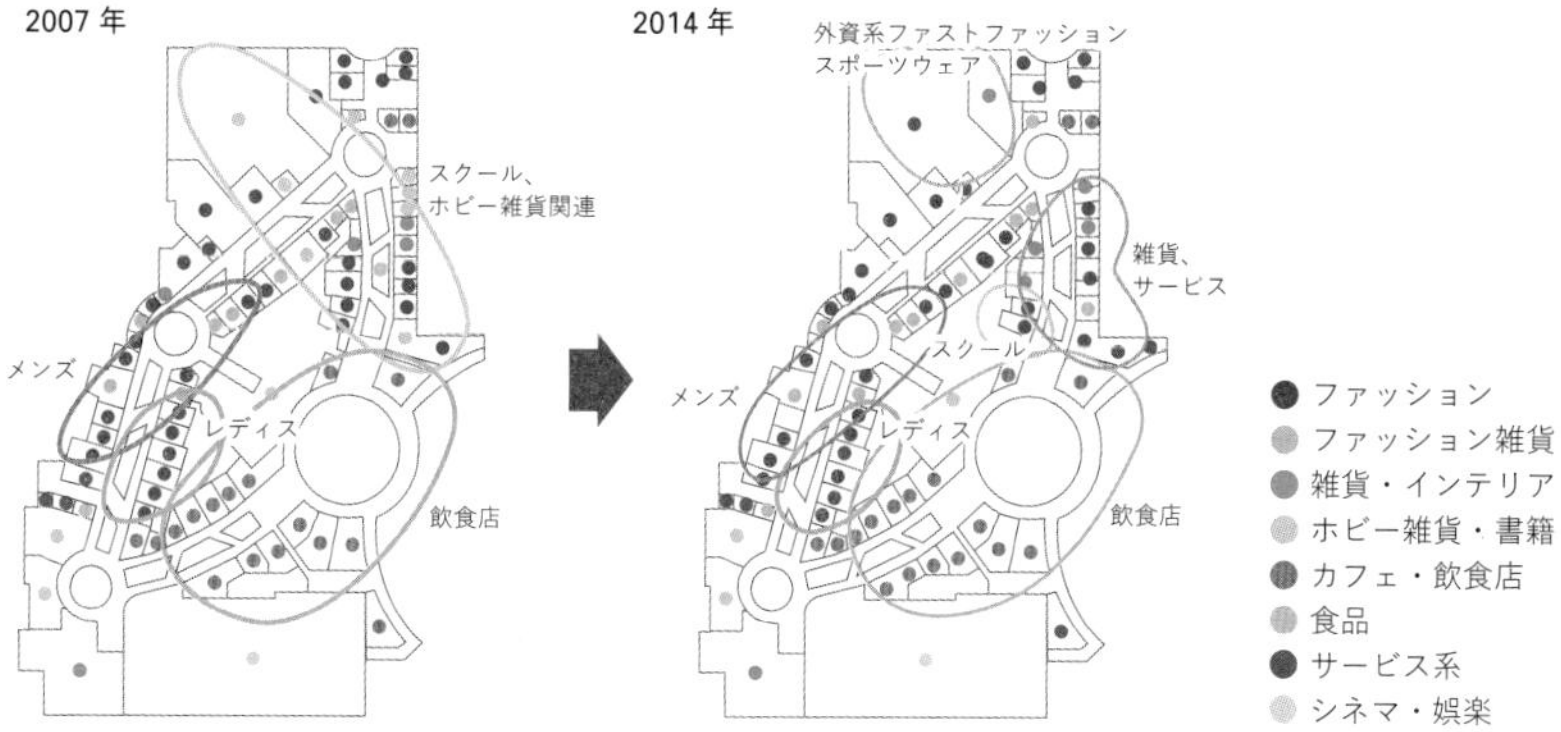

時系列分析：キーテナントのターゲット

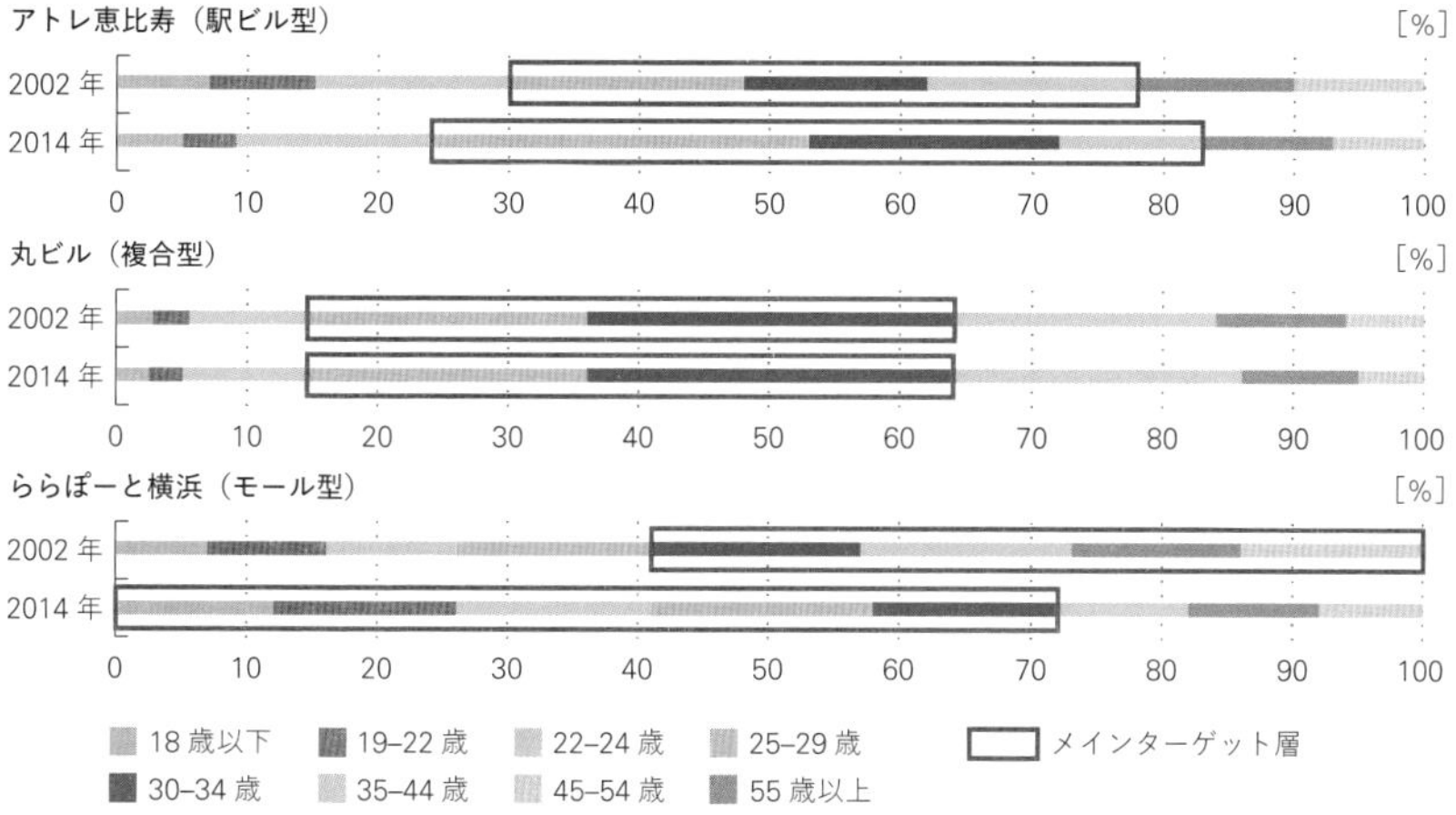

椅子の使われ方

椅子は人が座るための道具だが、必ずしもそれだけではない。ストリート・ファニチャーとして、人を休ませる以外の役割もあるようだ。自由が丘で、そういった椅子の使われ方を調べてみた（2019年）。

まず、座るための椅子については、公園や緑道など公共空間に設置されている場合と、店舗の店先に設置されている場合に大別できる。前者は誰でも利用することができ、休憩スペースとしてまち歩きの疲れを癒すだけでなく、人々の滞留が交流を促す。店舗の店先に設置された座るための椅子のうち、テイクアウト型の飲食店前に設置されている椅子は、店で購入したものをそこで座って食べられるようにしており、テラス席のように機能している。そして椅子の背後の壁などの周辺環境がデザイン・演出されていることが多く、客が座って飲食している姿を含めて、店の賑わい作りに活用されている。また飲食以外の店舗の店先に設置された椅子は、周辺に植栽するなど公園のような落ち着いた店先空間を作り出しているものが多かった。

これに対して、人を座らせない「飾り物としての椅子」もいくつか見られた。その多くは椅子の上に看板が置かれており、看板立てに使われていた。看板を立てる道具と言えばイーゼルなどもあるが、椅子にちょこんと看板を立てかけている様子は、どこか親近感のある店先空間を演出しているように見える。椅子も看板の一部であるかのようだ。また、看板だけでなく店の商品を上に置くなどして、椅子は店先空間の万能な引き立て役を担っている。

自由が丘で見つけた椅子の使われ方タイプ別分布（2019年）

エリアごとに見る椅子の数（使われ方タイプ別）

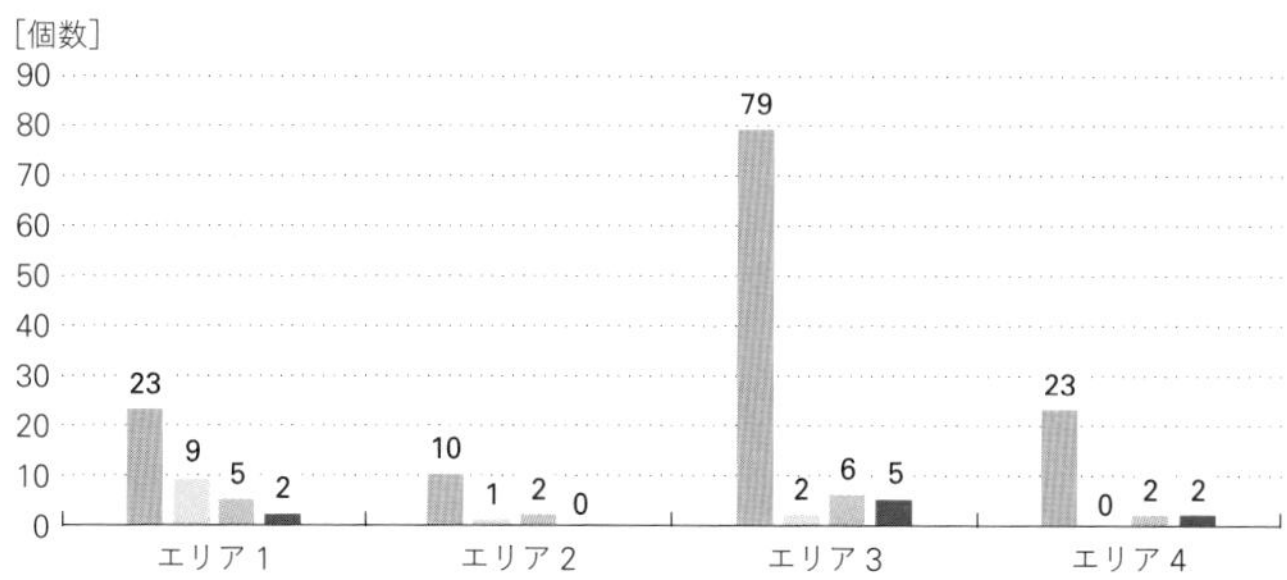

まちに防犯カメラは必要？

防犯カメラは、もとは店内での犯罪を抑止するために設置されることが多かったが、その後、市民の安全を確保するために、繁華街の道路など公共空間への設置が進んだ。当初はプライバシー侵害を訴える市民団体の声もあったが、実際に犯人逮捕に活用される事例も出てその有用性が認知され、現在では住宅街にも広がってきている。

自由が丘で調べてみると、視認できるだけでも83台の防犯カメラが設置されていた（２０１６年調査）。そのうち53台は路上など屋外公共空間に設置されたもので、30台は店舗などに設置されたものだ。店舗の防犯カメラは路上から視認できる範囲でカウントしているので、店内のものも含めるともっと多いかもしれない。入り口付近に防犯カメラを設置している店舗は、銀行や証券会社が多かった。公共空間の防犯カメラは、スーパーのある地区南西部と居酒屋の多い駅北西側に重点的に設置されている。店舗の防犯カメラは各店が自主的に設置したものだろうが、公共空間の防犯カメラはどういった経緯で設置されたのだろう。調べてみると、これは２０１０年に商店街組織が中心となり、東京都の助成を受けて設置されたそうだ。犯罪を抑止するためには防犯カメラが設置されていること自体を目立たせる必要があるが、治安の良いイメージを大切にしたい自由が丘で、これはネガティブなイメージにはならなかったのだろうか？　市民にとってみれば、「防犯カメラが必要なほど危険な街」という受け止め方にもなりかねない。実際には凶悪犯罪は少ないが、ひったくりなどの事件は多いそうだ。設置の際には駅前で大々的なセレモニーが行われ、防犯カメラは「安全カメラ」と名付けられた。「監視」でも「防犯」でもなく「安全」という言葉を使うあたりは、さすが自由が丘らしい巧みなイメージ戦略だと言えるだろう。

自由が丘　防犯カメラの設置されている場所（2016年）

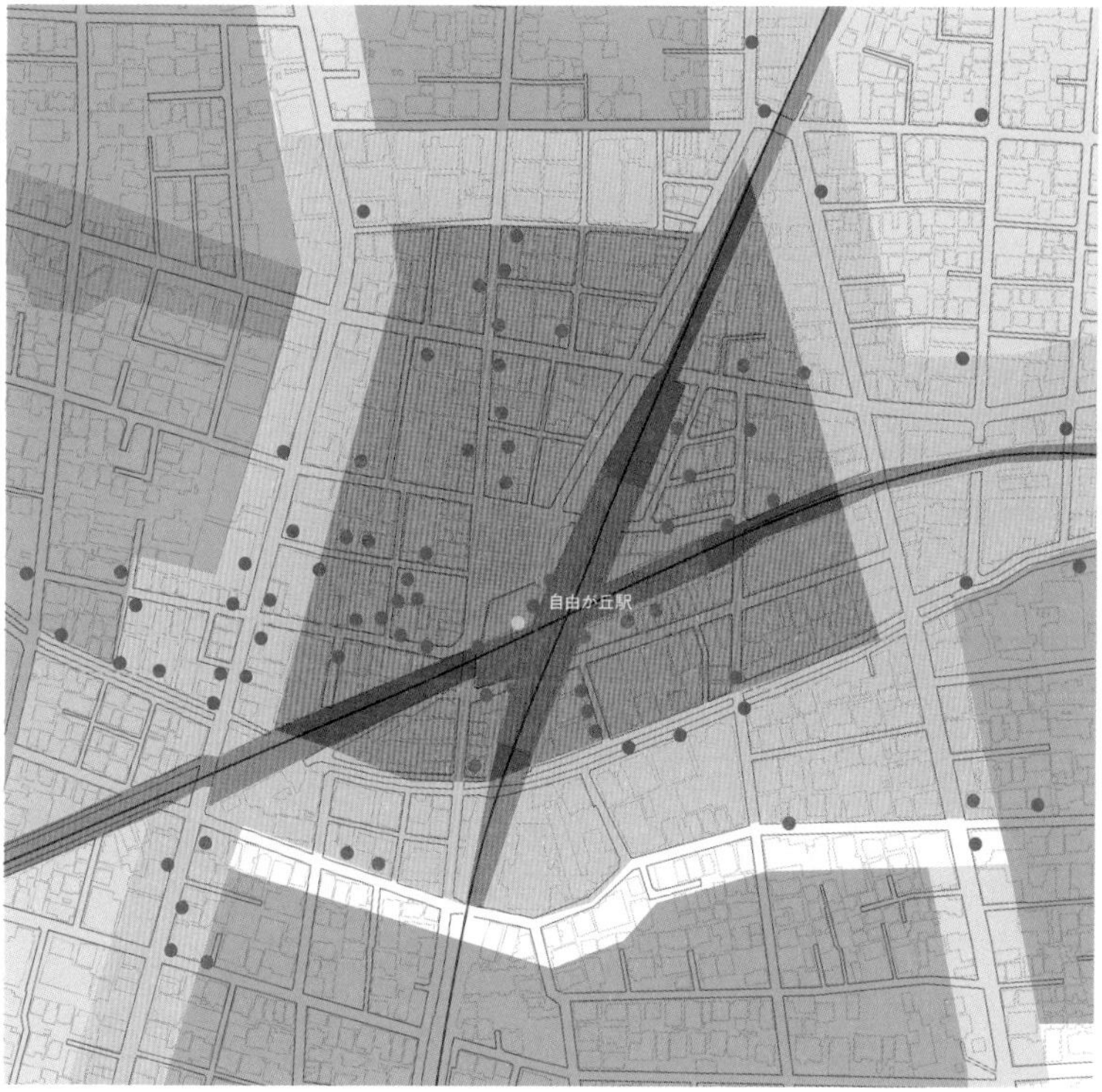

● 屋外公共空間
● 店舗
● 交番

用途地域
第一種低層住宅専用地域
第一種中高層住宅専用地域
第二種中高層専用地域
第一種住居地域
近隣商業地域
商業地域

様々な禁止マーク

まちの秩序を守るためには法令を遵守することはもちろん、地域固有のルールや、社会通念的なマナーを意識することも大切だ。ルールの遵守やマナーの啓発を呼びかける掲示物をまちで見かけることも少なくない。ここでは、自由が丘にどんな禁止マークが掲出されているかを観察した（2019年調査）。対象エリア内で193カ所の禁止マークが見つかった。多かったのは予想通り駐車・駐輪禁止で全体の7割近くを占め、切実な問題であることがわかる。他にはゴミ捨て禁止、喫煙禁止、貼り紙禁止、立ち入り禁止などがあり、少数だが鳩への餌やり禁止の呼びかけもあった。目立ったのは、自動車が進入できないような細い裏路地での駐輪禁止マークの多さだ。エリアのほとんどは自転車放置禁止区域に指定されているが、人目につきにくい裏路地では守られない実態があるのだろう。

こういった禁止マークが多く掲出されているまちはマネジメントに対する意識が高いと評価できるが、逆に掲出しなければ守られないマナー問題を抱えているとも言える。禁止マークを掲げなくても秩序が保たれるのが理想だろう。かつてここ自由が丘は、駅南側の九品仏川緑道に違法駐輪が溢れた時期があった。それが今少なくなったのは、禁止マークで排除したからではない。地元の人たちが資金を出し合って、緑道にベンチを設置したのだ。それによって人々が憩う質の高い空間を作り出し、違法駐輪しづらい雰囲気を作り出すことに成功した。掲示物によって押さえ込むのでもなく、来街者の良心にすべてを委ねるのでもなく、空間的な工夫によって問題を解決した稀有な例だろう。この全国的にも珍しい「ゆるやかなマネジメント」によって、まちの秩序がさらに保たれてゆく工夫に期待したい。

自由が丘で見つけた禁止マーク分布（2019年）

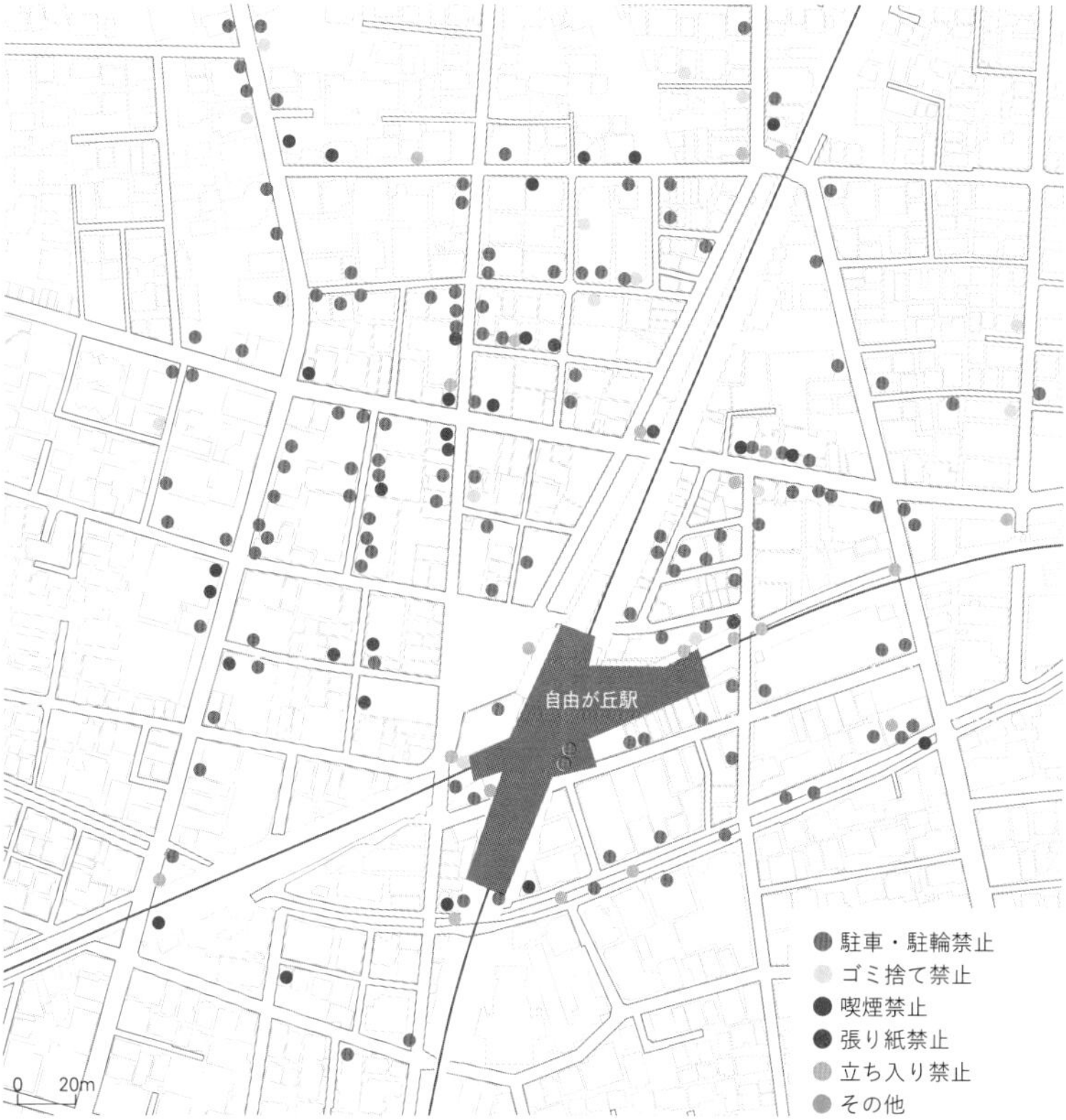

禁止マークの数

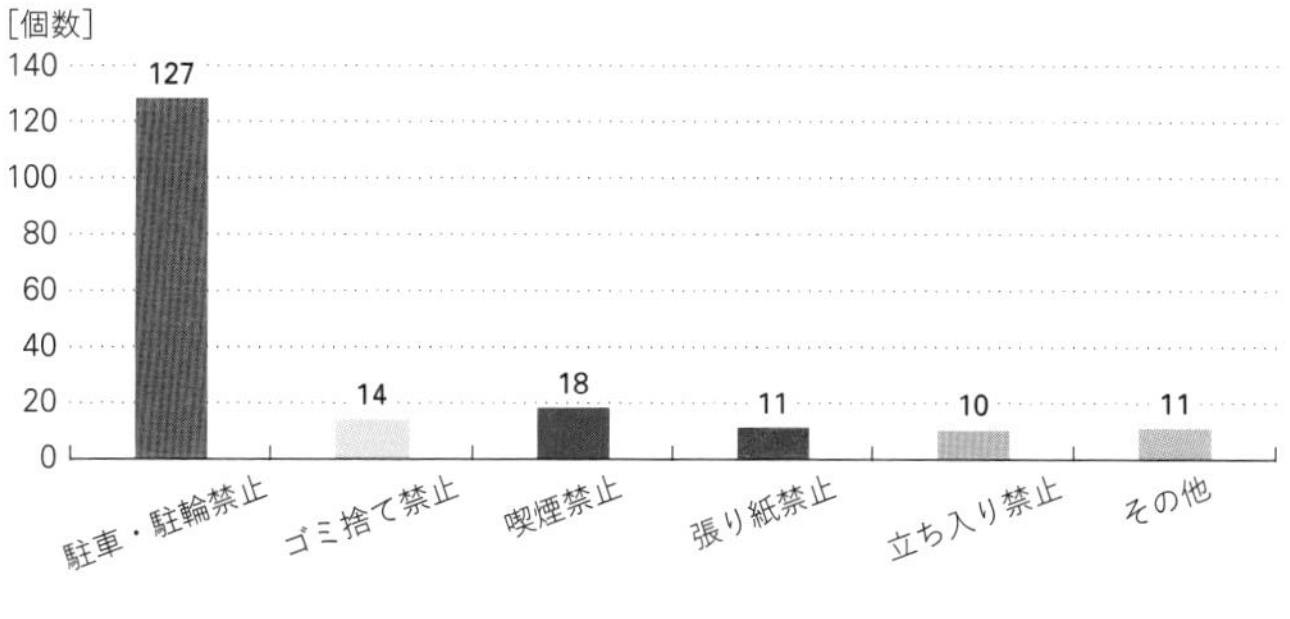

落書きは犯罪か、アートか？

落書きは犯罪行為でありネガティブに捉えられることが多いが、近年はバンクシーなどの影響でアートとしての側面も評価されるようになってきた。それでもやはり、都市の美観を損ねるものというイメージは根強く、所有者によって消されてはまた描かれるというイタチごっこが続いているのが多くの地域の現状である。

自由が丘の落書きの実態を調べると、緑道付近に多く観測された（2011年調査）。落書きは店舗のシャッターや壁面など私有物に対してのものもあるが、ベンチなど公物に対するものも多かった。緑道は遊歩道でベンチや街灯などの公物が多いことから件数も多くなるのだ。また、鉄道高架下の大きな壁面にはあらかじめグラフィックアートが描かれており、落書きを抑止する効果があると考えられる。

この調査は自由が丘の事例だが、渋谷では新しい試みが行われている。鉄道事業者の関連会社が、まちの落書きや空き壁面をアート性の高い広告に転用する事業を展開している。壁面を持つビル所有者は落書き問題が解決するだけでなく広告費を得ることもでき、まち全体としては落書きが減り、景観が向上することになり一挙両得だ。これまで100件を超える事例が実現している。日本だけでなく世界を代表するメディア都市である渋谷が広告に溢れること自体は悪いことではないが、一方で落書きはストリートカルチャーとの関連性も高く、渋谷は新しい文化を生み出し続けた土壌だということもあり、落書きが次々と広告に転用されていく現象を残念に思う人もいるかもしれない。しかし、自由が丘のような良好な商業住宅混在市街地においては、落書きはやはり悪いものというイメージが強く、エリアマネジメントの一環として、渋谷のような取り組みが広がることも期待される。

自由が丘　落書きのあった場所（2011年）

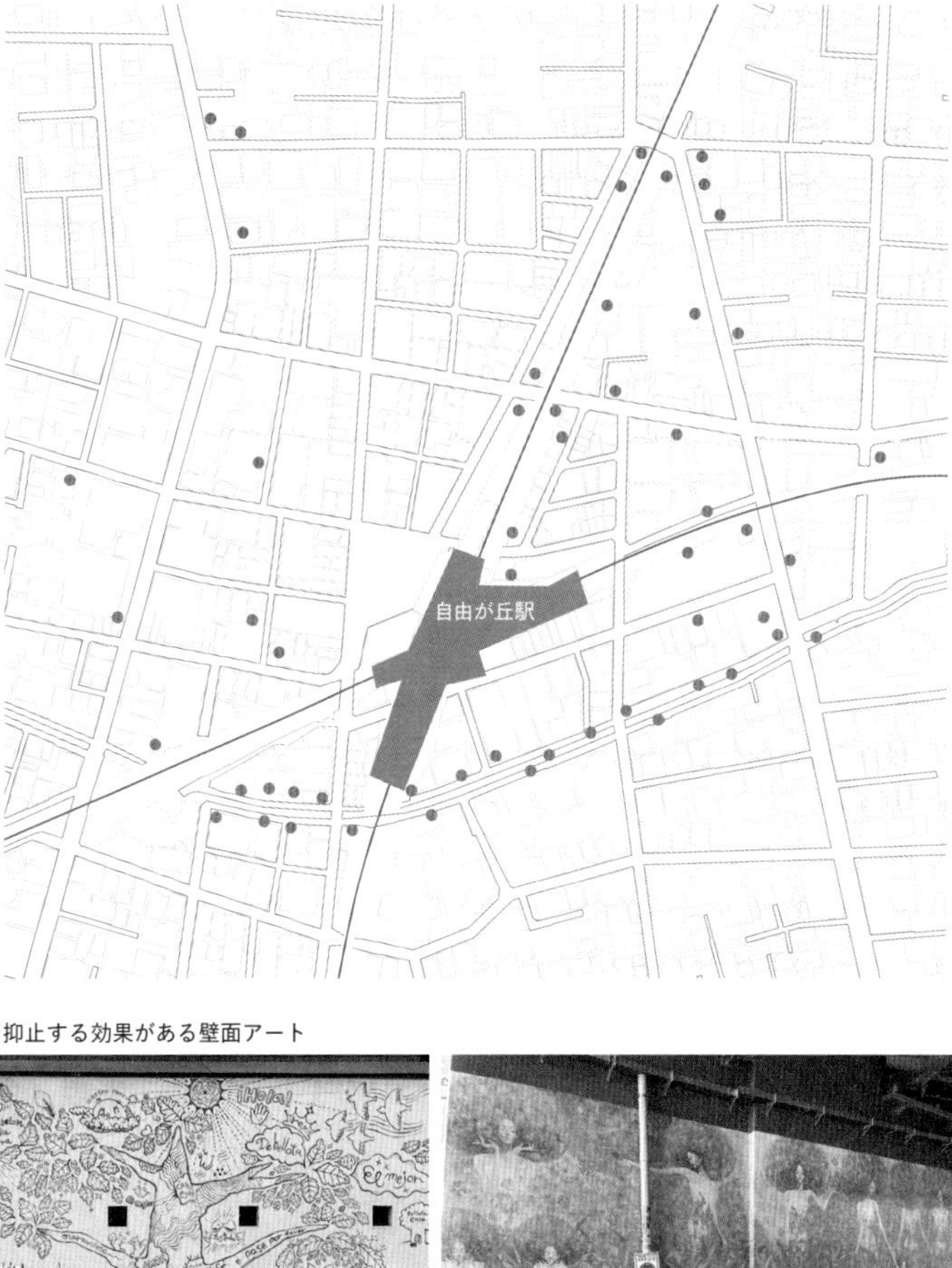

落書きを抑止する効果がある壁面アート

⑦ まちのベクトルを考える

▼まちの入れ替わり（銀座）

銀座の構造変化

商業地域の構造は、人を運んでくる都市交通、都市活動の種類を決める都市計画、人を吸引する集客施設の3要素が変化すると、まちの構造も変化していく。銀座は、戦後になって3要素が変わることにより、まちが変化していった。戦後間もない時期、銀座はまだ江戸時代の骨格を残し、北を京橋川、南を新橋のかかる汐留川、西に数寄屋橋のかかる外堀川、東に三十間堀川に囲まれていたものが、1949年に三十間堀川が埋められた結果、築地との間を分ける運河までが銀座となった。地域が拡大しても四方を江戸の運河に囲まれた島のようなエリアが銀座だった。この時期の都市交通は都電が中心で、地下鉄は銀座線しかなく、その駅がある銀座4丁目交差点を中心として銀座中央通り沿いに人を惹き付ける物販店が並び、数寄屋橋交差点を頂点とする三角形状に商業コアゾーンを形成していた。有楽町地区は、銀座地域とは外堀川によって分断されていた。

この銀座の四辺を囲む運河は、西、北、南の三辺は1959年より東京高速道路の高架に、東の一辺も1964年の東京五輪を契機とした首都高速道路の掘割に変貌し、江戸の面影はなくなった。西銀座と有楽町とを分断していた外堀川は道路開通に先立つ1958年に西銀座デパートが建ち、分断されていた有楽町と西銀座は結び付けられた。その後、1984年には、その東側にプランタン銀座が開業し、有楽町の朝日新聞社と日劇は再開発されてマリオンとなり有楽町西武、有楽町阪急が開業する。西銀座は、銀座中央通りに次ぐ商業拠点を持つ地区となった。有楽町地区との結合によって銀座は山手線を頂部とする台形の一体的な商業集積に拡大した。2007年には、有楽町駅前に商業ビルのイトシアが開業し、さらに商業集積が進み、現在の銀座は、西辺をJR山手線とする長方形の商業集積地に拡大している。

銀座　商業コアゾーンの変遷

1951年

三角形の商業コアゾーン
中央通りを底辺とし、
都電数寄屋橋駅を頂点にした
エリアに物販店が集積。

日用品を扱う物販店が集積。
住宅エリアだったと
推測できる。

銀座4丁目交差点

鉄道駅　JR線
路面電車駅　路面電車の線路
地下鉄

商業施設　物販施設（買回り品）
劇場　物販施設（日用品）

1985年

台形の商業コアゾーン
堀の埋め立てにより、高
架下に商業施設が開設。
西側に物販店が増加した。

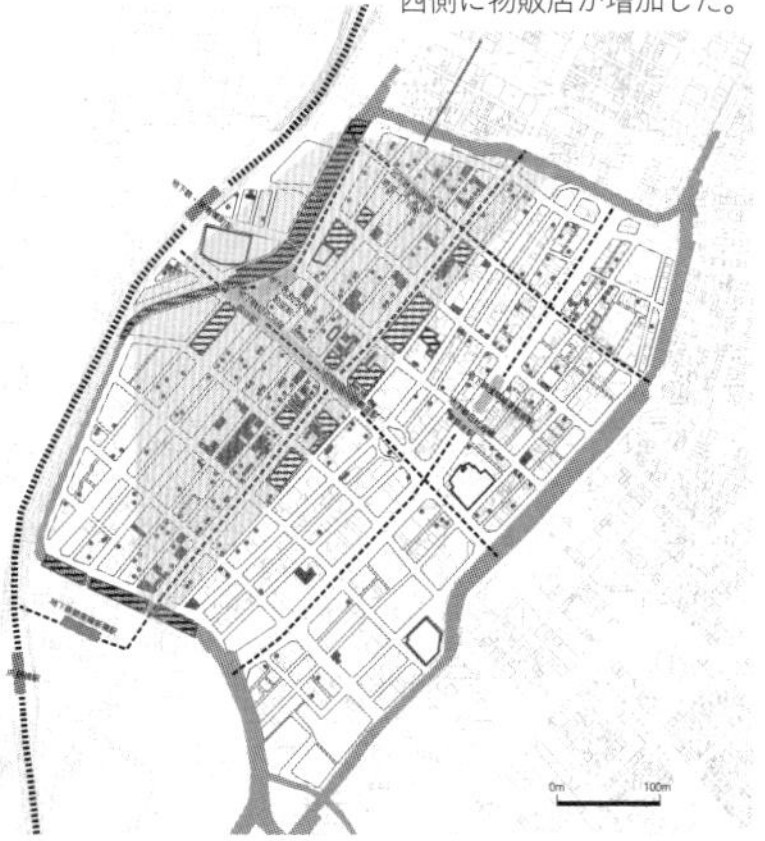

2015年

長方形の商業コアゾーン
有楽町の大型商業施設と
中央通りを囲むエリアに
物販施設が集積。並木通り
沿いに大型物販店が並ぶ。

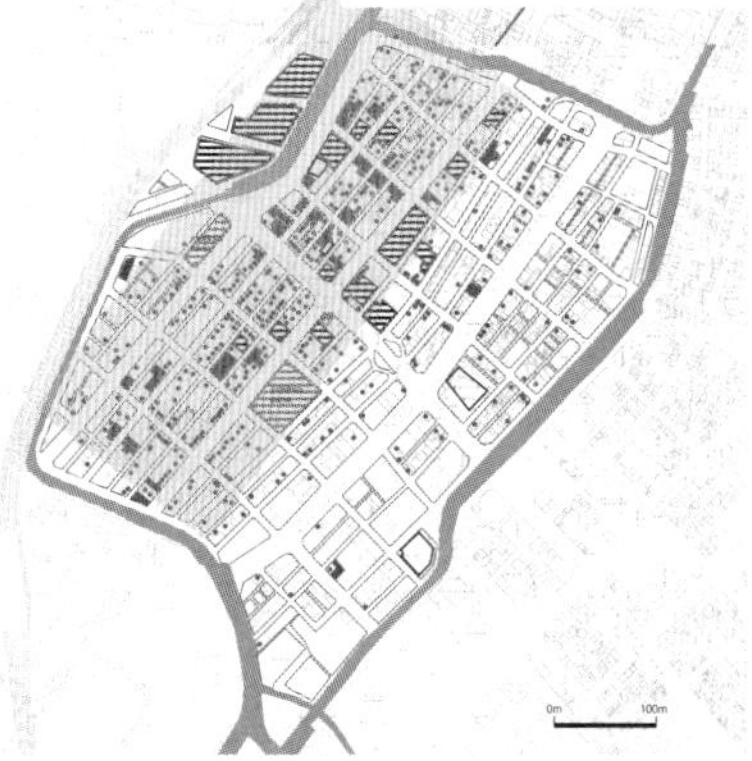

地図出所）『東京都2,500デジタル白地図2015』をもとに、1951年火災保険特殊地図、1985年
および2015年ゼンリン住宅地図より各々の時点の街区情報を加えてベースマップを作成

新宿の構造変化

新宿は江戸時代に新しい宿場町として作られ、その発祥どおりの名前が付けられたまちである。当時は新宿3丁目（追分）から1丁目までの地域だったのが、明治以降の鉄道駅の建設により現在の東口までがメインストリート化し、昭和になると東口から新宿3丁目の間に三越、伊勢丹、他2店のデパートが相次いで建設されて急速に発展した。戦災では一部を残して見渡す限りの焼け野原となったが、東口から新宿1丁目の間の（現）新宿通りが復興するとともに、都電の停留所が新宿駅前から靖国通りの歌舞伎町交差点に移転したことから、歌舞伎町1丁目に物販店が集積していった。

1959年に地下鉄丸ノ内線新宿駅、新宿3丁目駅が開設され、1970年に新宿を通る都電が全線廃止。1980年には都営地下鉄新宿線の開通により新宿駅（新線）、新宿3丁目駅が開設され、地下鉄駅へのアクセスのよい新宿通りを軸にJRと靖国通り、甲州街道に挟まれた三角地域に物販店が集積していった。人の流れはJRや地下鉄の駅間の乗り換え移動に限られたことから、歌舞伎町1丁目からは物販店が減少し、飲食店街化が進んでいった。新宿通りにかつて4店舗あった百貨店は、2005年の新宿三越は「新宿三越アルコット店」に業態転換し伊勢丹1店舗となった。

一方、新宿駅西口では、1966年に西口広場の完成に伴い小田急百貨店、京王百貨店が開業し、地下道を通じて南口にある都営地下鉄新宿線駅や2000年に開設された地下鉄大江戸線駅との間に人の流れを生み出していった。南口には1996年に新宿高島屋が開業、2008年には地下鉄副都心線新宿3丁目駅と地下道で結ばれた。南口での商業集積によって、2015年の新宿では靖国通りの歌舞伎町交差点、都営地下鉄新宿3丁目駅、南口の新宿高島屋の3カ所を頂点とするショッピングゾーンが形成された。

新宿　商業コアゾーンの変遷

1951年

交通至便地＋
新宿通り沿いゾーン
JR新宿駅と都電駅が立地した至便性の高いエリア一体と、戦前も栄えていた新宿通り沿いに物販施設が集積。
0m　100m

新宿3丁目交差点

鉄道駅　JR線
路面電車駅　路面電車の線路
地下鉄
商業施設　物販施設（買回り品）
劇場　物販施設（日用品）

1985年

三角形の商業コアゾーン
JR新宿駅、西武新宿駅、地下鉄新宿3丁目駅を頂点としたエリアに物販施設が集積。

2015年

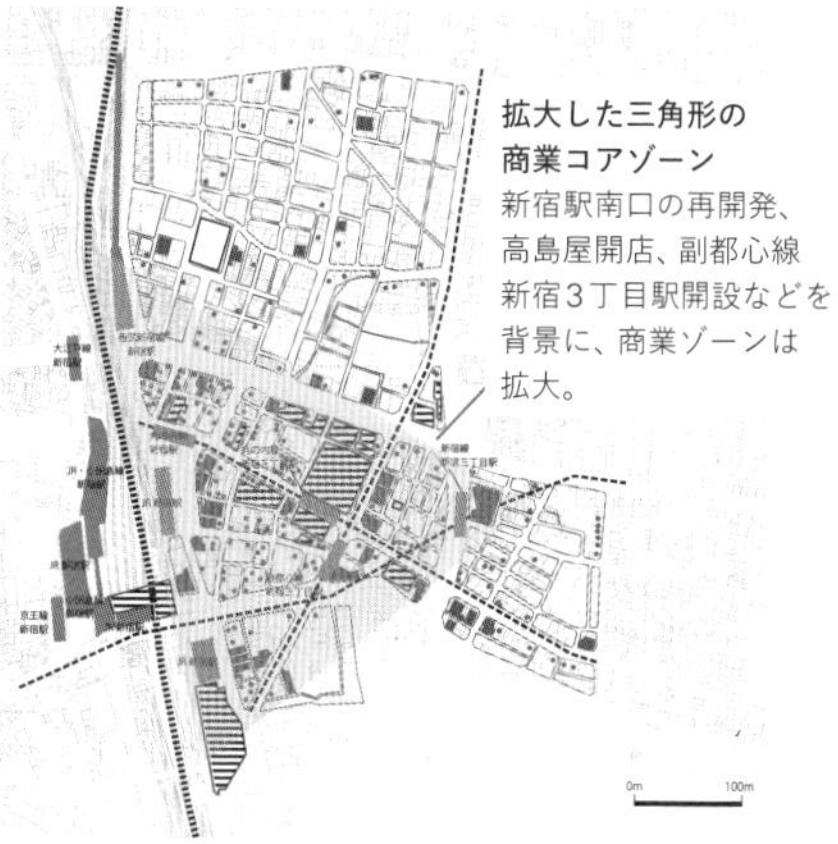
拡大した三角形の
商業コアゾーン
新宿駅南口の再開発、高島屋開店、副都心線新宿3丁目駅開設などを背景に、商業ゾーンは拡大。

地図出所）『東京都2,500デジタル白地図2015』をもとに、1951年火災保険特殊地図、1985年および2015年ゼンリン住宅地図より各々の時点の街区情報を加えてベースマップを作成

建物の入れ替わり

有楽町は戦災で焦土と化して荒廃し、戦後の有楽町駅前には雑炊を売る店や闇市が立ち並び、「すしや横丁」と呼ばれる飲食店街と業種が混在したバラック街が形成されていた。東を縁取る外堀川に面して東京都庁舎（当時）が立ち並び、その南に映画館のピカデリー、晴海通りに面して朝日新聞社、日劇という大型の施設が並んでいた。この街並みが変化するのは、1965年にすしや横丁と東京都交通局が再開発されて東京交通会館が完成されてからだ。

朝日新聞社、日劇は1984年に再開発されてマリオンとなり、有楽町西武（現・ルミネ有楽町）、有楽町阪急（現・阪急メンズ東京）が開業する。これらと交通会館の間は、東端にあった東京都公害研究所（当時）を除くと雑多な店舗が集合した戦後の姿のまま放置されていった。再開発計画により2007年に商業ビル「イトシア」が開業し、現在ではJR高架下の商店に戦後の街並みを残すのみとなった。

新宿は、1945年の戦災で伊勢丹周辺を除いて一面が焦土となった。しかし、敗戦後すぐに、新宿駅東口周辺は闇市が盛んとなり、いくつかのグループに分かれ、高野や中村屋のあたりは「竜宮マート」が、新宿駅から（現）フラッグスビルまでのあたりを和田組が、その他の地区を尾津組、安田組が縄張りとし仕切っていた。GHQの指示による取り締まりが強化され、1950年からの駅前広場を中心とする土地区画整理事業によって、露店の整理が開始された。駅前広場の整備と東口駅ビルの建設によって、竜宮マートは現在のゴールデン街に移転し、和田組の縄張りはフラッグスビルなどに変化していった。南口にあったJRの貨物操車場跡地はタカシマヤ・タイムズスクエアに変わり、南口JR線路上に高速バスターミナルと一体化した商業ビル「ニュウマン新宿」が完成した。

銀座・有楽町駅前

新宿駅東口前

1951年

闇市としての寿司や横丁があり、
雑然とした駅前。
↓
寿司や横丁が交通会館になり、日劇・
朝日新聞・松竹ピカデリーがマリオンに変化。

駅前の闇市に飲み屋が集積
（区画整理により消滅）。
↓
東口駅前広場が整備され、大型商業施設を
有する駅ビルが建設される。

2015年

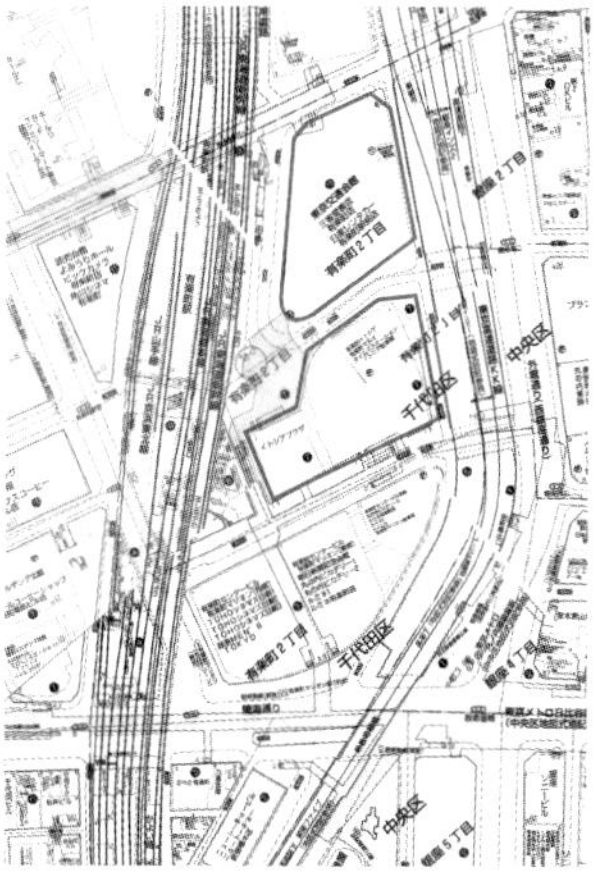

有楽町駅前再開発が進み、
商店街がイトシアに統合。

南口に大型商業施設が開店。
さらに新南口の整備が進む。

地図出所）『東京都2,500デジタル白地図2015』をもとに、1951年火災保険特殊地図、
2015年ゼンリン住宅地図より街区情報を加えてベースマップを作成

映画館、銀行の退場

まちを歩いていて、大きな建物がいつの間にか違う建物になって、まちに対する感覚が変わってしまっていることがある。その大きな建物の代表は映画館と銀行で、この二つが違うものに変わると、まち自体が変わったように感じる。

まず、映画館がいつの間にか商業ビルに変わった例を見てみよう。現在、ルミネが入っている有楽町マリオンの別館（一番東寄りのビル）は、以前はピカデリー劇場という松竹洋画系の旗艦劇場だった。戦前に開館し、戦後の1961年には映画『ウエスト・サイド物語』の封切り劇場だったのだ。現在、この劇場は地上から姿を消してしまった。なくなってしまったわけではなく、日劇、朝日新聞社、ピカデリー劇場という3つの建物が再開発で高層化して、その高層階に移転したのだ。私たちの目につく街並みからは消えたが、元気でやっている例だ。一方で、本当に消えてしまった映画館は数多い。1960年代のテレビの普及は全国の映画館を、1960年に7457ヶ所あったものを1993年には1734ヶ所にまで激減させた。新宿3丁目の伊勢丹の前にある新宿マルイ本館は日活名画座（旧・帝都座）という由緒ある劇場だったが、映画館激減の流れに飲まれ、1972に丸井に建物を売却し41年の歴史に幕を下ろした。

銀行について見てみると、現在、松屋銀座の前にあるアップルストアは、昔は大和銀行銀座支店だった。新宿高野の前にあるauスタイルも以前は富士銀行新宿支店だった。お固い表情の銀行ビルがスマホなどネット系の建物に変わるとまちのイメージも変わる。都市銀行は1989年に全国に13行あったものが、90年代末からの金融再編により2013年には4行へと統合され激減している。

映画館

1951年

2015年

ピカデリー松竹

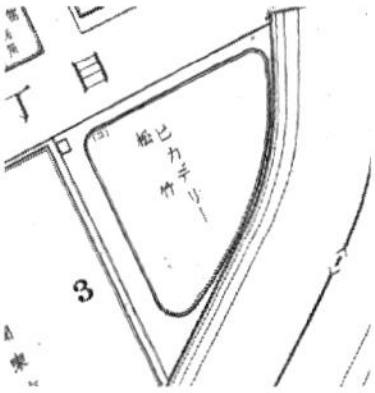

銀座

商業施設（ルミネ）

新宿日活劇場

新宿

商業施設（マルイ）

銀行

1951年

2015年

大和銀行

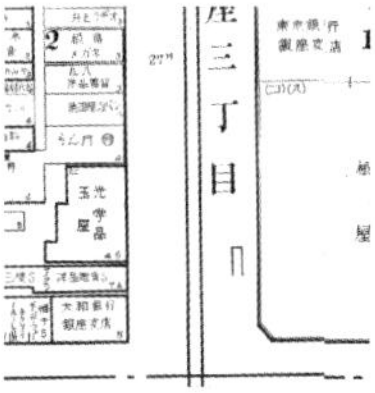

銀座

商業ビル（アップルストア）

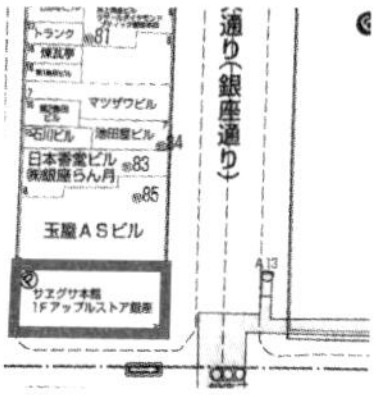

富士銀行

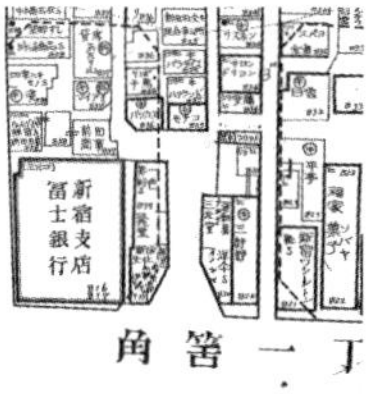

新宿

商業ビル（物販店）

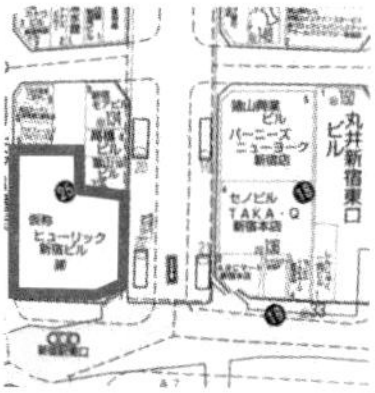

地図出所）『東京都2,500デジタル白地図2015』をもとに、1951年火災保険特殊地図、
2015年ゼンリン住宅地図より街区情報を加えてベースマップを作成

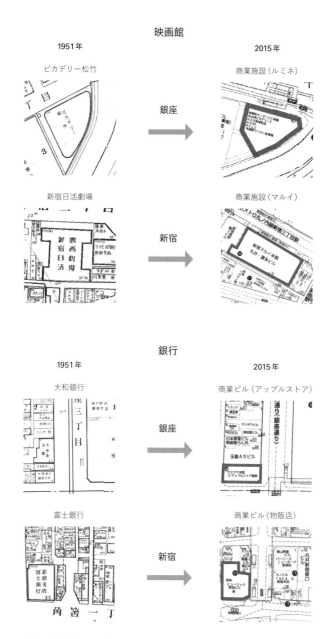

▼賑わいと歓楽の場所（銀座・新宿）

ショップの密度が土地の価格を決める

銀座や新宿は東京の繁華街なので、土地の価格（＝地価）もとても高い。ではどのくらいの価格で、どのエリアが高いのだろう。

何種類かある地価データのうち、国税庁が全国の公道に面したすべての土地を評価している路線価データ（2020年度）で銀座と新宿の地価について調べてみよう。これによると、銀座の中心部に当たる銀座中央通りの4丁目交差点で地価は45,920千円／㎡と最高価格を示し、中央通り沿いでは北端の1丁目が23,440千円／㎡、南端の8丁目は24,990千円／㎡となる。しかし8丁目も中央通りから1本内側の、バーなどが多い金春通りに入ると7,100千円／㎡に急落する。晴海通り沿いでは西端の西銀座にある東急プラザ銀座前で31,170千円／㎡、南端の東銀座歌舞伎座前は9,840千円／㎡となっている。昭和通りを越えて住宅がちらほら残っている地域に入ると1,000千円／㎡台とかなり低い地価水準になる。銀座は4丁目交差点を頂点に地価は下降していく。

一方、新宿で地価の最高地点は、新宿通りの新宿高野前30,800千円／㎡から伊勢丹前28,320千円／㎡である。しかし新宿通りから2丁目内側の末広通りに入ると2,110千円／㎡と急落する。歌舞伎町では1丁目のシネシティ広場が4,220千円／㎡、歌舞伎町2丁目ラブホ街1,000千円／㎡前後と、飲食店や風俗店の集積地区に入ると地価は下落していく。

このように、物販という昼間の集客力がある商業集積は地価を高騰させるが、夜間の集客施設である飲食店は地価水準を落とし、風俗街ではさらに下落していく。住宅の混じる地区では下落は一層激しくなる。

2020年　銀座の地価と商業集積分布

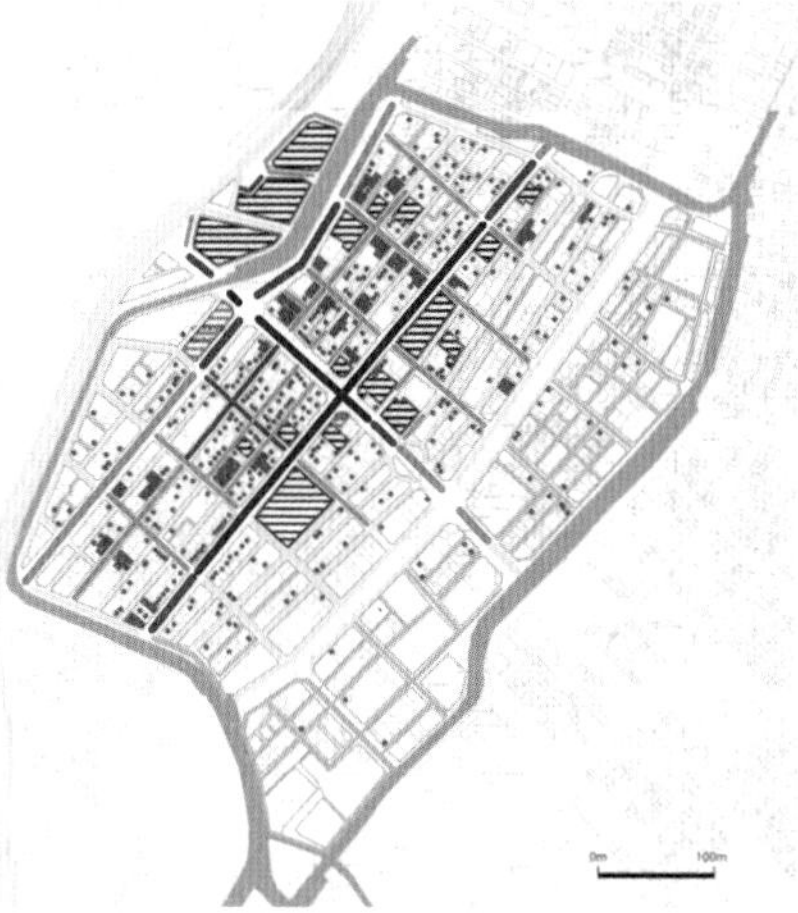

銀座４丁目交差点付近路線価図
（単位：千円/㎡）

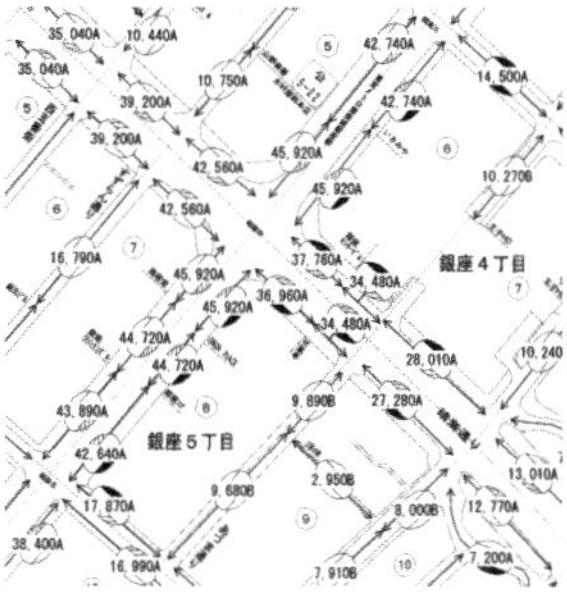

2020年　新宿の地価と商業集積分布

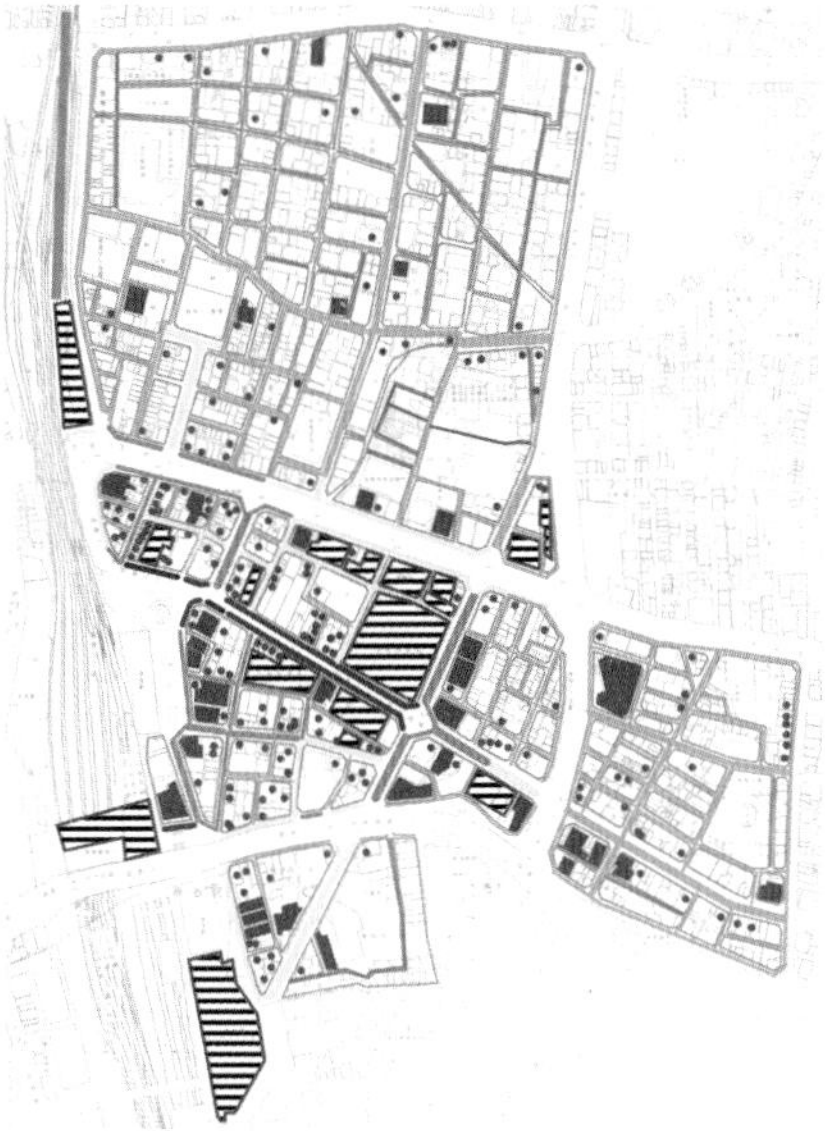

30,000千円/㎡～
20,000千円/㎡～
10,000千円/㎡～
5,000千円/㎡～
1,000千円/㎡～
～999千円/㎡
大型商業施設

新宿駅東口付近路線価図
（単位：千円/㎡）

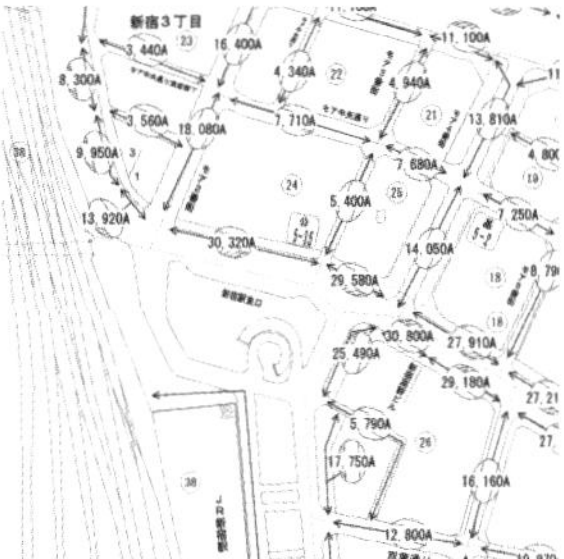

地図出所）『東京都2,500デジタル白地図2015』をもとに、2015年ゼンリン住宅地図より街区情報を加えてベースマップを作成

出所）国税庁「令和２年分財産評価基準書：路線価図」https://www.rosenka.nta.go.jp/

花柳界の歴史が夜の銀座に生きている

銀座の商業集積で見たように、物を売るショップ（物販店）は２０１５年には西辺をＪＲ山手線、東辺を旧・三十間堀川、北辺を京橋、南辺を新橋とする長方形の中に集まっているが、図のように飲食店や娯楽施設（パチンコ、麻雀・ゲームなど）を見てみると新橋寄りの6丁目〜8丁目に集まっていて、物販店のある長方形の中（1丁目〜5丁目）には少なくなっている。もともとそうだったのだろうか。

１９５１年の地図で見てみると実はそんなことはなく、飲食店、娯楽施設ともに長方形の中全体にあったのだ。地図でその数を拾ってみると、１９５１年は飲食店、バー・クラブともに銀座全体に散らばっており6丁目〜8丁目が多い。しかし２０１５年になると1丁目〜5丁目から飲食店は減り、バー・クラブはほぼなくなっている。6丁目〜8丁目西のバー・クラブも37軒と大幅に減少している。軒数の減少は、１９５１年には木造2階建ての小規模建物がほとんどだったのが２０１５年にはＲＣ造りで中規模高層ビル化したためで、軒数が減っても店舗数が激減したわけではない。また、飲食やバー・クラブが銀座全体にあったのは、戦後の銀座復興時代には物販に十分な品揃えがなく、人々にとって飲食の方が重要だったのと、社交文化としてバー・クラブが普及し始めたからだと思われる。

２０１５年になると高度成長期以降、食が満ち足り、銀座は日本一の商業地となる中で、地価負担力の高い買回り品店舗が地価負担力に劣る飲食を押しのけ土地を占拠していった。その中でも一層付加価値の高い買回り品の海外ブランドショップが銀座中央通りと晴海通りに立ち並んでいく。しかし、6丁目〜8丁目西は江戸時代から花柳界の歴史を持ち、金春芸者（新橋芸者）の地霊があるがごとくバー・クラブの立地が続く。ソシアルビルと称されるペンシル型高層飲食ビルが林立し、銀座のネオン街を彩っている。

銀座西地域の飲食関連建物軒数

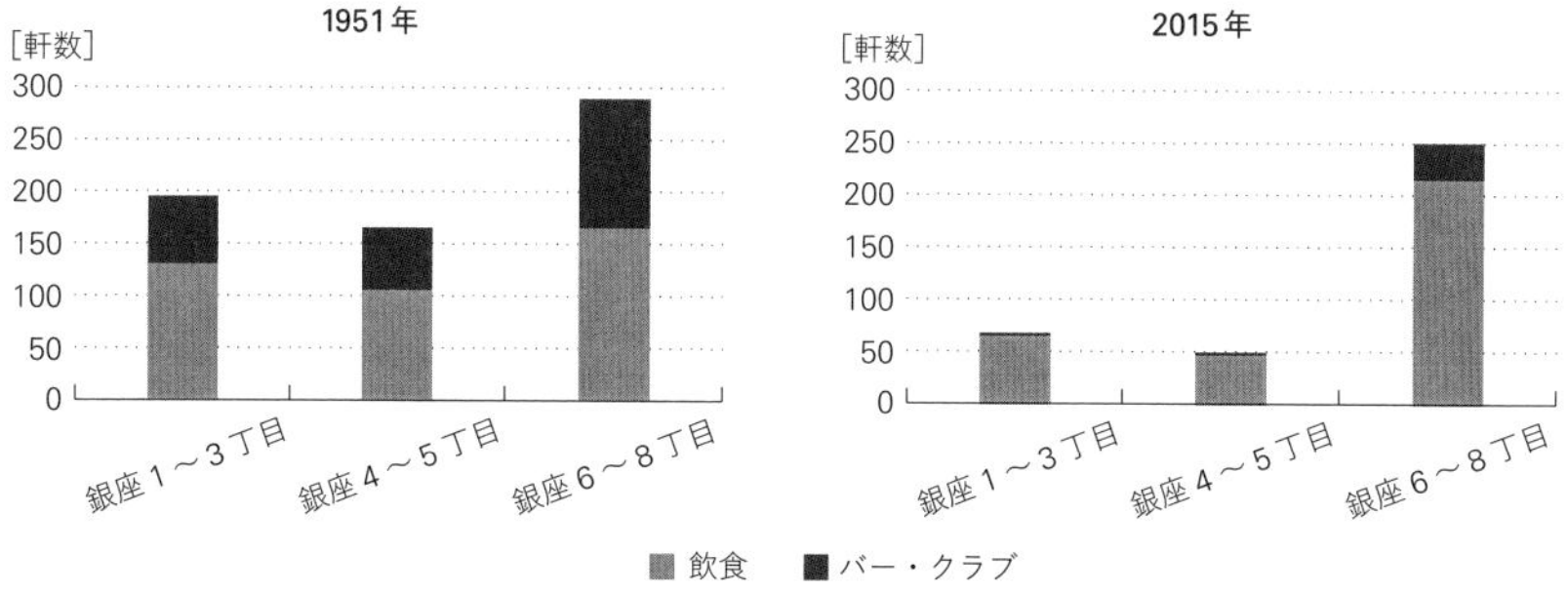

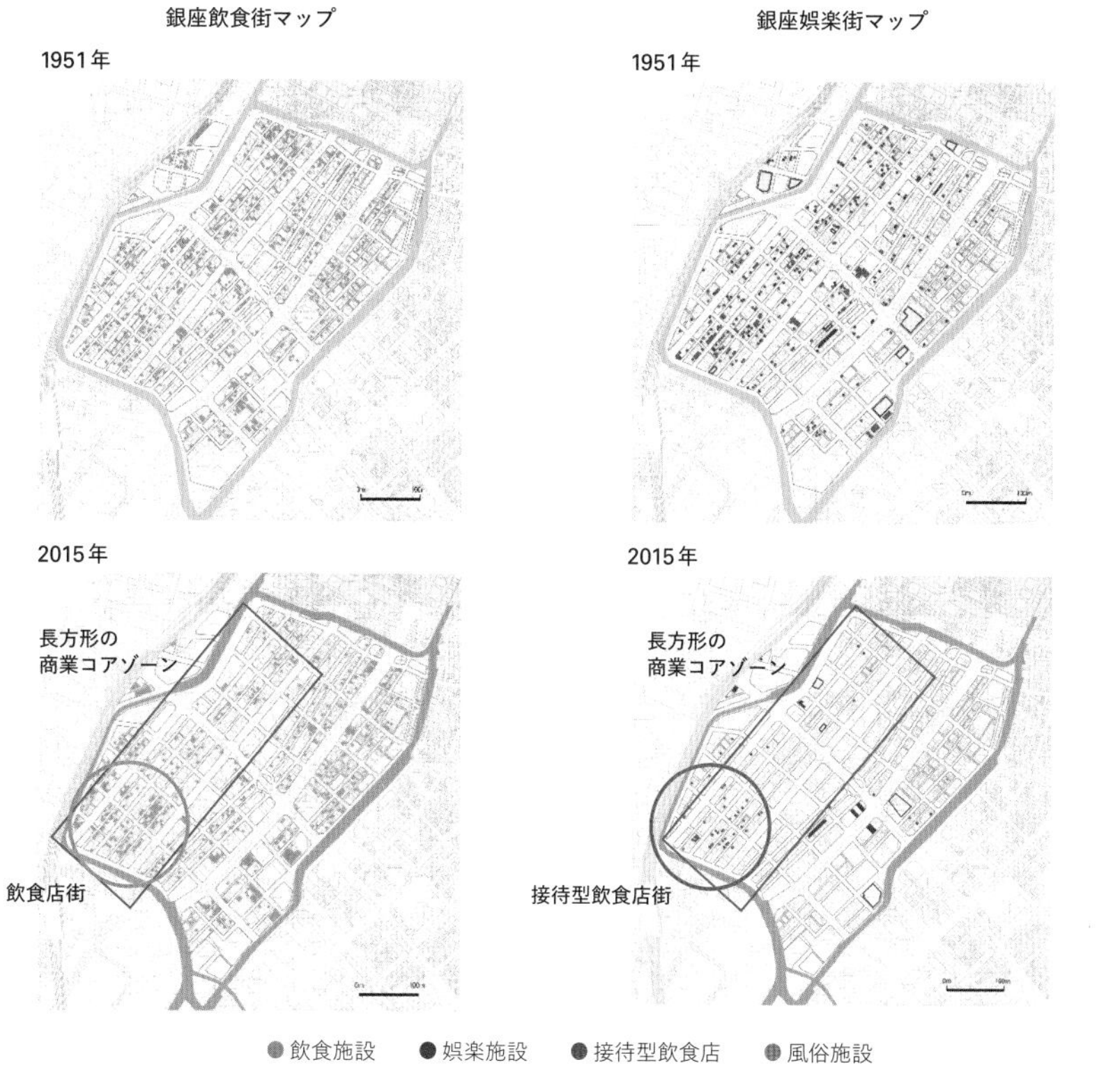

地図出所）『東京都2,500デジタル白地図2015』をもとに、1951年火災保険特殊地図、
2015年ゼンリン住宅地図より各々の時点の街区情報を加えてベースマップを作成

風俗の移転　変身が新宿の歓楽街を生みだした

新宿の物販ショップは、2015年には靖国通りの歌舞伎町交差点、都営地下鉄新宿3丁目駅、南口の新宿高島屋の3カ所を頂点とする三角形の中に集まっているが、図のように飲食店や娯楽施設（パチンコ、麻雀・ゲームなど）は三角ゾーンの外側の歌舞伎町と新宿2丁目に集まっている。1951年の新宿3丁目は中村屋、高野などの老舗の飲食店だけでなく、圧倒的な数の飲食店があり歓楽街の様相を呈していた。カフェが新宿三越裏に立ち並び、歌舞伎町1丁目にもこれらの飲食・バーが進出し始めていた。新宿2丁目は赤線、4丁目は青線の風俗街だったが、歌舞伎町2丁目は、まだ店舗はなく住宅街だった。

1980年代から新宿3丁目は大型商業施設や最寄り品の物販商店街となり、飲食店が減少。飲食店は歌舞伎町1丁目を中心に2丁目まで進出していく。赤線だった新宿2丁目は飲食とバーのまちに転換し、風俗は歌舞伎町1丁目〜2丁目に進出、ラブホテルが歌舞伎町2丁目に乱立していく。4丁目からは風俗やラブホテルは消え、安宿街に変貌した。

歌舞伎町の風俗街化は、1958（昭和33）年に売春禁止法によって新宿2丁目の赤線、青線が姿を消したものの、あらたな風俗業に形を変え、歌舞伎町へと進出していったことによるものだ。ソープランドなどが規制の網をくぐり、新しい業態を生み出しながら歌舞伎町を巨大な歓楽街にしていった。風林会館のある「花道通り」を境に1丁目と2丁目が分かれ、歌舞伎町1丁目は居酒屋やカラオケ屋が密集し、週末の夜には酔客と客引きで溢れ、観光客でも賑わうエンターテイメントエリアとなっている。裏側に回るとキャバクラやホストクラブなどの風俗店が多く立ち並ぶ。歌舞伎町2丁目に入ると静かな雰囲気になるラブホテル街で、特有の雰囲気を醸し出している。

新宿地域の飲食・風俗関連建物軒数

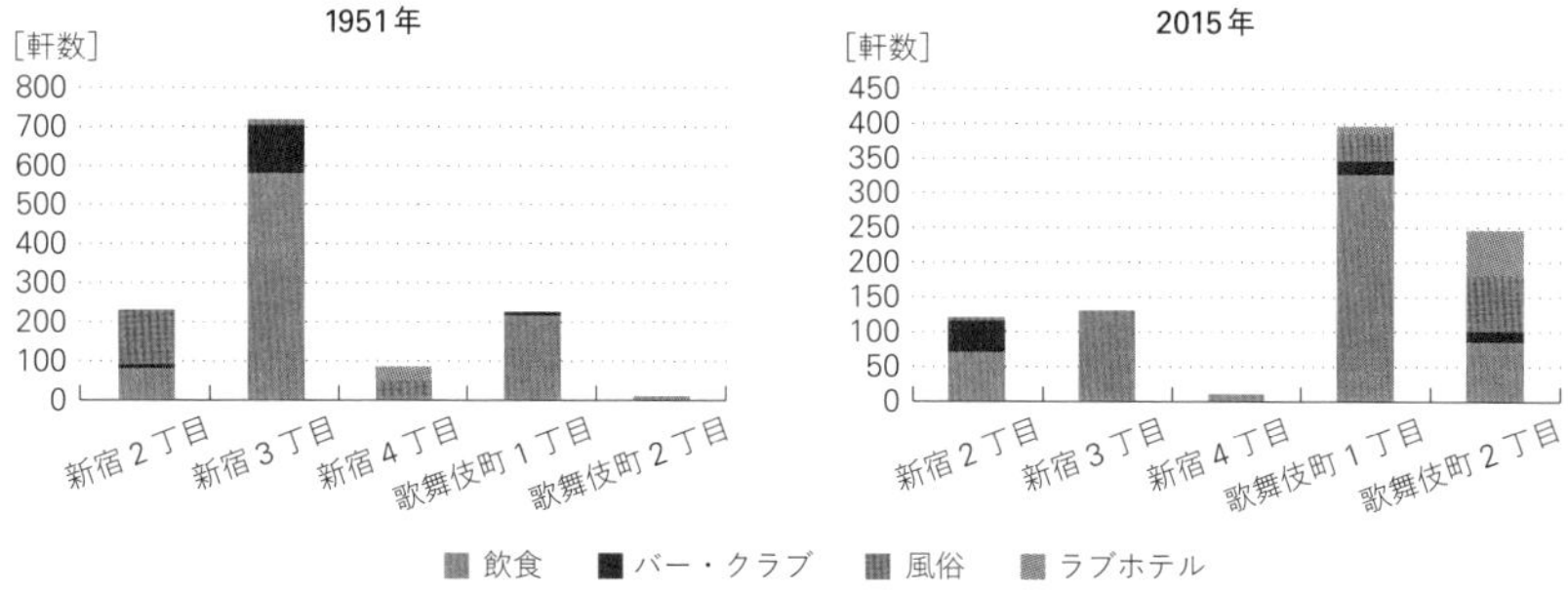

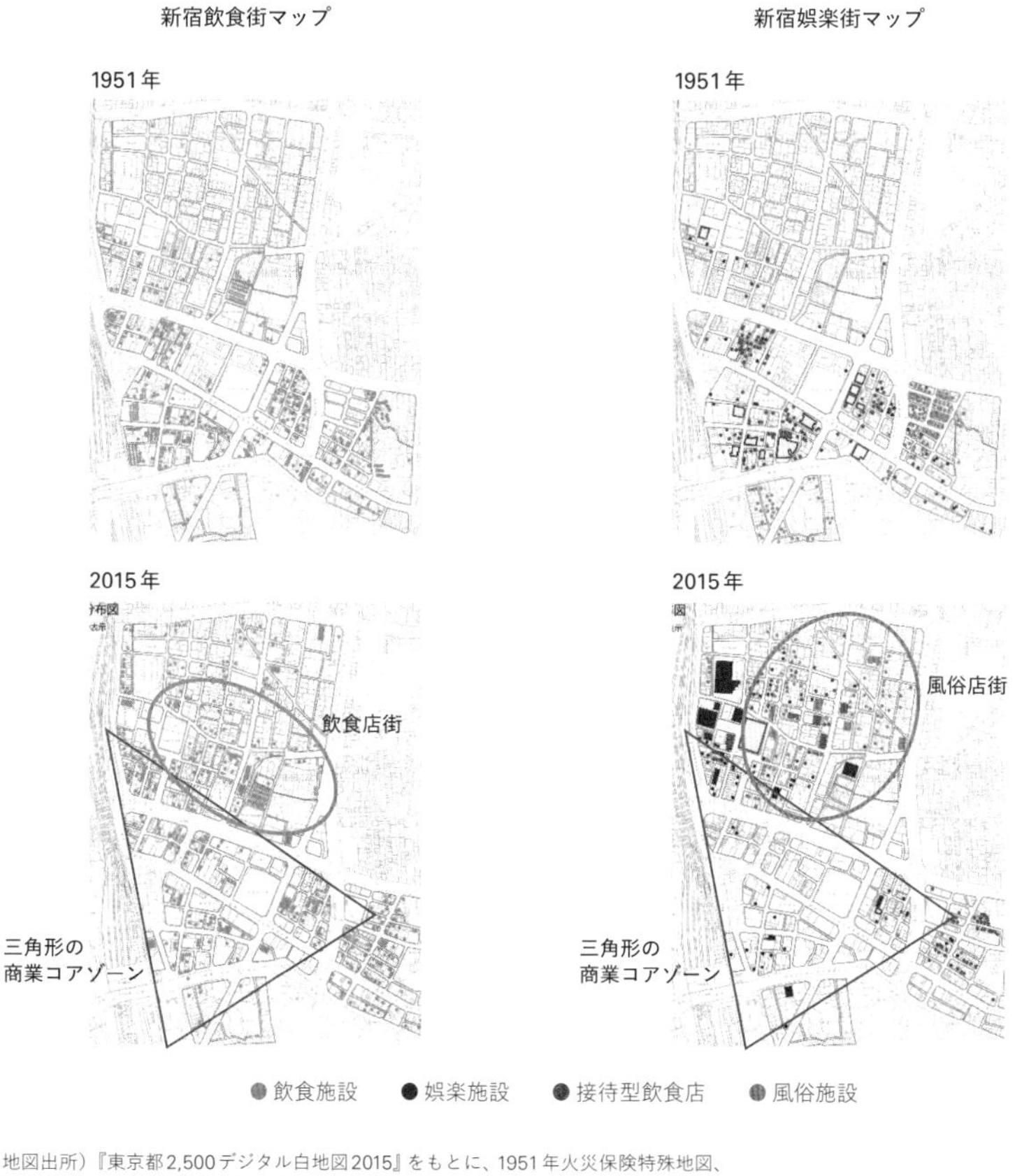

地図出所）『東京都2,500デジタル白地図2015』をもとに、1951年火災保険特殊地図、2015年ゼンリン住宅地図より各々の時点の街区情報を加えてベースマップを作成

▼顔色のグラデーション（吉祥寺）

少しずつ色合いが変わる吉祥寺

都市計画における用途地域は、その場所のあるべき良好な都市環境を誘導するために指定されている。大きく分けると住居系、商業系、工業系の3種類で、さらにその中で細分化される。第一種低層住居専用地域のように住居に特化したものもあれば、第一種住居地域や近隣商業地域は住居や商業のある程度の混在を許容するなど、その指定内容は様々だ。用途指定によって文字通り建物の用途が指定されるので、用途の種類によって自ずと性格の異なる空間が生まれることになる。

吉祥寺は東京を代表する商業市街地だが、その周辺には良好な住宅地が広がっている。都市計画図の用途指定を見ると、中心部は活発な商業活動を誘導する商業地域、そこから近隣商業地域、第一種住居地域、第一種中高層住居専用地域、第一種低層住居専用地域と、グラデーションを描くように徐々に商業から住居へと色合いが変化するように指定されていることがわかる。

都市計画図は用途ごとに色分けして地図に示されていて文字通りグラデーションだが、駅の西側の大正通り、昭和通り、中道通りの周辺エリアは、駅から離れるにつれて商業住居の混在度が徐々に変化していき、歩いていてもそのグラデーションを感じることができる。大型店もある賑やかな商業エリアから、少し静かだが高感度なお店も点在する商業住居混在エリア、閑静な住居エリアとバラエティーに富んだ都市空間を擁し、まちを回遊する来街者を飽きさせない。それに加え、井の頭公園という都内有数の自然環境資源もあることが、吉祥寺の人気の理由の一つだ。

地区の用途（業種）や建物ボリュームをよく観察しながらまちを歩き、そこがどのように用途指定されているのかを推理しながら歩くのも一興だろう。

吉祥寺　建築用途が次第に変わる（2012年）

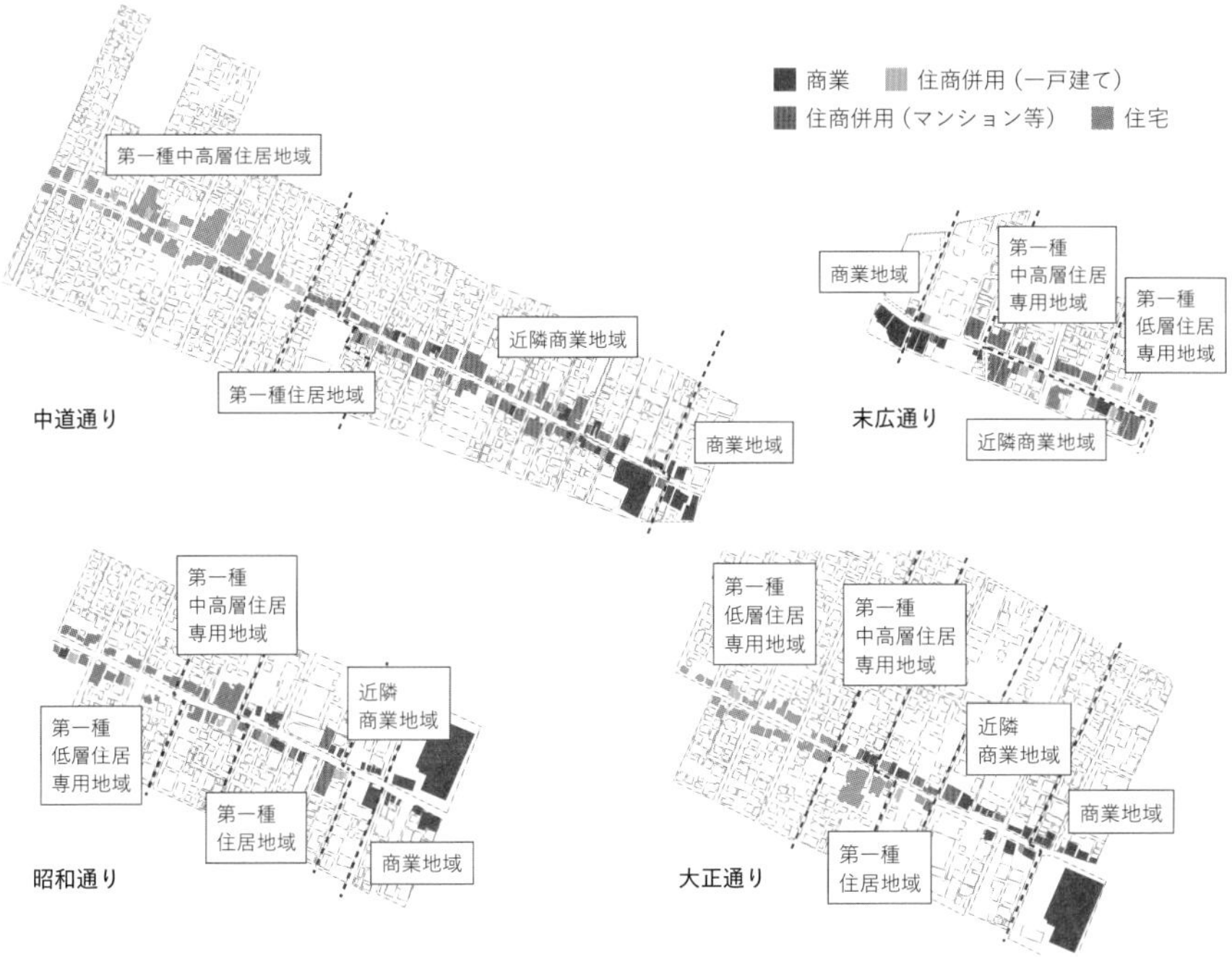

武蔵野市都市計画図（2006年）

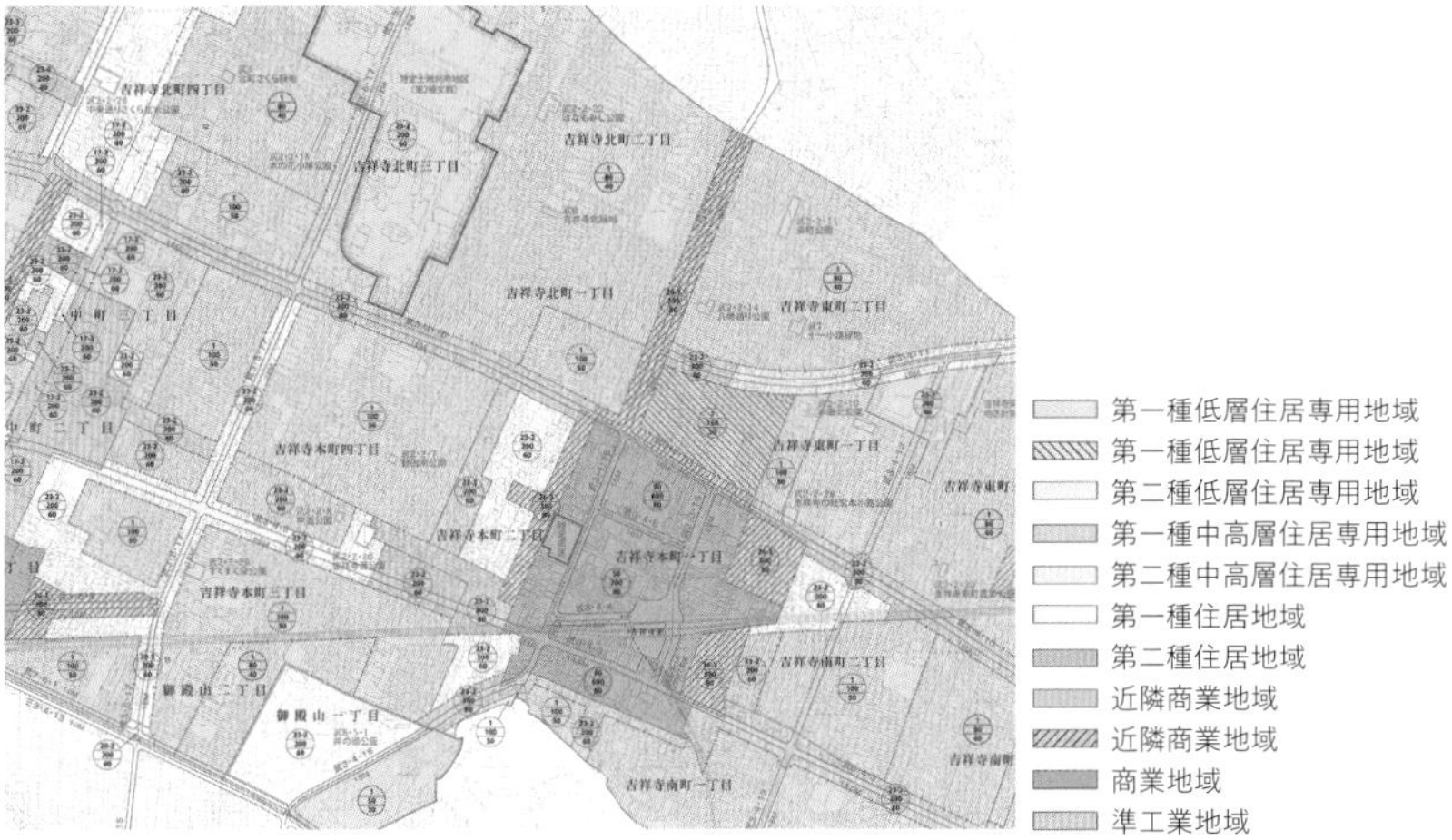

※武蔵野市公式ホームページより
http://www.city.musashino.lg.jp

住宅地では個店が増える

住居系の用途指定の場所にも一定条件であれば店舗が立地できる。具体的には、比較的商業系地域に近い第一種住居地域では、物販店や飲食店や美容院などは立地可能で、それ以外の店舗も3000㎡以下であれば立地可能だ。事務所もホテルも遊戯施設も、一部を除いては3000㎡以下であれば立地できる。第一種中高層住居専用地域では、事務所やホテルや遊戯施設は立地できず、洋服店や美容院や自家販売の食品販売店、食堂などが500㎡以下かつ2階以下でのみ立地可能と、より厳しくなる。最も住居寄りの第一種低層住居専用地域は、兼用住宅である上に非住居部分の床面積が50㎡以下でかつ延べ床面積の半分以下という条件のもと、前述の第一種中高層住居専用地域で認められた業種のみ立地できるという厳しさだ。このような用途指定のルールを背景に、閑静な住宅地に多い第一種低層住居専用地域は小さな店舗しか立地できず、それは自ずとチェーン店ではなく個人で開業した店であることが多くなる。

実際、吉祥寺の4つの通りでは、住居系用途になるにつれて小さな個店の比率が高まっている（2012年調査）。こういった場所は駅から離れており、賃料が安い代わりに集客は容易ではない。そのため、高感度で魅力的な個店でなくては成立しにくい。吉祥寺の住宅街に実際に立地する店は、小規模なブティックや雑貨店、カフェ、パン屋、ケーキ店など女性が好む業種が多い。自然を含んだ静かな住宅街に溶け込むように佇む質の高いその地域ならではの個店の存在は、地区の魅力をさらに高める。来街者にとっては住宅街なのでランドマークもない中で、知る人ぞ知る店を求めて迷路的で楽しい空間でまち歩きを楽しむことができる。

吉祥寺　用途地域別のチェーン店／独立店比率（2012年）

中道通り	チェーン店（11店舗以上）	チェーン店（12-10店舗）	独立店（1店舗）
商業地域	64%	14%	21%
近隣商業地域	11%	12%	77%
第一種住居地域	33%	22%	44%
第一種中高層住居専用地域	0%	7%	93%
第一種低層住居専用地域			

昭和通り	チェーン店（11店舗以上）	チェーン店（12-10店舗）	独立店（1店舗）
商業地域	28%	12%	60%
近隣商業地域	30%	10%	60%
第一種住居地域	13%	13%	75%
第一種中高層住居専用地域	0%	17%	83%
第一種低層住居専用地域	0%	0%	100%

大正通り	チェーン店（11店舗以上）	チェーン店（12-10店舗）	独立店（1店舗）
商業地域	12%	9%	79%
近隣商業地域	15%	12%	73%
第一種住居地域	0%	0%	100%
第一種中高層住居専用地域	0%	13%	88%
第一種低層住居専用地域	0%	0%	100%

末広通り	チェーン店（11店舗以上）	チェーン店（12-10店舗）	独立店（1店舗）
商業地域	15%	10%	75%
近隣商業地域	11%	5%	84%
第一種住居地域			
第一種中高層住居専用地域	13%	13%	74%
第一種低層住居専用地域	0%	0%	100%

Covent Garden Bazaar
（中道通り）

ふたつの木
（昭和通り）

LAPIN AGILE
（大正通り）

2丁目SOZAI
（末広通り）

急に色合いが変わる自由が丘

前項の吉祥寺とは対照的に、自由が丘の用途指定はグラデーションではなくコントラストがくっきりしている。駅を中心としたエリアに容積率６００％の商業地域があり、地区を囲む幹線道路である自由通りや学園通り沿道に同３００％の近隣商業地域が設定されているが、その外延部はほとんどがいきなり第一種低層住居専用地域に設定されている。吉祥寺がなだらかなグラデーションだとすれば、自由が丘はさながら「断層」といった感じで、住宅の海と商業の島のような様相だ。吉祥寺のように多様な空間表情が見られない代わりに、商業地域内にコンパクトに店舗が凝縮されて高密度な商業空間が生まれている。

しかし一方で、自由が丘の街路は昭和初期の耕地整理からほとんど変化しておらず、街路網のほとんどが幅５ｍ以下の狭い道だ。よって商業地域の指定容積率は６００％だが、前面道路幅員による規制を受けるためほとんどの土地が６００％の容積率を使い切ることができない。このまちに集まる商業は、水平方向は用途規制によって拡大を制限され、垂直方向は狭い道幅による容積率規制によって拡大を制限され、その行き場がなくなってしまっている。

見方を変えれば、街路幅員が狭く建物も低層で大規模再開発も起こらず、その低層部にびっしりと店舗が集積することになり、来街者にとってはヒューマンスケールで回遊性溢れる街路空間が生み出されており、それはそれで自由が丘の魅力となっている。しかし、周辺の二子玉川などの再開発などによって相対的な地位が低下傾向にあり、商業の活性化は急務で、道路の拡幅や大規模な再開発の計画が動き始めた。この独特の表情もいずれは変化するだろう。

自由が丘　用途地域

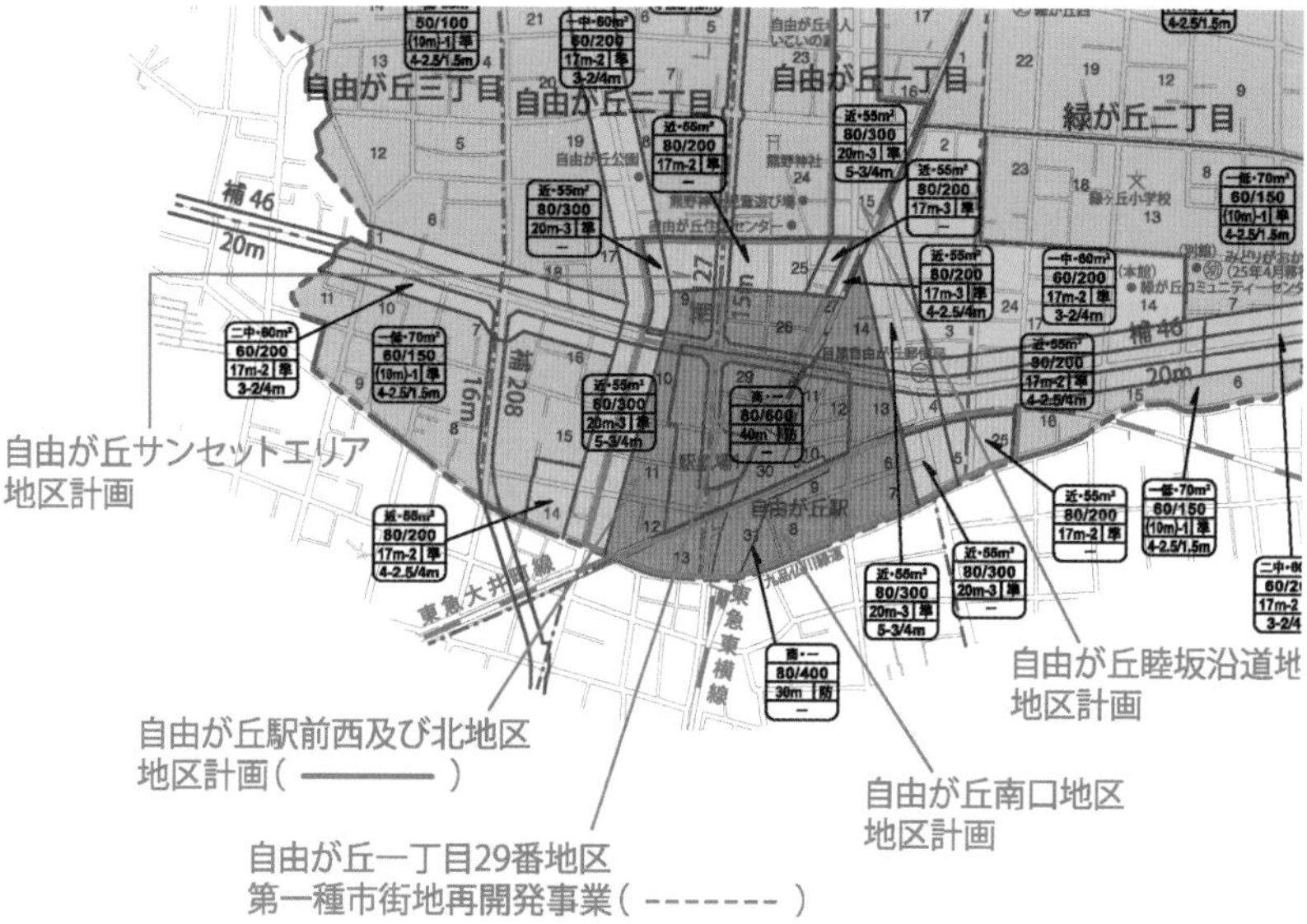

一低　第一種低層住居専用地域（敷地面積の最低限度　70㎡又は80㎡）

一中　第一種中高層住居専用地域（敷地面積の最低限度　60㎡）

二中　第二種中高層住居専用地域（敷地面積の最低限度　60㎡）

近　近隣商業地域

商　商業地域

目黒区公式ホームページより
https://www.city.meguro.tokyo.jp/kurashi/sumai/tochi/tiikitikuzu.html

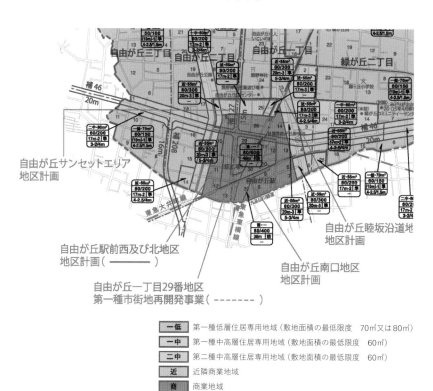

自由が丘の滲み出し商業

前述の通り、自由が丘は水平方向にも垂直方向にも商業の広がる余地が限られているが、その商業エリアの断層の向こう側、第一種低層住居専用地域のエリアに、実は商業が滲み出すように点在している。

第一種低層住居専用地域で認められる商業系用途は、住居と兼用された建物で、非住居部分の床面積が延べ床面積の半分かつ50㎡以下である必要がある。さらにその業種も限られており、制限はかなり厳しい。その範囲内の小さな個店もあり、吉祥寺の第一種低層住居専用地域同様に隠れ家的な魅力ある商業空間となっているところもあるが、中には店舗専用のように見える建物もあるし、小規模の店舗専用建物が複数棟まとまって開発され分棟型の商業施設のようになっているケースもある。前述の通り店舗専用建物は立地できないはずだ。建築確認申請時には住商併用建物として申請し、実際にそのように利用されていたが、後に用途が変わり居住機能がなくなったケースなどが想定されるが、行政としては確認申請後のチェックのすべがないことと、違反があったとしても取り締まりが難しいことなどが背景としてある。

このような状態について地区としては評価が分かれており、厳しく規制すべきだという議論もあるが、これが地域の魅力の一つだと評価する声もある。収まりきらない商業を住居系地域の用途変更によって少し拡大するという考え方もあるし、道路拡幅を含む基盤整備によって垂直方向の床利用を推進する考えもある。住宅街の商業のミックスバランスは難しい問題だが、海水と淡水が交じり合う汽水域に豊かな生態系が生まれるように、住民と来街者が交じり合うこのエリアの将来を注目したい。

参考文献：白田順士：「小規模商業集積地区の魅力形成要因と育成策に関する研究」、都市計画論文集、No.44-3、２００９年10月

自由が丘　滲み出し商業施設の分布

土地利用現況と用途地域の重ね図

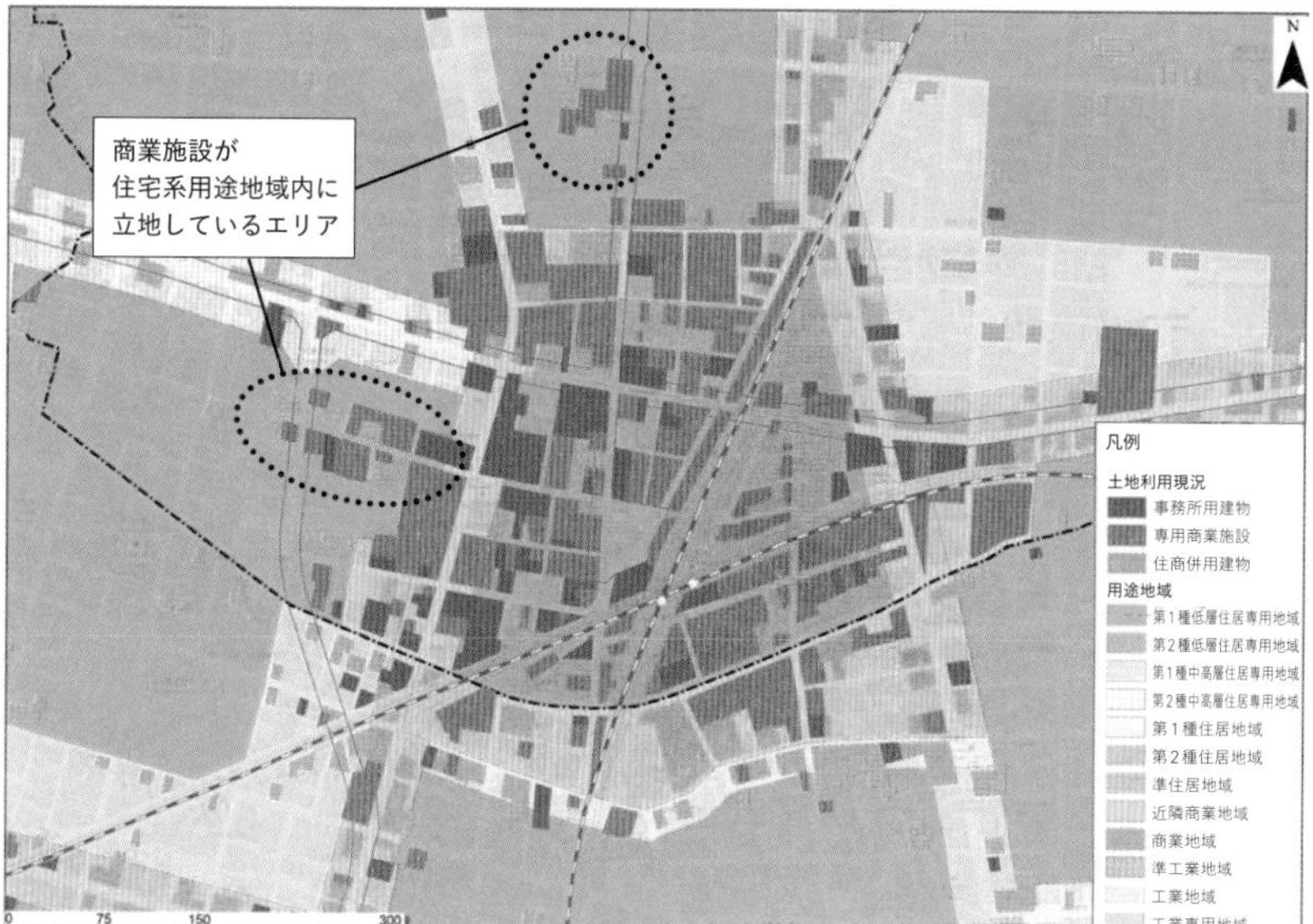

出典）目黒区公式ホームページ「自由が丘駅周辺地区都市基盤整備構想」より
https://www.city.meguro.tokyo.jp/kurashi/sumai/katsudo/jiyuugaokaeki/toshikibanseibikoso.html

▼風俗が求める土地柄（銀座）

社交文化がルーツの夜の銀座

銀座のバーやクラブは高級店ばかりで、ボトルを預けておいても一人当たりの料金は3万5000円くらいが相場だという。こうした店が銀座7丁目、8丁目の金春通り、西5番通りには集積している。どうしてそんな高級な夜のまちになったのだろう？

実はこの一帯は、江戸〜明治時代に花街として賑わった場所なのだ。江戸時代、幕府直属の能役者の金春家がここに屋敷を構えた。金春家が移転した後、唄や舞などの芸に秀でた芸者が住み、公儀の役人や他藩の客人との接待・外交の場として利用され、「芸を売る芸者」として吉原などの「色を売る遊女」とは別の職種として位置付けられ、金春芸者（その後、新橋芸者）と呼ばれるようになった。明治になると政府は花街の格付けをし、赤坂、向島が五等地だったのに対して、新橋、柳橋は一等地とされ、新政府高官がひいきにする花街となった。昭和中期の最盛期には芸者約400名を擁し金春通りは賑わった。

一方、現在のバーやクラブの前身であるカフェは、初期は文化人に人気を博したが、次第に「女性給仕の濃いサービスと美貌」を売り物にする高級路線を生み出し、実業家を客として銀座の接客文化の特徴を作り上げていった。戦後は、芸者に比べ作法を必要とせず気軽に楽しめる社交文化として現代的な享楽性が人気を博し、その数は1990年にはピークを迎え、大小合わせ約3000店となる。このバー・クラブの隆盛に押され、料亭街は新橋演舞場の方面に移り、2015年には料亭12軒、芸者約60人と減少していく。バー・クラブもバブルの崩壊によって減少し、1951年には295軒が広域に分布していたが、2015年には金春芸者の花街周辺に43軒が集積するのみとなった。現在ではこれら1軒が高層建物になり、その2階以上を数多くのバー・クラブが占め、金春芸者の頃からの接客文化を持続させている。

明治の金春通り芸妓街

出典）野沢寛 編『写真・東京の今昔』（再建社）

1930年、銀座のカフェ

出典）『大東京写真帖』（国立国会図書館所蔵）

銀座　エリア別に見る娯楽施設の集積

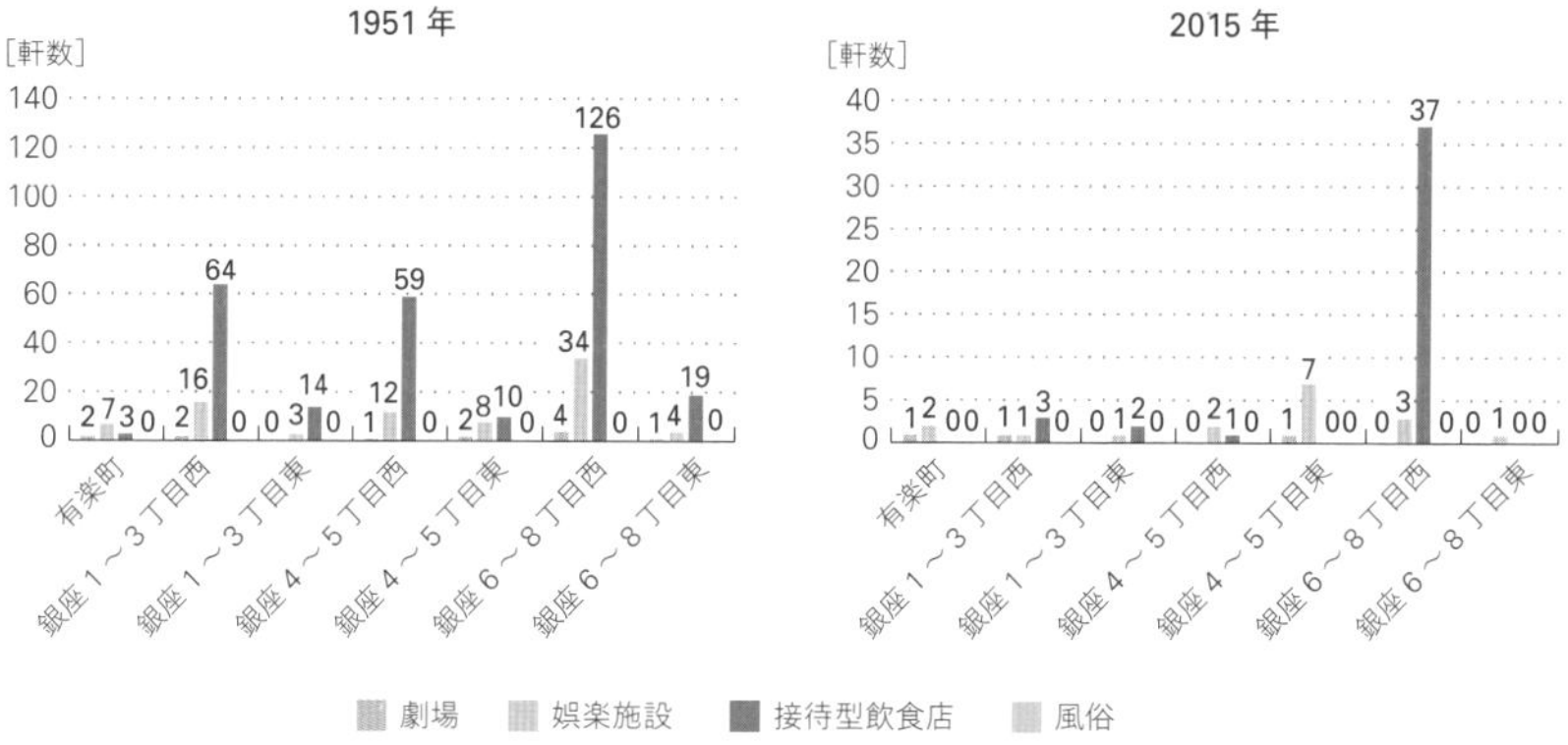

新橋演舞場傍の老舗料亭「金田中」

夜の銀座ネオン街

遊女がルーツの新宿風俗街

新宿歌舞伎町というと、真夜中でも赤や青の極彩色の照明がギラギラと輝く不夜城として有名だ。どうしてそんなまちになったのか、そもそもどんな育ちのまちだったのだろうか？

甲州街道は当初、江戸を出発すると次の高井戸宿まで相当な距離があった。そこで江戸の商人が新しい宿場（新宿）を作りたいと幕府に申し出て許可され、大名の内藤家の土地が多かったことから「内藤新宿」と名付けられた。旅籠屋には飯盛女、茶屋には茶屋女が付きもので、実際は遊女商売をしたことから宿場は遊里化し、江戸で一、二を争う色町となっていく。明治になっても遊里の賑わいは変わらなかったが、内藤家の土地は現在の新宿御苑となり、皇室のパレスガーデンとなった。ここに皇族や政府高官、外国の大使などが来るに当たって、風俗街を通らなくてはならないのは恥ずべきことだ。そこで、警視庁は新宿２丁目の牛屋の原跡地への移転を命じ、１９２２（大正11）年にその地が新宿遊郭となる。翌年の関東大震災で東京の遊郭や私娼街は壊滅したが、新宿遊郭は無傷で残ったことから大繁盛することとなった。

新宿は、１９４５（昭和20）年の空襲で、２丁目の一部を残して焼け野原となった。その翌年にＧＨＱの指示により公娼制度が廃止され、公認の私娼地域を「赤線」、非公認のもぐりの私娼地域を「青線」と呼ぶようになる。赤線は新宿２丁目に、青線は三光町、花園町一帯、新宿２丁目小町通、歌舞伎町東寄り一帯の地域に出現した。１９５８（昭和33）年に売春禁止法が施行され赤線・青線は姿を消したが、売春は風俗営業に形を変え、新宿２丁目から歌舞伎町へと進出、ラブホテルや連れ込み旅館も林立し、歌舞伎町を次第に風俗街に変貌させていった。在来の営業主、商店主は地元を離れ、現在では多種多様な性風俗が前面に出たまちとなり、一般の人には近寄りがたい様相を呈している。

新宿　エリア別に見る娯楽施設の集積

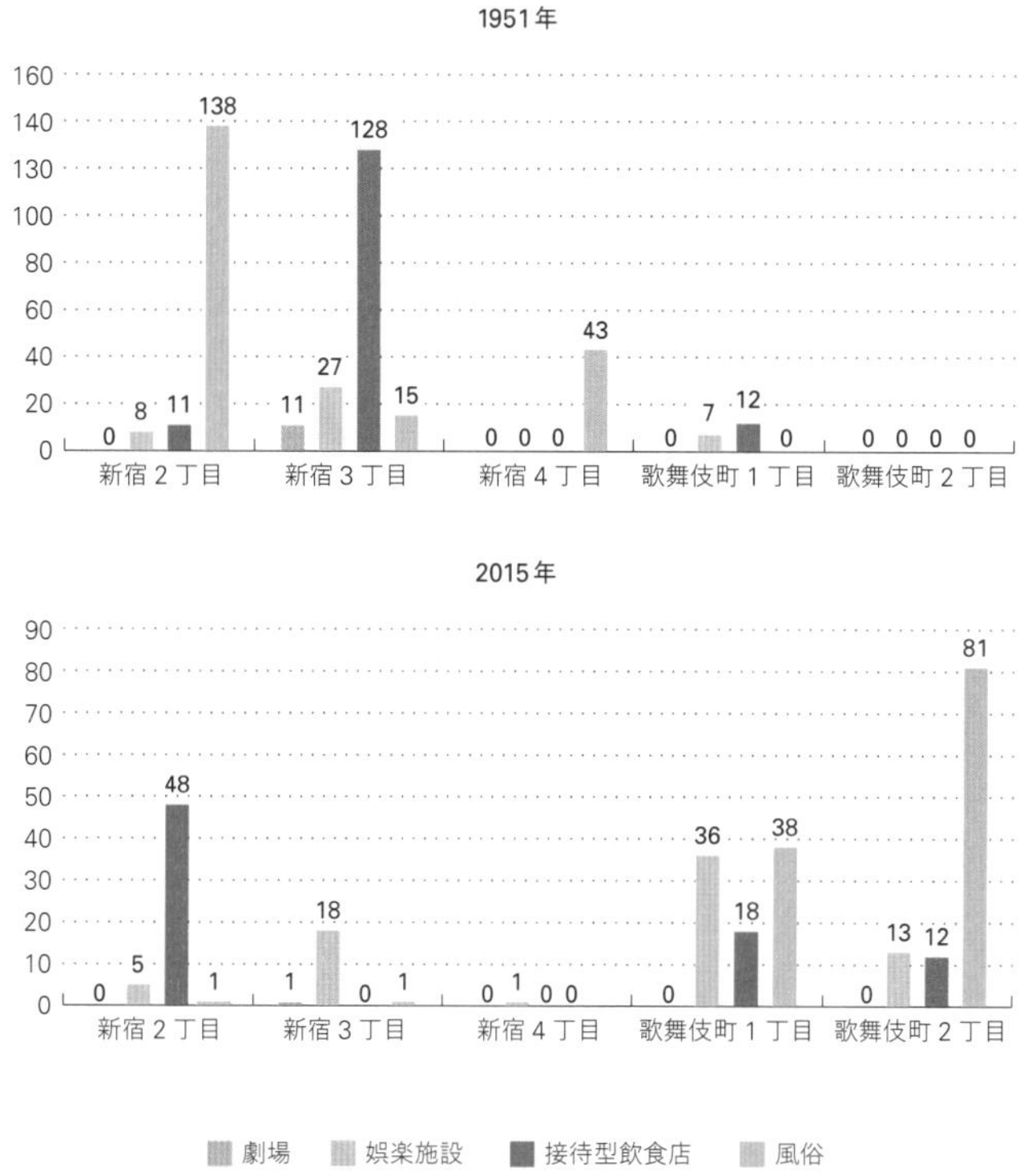

歌舞伎町の風俗案内所

歌舞伎町のホストクラブ

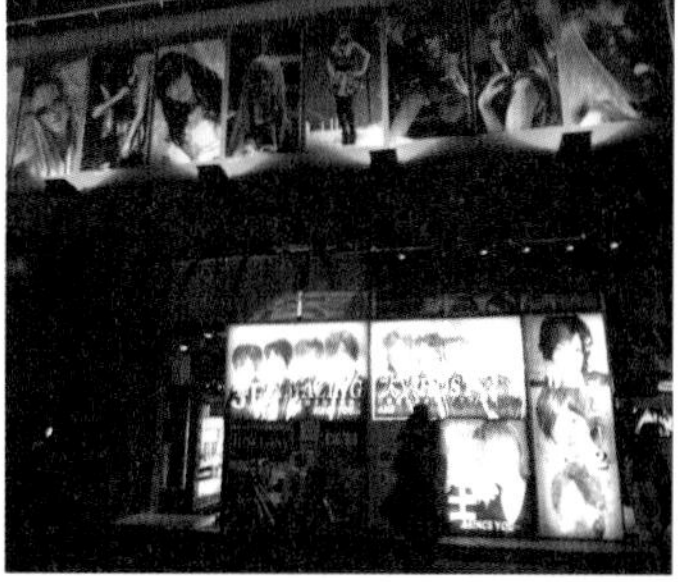

ラブホ街誕生の歩み

風俗街と言えば、性サービス業の他に、男女の性愛空間であるラブホテル（ラブホ）を思い浮かべる。夜のまちをケバケバしく照らし出すこのラブホは、それほど歴史が古いものではない。この言葉自体が1970年台初めに女性週刊誌が使い出し普及したもので、この風俗施設が登場したのもその頃である。

戦後の日本は住宅が不足し、ましてや寝室などない時代だった。そのため、夫婦、恋人を問わず性愛の場が外部に求められた。最初は、ただ畳の空間のみの「簡易旅館」が利用された。ここは、労働者も含め雑多な利用客が来る場所だったが、風呂・トイレ付個室を揃えた男女専用施設に改造したところ大変な人気となった。この施設は温泉マークを看板に掲げ、男性主導の性愛の時代らしく「連れ込み旅館」と呼ばれようになった。赤線地域の施設や廃れ始めた料亭なども、生き残りをかけて連れ込み旅館に変わり、各所に温泉マーク街が出現した。この旅館街は、薄暗い街路に温泉マークがぽつぽつと並ぶ、まさに忍んでいく場所だった。新宿4丁目には、簡易旅館が、大久保には連れ込み旅館がまだ残存している。

1960年代になると、わが国もモータリゼーションの時代となり高速道路のインターチェンジ周辺に、アメリカ風の派手な外観のモーテルが新しい性愛の場として登場してくる。ライトアップされたケバケバしさは誘蛾灯のようにカップルを惹き付けた。このスタイルは連れ込み旅館を一大変革していく。1973年に目黒に出来たホテルエンペラーは、シンデレラ城のような外観で週刊誌を賑わし、ラブホの先駆者となった。新宿では歌舞伎町2丁目に増えた簡易旅館が連れ込み旅館に変わり、ラブホ街に発展していった。渋谷円山町では新宿とは異なり、数多くあった料亭が連れ込み旅館に転換し、さらにラブホへと変化していった。円山町には、当時の料亭がいまだに数軒残存している。

簡易旅館

新宿4丁目に残る簡易旅館街

料亭、赤線など

渋谷円山町に残る料亭と隣接するラブホ

連れ込み旅館

新大久保に残る連れ込み旅館

高速道路沿いモーテル

広告効果のある色彩とデザイン

ラブホの登場

ラブホの先駆者・お城型ホテル

ラブホ街の誕生

薄暗く怪しげな円山町

モダンな商業建築風の歌舞伎町

新宿と渋谷のラブホ街を比較する

ラブホの特徴は、男女のカップルを対象にした休憩・宿泊機能に特化していることだ。利用客はディスプレイパネルをプッシュして部屋を選択し、顔を見せないフロントから鍵を受け取り、支払いは自動精算機でというように１９８０年代からはＩＴ化が進められた、省力化されたラブホはフル稼働すると収益性が大変高く、強い印象の外装、快適な内装設備に投資することができた。

新宿歌舞伎町、渋谷円山町ともにこのラブホのＩＴ化が進んだ時代に積極的な建設が行われた場所だ。現在のラブホの建築時期を、区役所で建築確認申請（建築の際に法令等に適合しているか審査を受ける手続き）の書類を閲覧して調べてみた。新宿、渋谷ともに１９７０年代以降継続的に建設されてきているが、渋谷の方が１９８０年代のものが多く、２０００年代のものは渋谷２％に対し、新宿は15％存在している。新宿は新しいラブホが多く、渋谷は古いラブホが多いということだ。その理由は、渋谷では２００６年に「渋谷区ラブホテル建築規制条例」が制定され、それ以降は事実上、ラブホの建設が出来なくなったためだ。

建設時期はラブホの外観にも影響を及ぼしていると思い、２地域の比較を行った。ラブホは１９８０年代以降、外装がケバケバしくなっていった。ケバケバしさは外装に使う装飾の種類が多くなるほど増すことから、装飾の要素数をラブホごとにチェックして比較してみた。装飾の要素数がゼロというのはビジネスホテルと同じ外装だと言えるが、新宿はこれが渋谷の2倍である。また、渋谷は装飾の要素数が5種類以上のものが28％もあるが新宿は13％に過ぎない。相対的に新宿はシンプル、渋谷は複雑ということができる。実際に視察してみても、新宿ではモダンな商業建築風のラブホを多く見ることができ、渋谷ではゴテゴテした装飾過多のラブホが目に入ってくる。

円山町の古いラブホ建築（ファサードのみ改変）

歌舞伎町の新しいラブホ建築

ラブホ建築の築年数

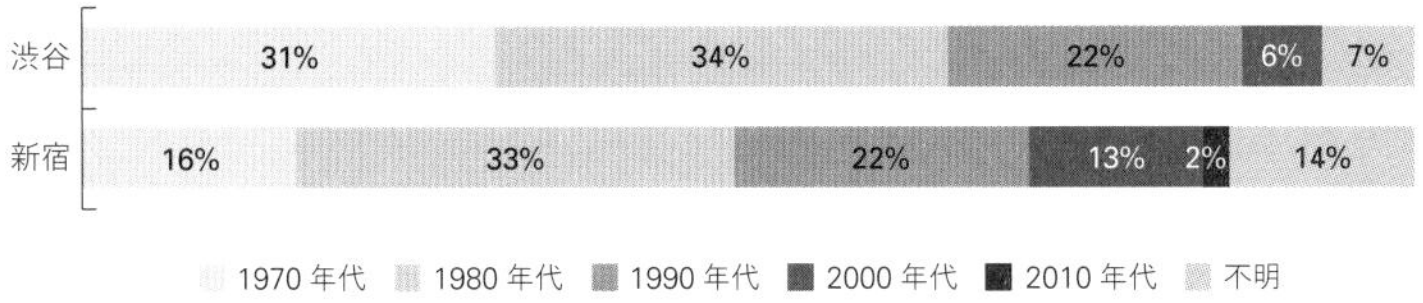

装飾の多い円山町のラブホ建築

装飾の少ない歌舞伎町のラブホ建築

ラブホ建築の装飾種類数

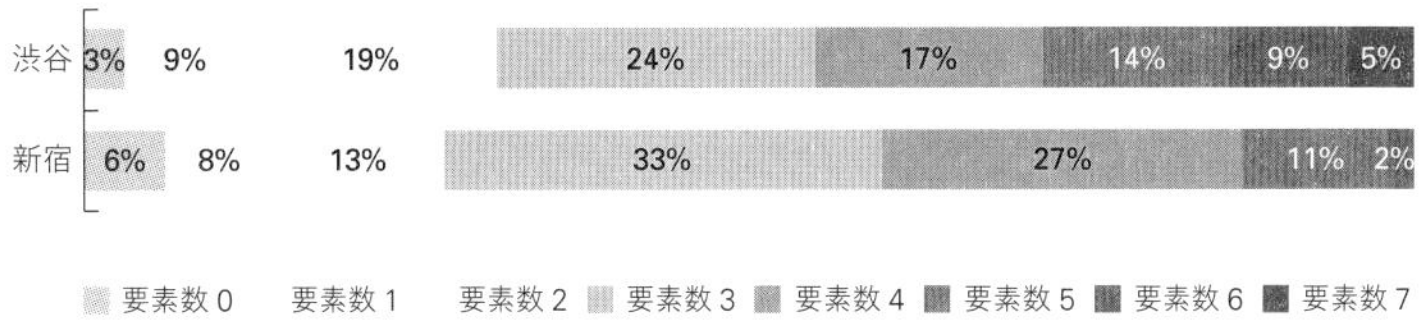

▼風俗が求める土地柄

ラブホ街再生のベクトル

ラブホはフル稼働すれば収益性の高い施設だが、それを阻む要素が増加している。第一にラブホ以外にも個室空間が増え、その必要性が低下してきたこと、第二に性愛の空間選びの主導権が女性に移行し、清潔感のあるシティホテルに人気が移っていることが挙げられる。それでも、ラブホの利点として、低料金、予約不要、食事サービス・部屋の設備の充実は欧米人観光客からの人気が高く、デザイナーズホテルとして再生、業態改革がなされる可能性も秘めている。日本のラブホも洗練されたものは、海外では一般利用のデザインホテルとして十分通用する。

新宿歌舞伎町2丁目はラブホが林立する地域となっているが、職安通り沿いに連なるオフィスビルや内部に散在する数多くの空き地は今後の土地利用変化の誘因となりそうだ。すでに新宿グランベルホテルやアパホテルのようなビジネスホテルが進出している。街路幅員も広く、空き地を活用してシティホテル、ビジネスホテルが林立しやすい地区だ。一方、渋谷円山町では、ラブホ以外にライブハウスやクラブ、住宅・商業・事務所の複合施設が混在し、ラブホの用途転換を容易にしている。2006年に制定された渋谷区ラブホテル建築規制条例はラブホの建設を認めておらず、既存のラブホは老朽化とともに姿を消す運命にある。すでにランブリングストリートの道玄坂入り口には大型オフィスビルのE・スペースタワーが建ち、道玄坂2丁目の大型空き地は開発が予定されており、南北両面からオフィスの進出が進みそうだ。円山町のラブホは新宿に比べ規模は小さいが、隣接ホテルとの合体によるシティホテル化も可能だし、渋谷に多いIT系ベンチャー企業を対象とする小規模オフィスビル建設の受け皿としての可能性を秘めている。歌舞伎町も円山町も将来、ラブホ街から複合用途のまちへと変貌していくベクトルを持っている。

渋谷・円山町の土地利用

新宿・歌舞伎町の土地利用

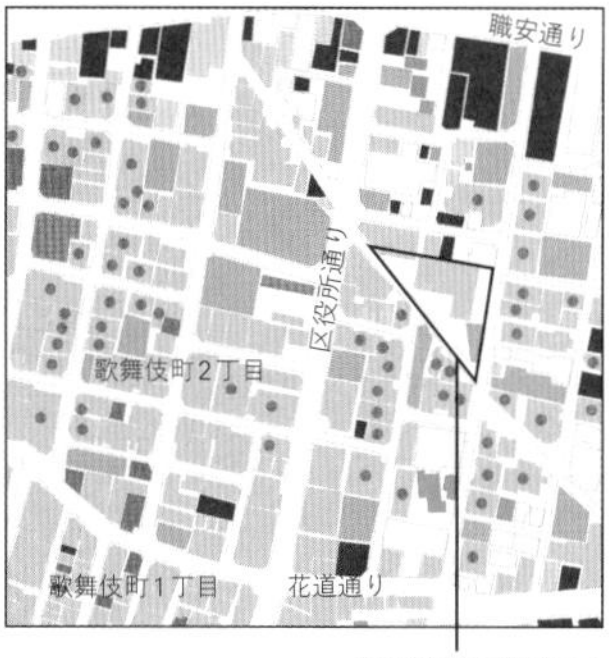

ライブハウスが混在する
ランブリングストリート

海外のデザインホテル
シンガポールのホテル・スカーレット

オフィスビルが進出する円山町
左の高層ビルがE・スペースタワー

ビジネスホテルが進出する歌舞伎町
新宿グランベルホテル

おわりに

関東大震災直後に観察された今和次郎らの考現学から一世紀が経過する機会をとらえて、この書籍を出したいと思った。ちょうど、まちづくりを目的とする新しい学部を開設した頃であり、その学習のベースとして足で歩いてまちを知る「まちの観察」を不可欠と考え、そのための教育プログラムを作り、学生たちと一緒にまちに繰り出していった。その観察記録がこの書籍の情報源だ。しかし、改めて執筆し始めると観察記録の中には鮮度の劣るものも見られ、執筆に当たって、再度、観察のし直しをする予定だった。ところが、コロナ禍という思いもよらない事態に当たり、再観察の機会を取ることができなくなってしまった。

それに加え、もっと本質的な問題点が出てきた。コロナが人々の密集する都市というものの存在を否定し、情報通信技術が、密集や移動がない社会に改変する動きをしだしたのである。都市は、人が集まり交流する場である。それにより他の生物が造り出しえなかった空間が生み出され、人々の風俗が生まれる。まちの観察はそれを描き出すのを目的とするものであり、人々の集まりと交流が失われたコロナ禍では、一時的に観察が不可能となってしまった。

こうしたパンデミックは、歴史的にみると人類は数多く経験している。ロンドンのペストは、1665年から始まり都市人口の25%が死亡したが、翌年の大火でその病原を死滅させ、都市再建によりまちを蘇生していった。パリでは、１８３２年のコレラで人口の22%が死亡した。再発を防ぐための都市衛生化の方法として１８５３年より大改造が行われ、街路を広くし公園や緑を増やし、空気の浄化を行っていった。パンデミックのたびに人類は空間を改変したり、公衆衛生対策を施したりして、都市を快適なものへと進化させてきている。

今回、テレワークなどによる情報通信技術が社会に急速に導入されていった。人間に代わって情報が通信網を経由して移動し合うオンライン社会では、究極的には人間から移動を無くすることが技術的に成り立ち、それがパンデミックへの対策となった。しかし、人間は他の生物以上に直接群れ合い、集団を作り、協働の創造力を働かせるところに地球の覇者たる由縁がある。人間の交流も、表面的なコミュニケーションであれば情報通信によって可能なことが今回のパンデミックでわかったものの、逆に感性を交えた人間の交流はそれだけではできないことも明らかになってきた。コロナ禍で推奨されたテレワークも、外出規制が解かれるとともに実施率が減少している。今後は情報通信によるオンライン世界の便利さを活用しつつ、本質的な人間の交流はリアル世界で確保していくというハイブリッドな社会が築かれていくことだろう。

ちょうど、本書の発刊は、関東大震災が発生した１９２３年から１００年経過した時期となった。大震災の直後に生まれた考現学が産業革命の進行していく近代都市の様相を観察したのに比較して、この本はその一世紀後に、工業社会が終わり情報社会が進行し出した現代都市の様相を捉えたものといえる。こののち現れるオンラインとリアルのハイブリッドな社会が生み出すまちの様相は、これまでとどう異なるのかはまだわからない。この本が記録した黎明期の情報社会の光景を大きく変貌させたものとなるのか、それとも小さな変化を観察するに過ぎないのか、まだ展望が困難である。しかし、その変化の在り方を確認するための時代の記録として、この本を後世に残す価値は高いと思われる。ここに記録したまちの風景と異なる景色がどのように出現してくるのか、その観察のため読者は本書を携えてまちに出かけてほしい。そして、そこで成熟していく情報社会の風景を発見してほしい。

最後に、出版に当たっては、ふたりの著者とともにまちを歩いてくれた多くの仲間の観察者たちに、まず感謝をしておきたい。次いで、本書の編集に労をかけ、数々のアドバイスをいただいた晶文社編集部の松井智氏に謝意を表するものである。

2023年7月　平本一雄

執筆者・調査実施者等一覧

		執筆者	調査実施者	調査情報源
1章　まちの観察とは				
p11-36	まちの観察、その始まり／元祖は「考現学」の風俗観察／考現学の子孫たち	平本一雄		
2章　観察の方法				
p37-60	変化するまちの記録／現在を実感するまち歩き／過去を知り、全体を捉える調査データ	平本一雄		
3章　人の行動を知る				
p62-63	▼当世風俗 「コロナマスクの種類」	平本一雄	瀧田瑠郁・井上直幹・佐々木大貴・熊倉瑞歩・影山裕人	
p64-65	▼当世風俗 「歩きスマホ人はゾンビなのか？」	平本一雄	矢野真結・三井創一朗・小池梨佳・渡邉健二・瀧田瑠郁・井上直幹・佐々木大貴・熊倉瑞歩・影山裕人	海外研修「NAGARA」＋追加取材
p66-67	▼当世風俗 「カフェにいる人の行動」	平本一雄	瀧田瑠郁・井上直幹・佐々木大貴・熊倉瑞歩・影山裕人	
p68-69	▼移動しなくなった人々 「コロナ禍が人々の移動に異変を」	平本一雄		
p70-71	▼移動しなくなった人々 「緊急事態宣言の規制効果」	平本一雄		
p72-73	▼移動しなくなった人々 「ハイブリッドのワークスタイルが定着か」	平本一雄		

p74-75	▼広場や道の人の行動（新宿）「新宿駅西口の線状の広場」	末繁雄一	寺村拓真	卒業研究「都市の公共空間におけるアクティビティの昼夜比較」
p76-77	▼広場や道の人の行動（渋谷）「渋谷駅ハチ公前の面的な広場」	末繁雄一	寺村拓真	卒業研究「都市の公共空間におけるアクティビティの昼夜比較」
p78-79	▼広場や道の人の行動（自由が丘）「人々の活動がまちの魅力を演出する」	末繁雄一	齋藤有里	卒業研究「市街地景観における人間のアクティビティが賑わいの感じ方に与える影響」
p80-81	▼広場や道の人の行動（尾山台）「滞留空間は交流を生み出す」	末繁雄一	青野加波	卒業研究「公共空間における滞留者の存在が通行者の滞留意向に与える影響」
p82-83	▼広場や道の人の行動（新百合ヶ丘）「しんゆりマルシェの集客力」	平本一雄		「しんゆりマルシェ2014実施報告書」
p84-85	▼広場や道の人の行動（新百合ヶ丘）「しんゆりマルシェ　露店の立ち止まり」	平本一雄	杉山めぐみ	卒業研究「街イベント開催時と平常時における来街者の行動特性の比較」
p86-87	▼広場や道の人の行動（自由が丘）「赤ちゃん連れでのまち歩き」	末繁雄一	山波向日葵	卒業研究「商業市街地における子連れ来街者の授乳行為と回遊行動との関係」
p88-89	▼まちの人種の特徴を見る（裏原宿）「裏原宿の日本人と外国人」	末繁雄一	高橋明葉・稲葉勇太・朝倉泉希・加瀬将伍・内藤郁哉・橘理矩・丹野峻	まちの観察「グローバってる!? ウラハラ」
p90-91	▼まちの人種の特徴を見る（秋葉原）「エリアによって違う秋葉原」	末繁雄一	川岸なませ	卒業研究「秋葉原の街なかにおけるオタクの生態分析」
p92-93	▼まちの人種の特徴を見る（秋葉原）「おたくとオタクの進化」	末繁雄一	川岸なませ	卒業研究「秋葉原の街なかにおけるオタクの生態分析」
p94-95	▼おさんぽスタイルを見てみる（パリ）「ファッション観察の失敗」	平本一雄	川上奈津絵・椎葉晴香・廣島康太／瀬川千咲子・関口楓乃・武田梨沙・田中健太	海外研修「サンジェルマンのファッション」／「People Style Watching」
p96-97	▼おさんぽスタイルを見てみる（自由が丘）「雨の日も足もとにおしゃれを」	末繁雄一	前田高輔	まちの観察「雨の日は何はいてる?」

p98-99	▼おさんぽスタイルを見てみる（表参道・丸の内・自由が丘） 「炎天下に咲く日傘の花」	末繁雄一	瀧田瑠郁・井上直幹・佐々木大貴・熊倉瑞歩・影山裕人	

4章　まちの表情を見る

p102-103	▼まちの表情は何で決まる? 「銀座中央通り、ニューヨーク5番街の違い　昼の景観」	平本一雄	橘田遼	卒業研究「銀座中央通りとニューヨーク5番街の類似性と相違性」
p104-105	▼まちの表情は何で決まる? 「銀座中央通り、ニューヨーク5番街の違い　夜の景観」	平本一雄	橘田遼	卒業研究「銀座中央通りとニューヨーク5番街の類似性と相違性」
p106-107	▼まちの表情は何で決まる?（銀座・ニューヨーク） 「表情を決めている建築の様式」	平本一雄	橘田遼	卒業研究「銀座中央通りとニューヨーク5番街の類似性と相違性」
p108-109	▼まちの表情は何で決まる?（銀座・ニューヨーク） 「材料と色彩でも変わるまちの表情」	平本一雄	橘田遼	卒業研究「銀座中央通りとニューヨーク5番街の類似性と相違性」
p110-111	▼まちの表情は何で決まる?（銀座・ニューヨーク） 「まちの広告　規制の美学VS.カオスの美学」	平本一雄	橘田遼	卒業研究「銀座中央通りとニューヨーク5番街の類似性と相違性」
p112-113	▼まちの表情、移り変わり（表参道） 「過去の風景は忘れ去られる」	平本一雄		
p114-115	▼まちの表情、移り変わり（渋谷） 「工事現場の未来はどうなる?」	平本一雄		
p116-117	▼まちの表情、移り変わり（丸の内） 「昔を甦らせたまち」	平本一雄		
p118-119	▼まちのお化粧方法（吉祥寺・下北沢・自由が丘） 「吉祥寺・下北沢・自由が丘の色彩」	末繁雄一	清水美郷	卒業研究「色彩から見た自由が丘・吉祥寺・下北沢のストリート比較」
p120-121	▼まちのお化粧方法（自由が丘・代官山） 「街並みを作るのは建物だけじゃない」	末繁雄一	佐藤泰洋・嶋田紘一朗	卒業研究「都市空間の非建築的要素が来街者の印象評価に与える影響に関する研究」
p122-123	▼まちのお化粧方法（下北沢） 「ユニーク看板の競演」	末繁雄一	井瀬裕大・貝塚大輝・高田篤・廣瀬恵莉子・吉田知世・小松沙羅	まちの観察「ごちゃごちゃしている下北沢」

p124-125	▼自由が丘スタイルのお化粧法「外国語看板」	末繁雄一	遠藤香奈	卒業研究「地理情報システムを活用した自由が丘の商業市街地分析」
p126-127	▼自由が丘スタイルのお化粧法「看板に描かれた人間」	末繁雄一	佐藤優	まちの観察「自由が丘 FACE WATCH」
p128-129	▼自由が丘スタイルのお化粧法「シンプルなドア&個性的なドア」	末繁雄一	前野聡美・増田しおり・鈴木梨菜	まちの観察「DOOR」＋追加取材
p130-131	▼自由が丘スタイルのお化粧法「ドアの開閉」	末繁雄一	中村元	まちの観察「入りやすいまち自由が丘」
p132-133	▼自由が丘スタイルのお化粧法「オーニングは何に役立つの？」	末繁雄一	佐々木大貴	まちの観察「オーニングが生み出す魅力」
p134-135	▼自由が丘スタイルのお化粧法「チラ見する店、入る店」	末繁雄一	三上莉音	まちの観察「のぞいてみたい自由が丘」
p136-137	▼中華スタイルのお化粧法（横浜）「横浜中華街の化粧方法」	平本一雄	鈴木愛理	卒業研究「横浜中華街における商業市街地の変遷と魅力特性の研究」
p138-139	▼中華スタイルのお化粧法（シンガポール）「シンガポール・チャイナタウンのファサードスタイル比較」	平本一雄	石田賀愛・須田ゆりあ・塚本有里紗・河野香奈恵	海外研修「シンガポール・チャイナタウンのファサードから街を観る」
p140-141	▼中華スタイルのお化粧法（シンガポール）「ショップハウスの色彩とその背景」	平本一雄	巌谷真穂・川島悠也・川田健太・木下ひかる・福井誠	海外研修「ショップハウスの色彩と歴史の関係性」
p142-143	▼パリ・スタイルのお化粧法「看板　大通りと路地の違い」	末繁雄一	小林冬貴・佐藤ゆり・清水美郷・本多晴香	海外研修「カルチェラタンの看板調査」
p144-145	▼パリ・スタイルのお化粧法「モチーフ付きのドア」	末繁雄一	徳永浩貴・内田早紀・相澤葉月	海外研修「ドア」
p146-147	▼パリ・スタイルのお化粧法「絵になるバルコニーの装飾」	末繁雄一	安原ふたば・堀井千瑛・斎藤皓和	海外研修「窓の手すり」
p148-149	▼パリ・スタイルのお化粧法「カフェの籐椅子」	末繁雄一	飯島正典・明石裕美・安藤沙絵	海外研修「オープンカフェの椅子」

p150-151	▼パリ、ロンドンのお化粧、どちらが上手? 「ショップのファサード」	末繁雄一	戸田朱美・榎本彩奈・流合拓人・山本夏帆	海外研修「Façade Survey」
p152-153	▼パリ、ロンドンのお化粧、どちらが上手? オープンカフェのテーブル配置」	末繁雄一	森田智香・土橋元寿・吉沢加奈・山本早紀	海外研修「まちを明るくする溢れ出し」
5章 ショップの動きをつかむ				
p156-157	▼まちのファッション度（銀座・新宿） 「ここにも生まれ、育ちの違いが」	平本一雄	石田賀愛	卒業研究「東京二大繁華街の商業集積過程に関する研究」
p158-159	▼まちのファッション度（銀座・ニューヨーク） 「グローバルブランド・ショップ数」	平本一雄	橘田遼	卒業研究「銀座中央通りとニューヨーク5番街の類似性と相違性」
p160-161	▼まちのファッション度（原宿） 「ブランドで差別化される原宿ストリート」	末繁雄一	佐藤奈月	卒業研究「アパレルショップの構成から見る原宿のファッション特性」
p162-163	▼ショップの変身スピード（原宿） 「激変スピードの竹下通り」	平本一雄	前野聡美	卒業研究「原宿における商業集積形成と変化の特徴」
p164-165	▼ショップの変身スピード（表参道） 「表参道のシャンゼリーゼ化」	平本一雄	前野聡美	卒業研究「原宿における商業集積形成と変化の特徴」
p166-167	▼新しいまちの誕生（新大久保） 「コリアンタウンの誕生から韓流テーマパークへ」	末繁雄一	佐藤奈月・川島由佳理・高橋伶典・平野翔子	集客市街地ＰＪ「東京における集客型市街地の変容過程に関する考察」
p168-169	▼新しいまちの誕生（神楽坂） 「料亭とフレンチの優雅な共存」	末繁雄一	勝山小実・駒形友亮・寺山智洋・永山耕治郎・中原結	集客市街地ＰＪ「東京における集客型市街地の変容過程に関する考察」＋追加取材
p170-171	▼まちのコーナーは何の店?（銀座） 「銀行からグローバルブランド・ショップへと変化」	平本一雄		
p172-173	▼まちのコーナーは何の店?（自由が丘） 「おしゃれライフスタイル・ファションのまち」	平本一雄	佐藤仁美	まちの観察「自由が丘 街角の秘密」
p174-175	▼まちのコーナーは何の店?（パリ） 「三角コーナーの特徴的なエントランス」	平本一雄	田中政志・須藤千裕・小林未季	海外研修「A Street Corner」

p176-177	▼谷根千カフェ76軒のスタイル 「古民家カフェはどこに多い?」	末繁雄一	後藤若葉	卒業研究「谷中・根津・千駄木の商業市街地の変遷と特徴」
p178-179	▼谷根千カフェ76軒のスタイル 「開放型と閉鎖型の場所は違う」	末繁雄一	後藤若葉	卒業研究「谷中・根津・千駄木の商業市街地の変遷と特徴」
p180-181	▼スイーツのまち　自由が丘 「「スイーツの街」の由来」	末繁雄一	中川朋子・増田しおり・鈴木梨菜	まちの観察「スイーツのまち 自由が丘」+追加取材
p182-183	▼スイーツのまち　自由が丘 「モンブランのあるお店」	末繁雄一	大河原愛紗・鈴木洸司・田島広隆・田中健斗・富松研人・中村翔・平川芙実・増田しおり・鈴木梨菜	まちの観察「モンブラン生まれの地 自由が丘」+追加取材
p184-185	▼ショップのおもてなし方法(銀座・表参道・自由が丘) 「座れる場所はどこにある?」	末繁雄一	森田智香	卒業研究「商業市街地における来街者の滞留空間評価に関する研究」
p186-187	▼ショップのおもてなし方法(自由が丘) 「音のエリアデザイン」	末繁雄一	白井穂香	まちの観察「自由が丘の音デザイン」
p188-189	▼ショップのマネジメント(自由が丘) 「営業時間の違い」	末繁雄一	宮本優香	まちの観察「営業時間からみる自由が丘の顔」

6章　ストリートの性格を察する

p192-193	▼ストリートの自己主張(渋谷) 「ストリートのネーミング」	平本一雄		東京都市大学都市生活学部研究会「渋谷クリエイション2030」
p194-195	▼ストリートの自己主張(渋谷) 「三叉路のまちの成り立ち」	平本一雄		東京都市大学都市生活学部研究会「渋谷クリエイション2030」
p196-197	▼ストリートの自己主張(原宿) 「原宿ストリート別用途変化」	平本一雄	前野聡美	卒業研究「原宿における商業集積形成と変化の特徴」
p198-199	▼ストリートの雰囲気(新宿) 「歌舞伎町の「いかがわしさ」は活気の源」	末繁雄一	佐藤優	卒業研究「歓楽街における性風俗店や接待飲食店が創出する街路空間特性に関する研究」

p200-201	▼ストリートの雰囲気（吉祥寺） 「お店の活気がストリートに溢れ出る」	末繁雄一	菊川大樹	卒業研究「店舗内活動の表出が生み出す都市の賑わい評価に関する研究」
p202-203	▼輝きだした闇市路地（新宿・吉祥寺・大井町） 「3つの闇市路地の雰囲気の違い」	平本一雄	計良宗一郎	卒業研究「ヤミ市を起源とする飲食店街の路地空間からみた特性比較」
p204-205	▼輝きだした闇市路地（新宿・吉祥寺・大井町） 「3つの闇市路地の暗さと騒々しさ」	平本一雄	計良宗一郎	卒業研究「ヤミ市を起源とする飲食店街の路地空間からみた特性比較」
p206-207	▼輝きだした闇市路地（吉祥寺） 「ハーモニカ横丁の再生」	平本一雄	計良宗一郎	卒業研究「ヤミ市を起源とする飲食店街の路地空間からみた特性比較」
p208-209	▼消えゆく路地の記憶（三軒茶屋） 「路地とお店の狭さはどのくらい？」	末繁雄一	田中政志	卒業研究「東京近郊における商業市街地の特徴 三軒茶屋の事例」
p210-211	▼消えゆく路地の記憶（三軒茶屋） 「レトロな店のタイプ分け」	末繁雄一	山本夏帆・瀬川千咲子・戸田朱美・内藤七海・流合拓人・山田秀範	まちの観察「レトロなさんちゃ」
p212-213	▼ストリートの商品プライス（原宿・表参道） 「表参道と竹下通りの商品プライス」	末繁雄一	佐藤奈月	卒業研究「アパレルショップの構成から見る原宿のファッション特性」
p214-215	▼ストリートの商品プライス（南青山） 「南青山マネキン着衣のお値段」	末繁雄一	入谷哲矢・志田佑輔・高見澤和希・松尾将平・松澤麗・横山みずき	まちの観察「南青山マネキンCollection!!」
p216-217	▼ストリートの商品プライス（渋谷） 「渋谷マネキン着衣のお値段」	末繁雄一	伊藤裕介・岩谷勇斗・大澤笑子・小林瞳・二宮佳奈・三井創一朗	まちの観察「CLOTHES MAP」
p218-219	▼ストリートの商品プライス（恵比寿） 「閉ざす店ほど値段が高い」	末繁雄一	高橋伶典	卒業研究「恵比寿における飲食店集積の地区別特性」
p220-221	▼屋根付きストリートのショッピングセンター 「ファッションビル、駅ビル、複合型、モール型の違い」	平本一雄	佐藤ゆり	卒業研究「東京圏のショッピングセンターのテナント構成」
p222-223	▼屋根付きストリートのショッピングセンター 「テナント安定と激変」	平本一雄	佐藤ゆり	卒業研究「東京圏のショッピングセンターのテナント構成」

p224-225	▼ストリートの設備とメンテナンス（自由が丘）「椅子の使われ方」	末繁雄一	須永紗香	まちの観察「自由が丘の自由な椅子が作り出す空間」
p226-227	▼ストリートの設備とメンテナンス（自由が丘）「まちに防犯カメラは必要？」	末繁雄一	萱沼遼	まちの観察「自由が丘の監視網」
p228-229	▼ストリートの設備とメンテナンス（自由が丘）「様々な禁止マーク」	末繁雄一	鈴木千寿	まちの観察「ダメがなくなった自由が丘」
p230-231	▼ストリートの設備とメンテナンス（自由が丘）「落書きは犯罪か、アートか？」	末繁雄一	佐藤桃子・増田しおり・鈴木梨菜	まちの観察「Tagging」＋追加取材

7章　まちのベクトルを考える

p234-235	▼まちの入れ替わり（銀座）「銀座の構造変化」	平本一雄	石田賀愛	卒業研究「東京三大繁華街の商業集積過程に関する研究」
p236-237	▼まちの入れ替わり（新宿）「新宿の構造変化」	平本一雄	石田賀愛	卒業研究「東京三大繁華街の商業集積過程に関する研究」
p238-239	▼まちの入れ替わり（有楽町・新宿）「建物の入れ替わり」	平本一雄	石田賀愛	卒業研究「東京三大繁華街の商業集積過程に関する研究」
p240-241	▼まちの入れ替わり（銀座・新宿）「映画館、銀行の退場」	平本一雄	石田賀愛	卒業研究「東京三大繁華街の商業集積過程に関する研究」
p242-243	▼賑わいと歓楽の場所（銀座・新宿）「ショップの密度が土地の価格を決める」	平本一雄	石田賀愛	卒業研究「東京三大繁華街の商業集積過程に関する研究」
p244-245	▼賑わいと歓楽の場所（銀座）「花柳界の歴史が夜の銀座に生きている」	平本一雄	石田賀愛	卒業研究「東京三大繁華街の商業集積過程に関する研究」
p246-247	▼賑わいと歓楽の場所（新宿）「風俗の移転　変身が新宿の歓楽街を生みだした」	平本一雄	石田賀愛	卒業研究「東京三大繁華街の商業集積過程に関する研究」
p248-249	▼顔色のグラデーション（吉祥寺）「少しずつ色合いが変わる吉祥寺」	末繁雄一	中村恵理	卒業研究「東京近郊における商業市街地の特徴－4 吉祥寺の事例」

p250-251	▼顔色のグラデーション（吉祥寺）「住宅地では個店が増える」	末繁雄一	中村恵理	卒業研究「東京近郊における商業市街地の特徴―4吉祥寺の事例」
p252-253	▼顔色のグラデーション（自由が丘）「急に色合いが変わる自由が丘」	末繁雄一		
p254-255	▼顔色のグラデーション（自由が丘）「自由が丘の滲み出し商業」	末繁雄一		
p256-257	▼風俗が求める土地柄（銀座）「社交文化がルーツの夜の銀座」	平本一雄	石田賀愛	卒業研究「東京二大繁華街の商業集積過程に関する研究」
p258-259	▼風俗が求める土地柄（新宿）「遊女がルーツの新宿風俗街」	平本一雄	石田賀愛	卒業研究「東京二大繁華街の商業集積過程に関する研究」
p260-261	▼風俗が求める土地柄「ラブホ街誕生の歩み」	平本一雄		
p262-263	▼風俗が求める土地柄「新宿と渋谷のラブホ街を比較する」	平本一雄	髙田岳	卒業研究「ラブホテルのファサードに関する研究」
p264-265	▼風俗が求める土地柄「ラブホ街再生のベクトル」	平本一雄	髙田岳	卒業研究「ラブホテルのファサードに関する研究」

平本一雄（ひらもと かずお）

1944年生まれ。1970年京都大学大学院工学研究科建築学専攻修士課程修了。博士（工学）。三菱総合研究所取締役・人間環境研究本部長を経て、東京都市大学都市生活学部を創設し初代学部長、現在、名誉教授。東京大学、東京芸術大学、早稲田大学、明治大学などでも教鞭をとる。これまで、東京臨海副都心（お台場）、2005年日本万国博覧会などの全体計画の策定を行ったほか、世界各地の都市の調査研究に従事。著書に『世界の都市　5大陸30都市の年輪型都市形成史』（彰国社）、『東京プロジェクト“風景”を変えた都市再生12大事業の全貌』（日経BP、編著）、『臨海副都心物語　「お台場」をめぐる政治経済力学』（中央公論新社）、『東京これからこうなる』（PHP研究所）など。

末繁雄一（すえしげ ゆういち）

1977年生まれ。熊本大学大学院自然科学研究科博士後期課程修了。博士（工学）。一級建築士。東京都市大学都市生活学部都市生活学科准教授。専門は都市計画、建築計画。東京都市大学総合研究所QOL指向型都市公共空間マネジメント研究ユニット長、一般社団法人ナカメエリアマネジメント理事などを兼任。著書に『都市5.0　アーバン・デジタルトランスフォーメーションが日本を再興する』（翔泳社、共著）、『都市イノベーション　都市生活学の視点』（朝倉書店、共著）など。

下記ページに掲載のプロット図は国土地理院の
「基盤地図情報基本項目データ」をもとに作成した。
p.87、91、97、121、125、129、131、133、135、137、161、
167、169、173、177、179、181、183、185、187、189、193、
199、201、213、219、225、227、229、231、249、265

また、下記ページに掲載の地図は、東京都知事の承認を受けて、
東京都縮尺2,500分の1地形図を利用して作成したものである。
（承認番号）5都市基交著第43号
p.157、235、237、239、241、243、245、247

都《と》市《し》感覚《かんかく》を鍛《きた》える観察学入門《かんさつがくにゅうもん》
まちを読み解き、まちをつくる

2023年7月30日　初版

著者　平本一雄、末繁雄一

発行者　株式会社晶文社
101-0051 東京都千代田区神田神保町1-11
電話：03-3518-4940（代表）・4942（編集）
URL　https://www.shobunsha.co.jp

印刷・製本　ベクトル印刷株式会社

ISBN978-4-7949-7330-6 Printed in Japan